Strategien zur Steigerung der Flächeneffizienz von Fabriken im urbanen Umfeld

Strategies for Increasing Space Efficiency of Factories in Urban Environments

Von der Fakultät für Maschinenwesen
der Rheinisch-Westfälischen Technischen Hochschule Aachen
zur Erlangung des akademischen Grades eines
Doktors der Ingenieurwissenschaften
genehmigte Dissertation

vorgelegt von

Jérôme Henkel
(geb. Uelpenich)

Berichter/in:

Univ.-Prof. Dr.-Ing. Dipl.-Wirt. Ing. Günther Schuh
Univ.-Prof. Dr.-Ing. Peter Burggräf, MBA

Tag der mündlichen Prüfung: 15. Juni 2022

ERGEBNISSE AUS DER PRODUKTIONSTECHNIK

Jérôme Henkel

Strategien zur Steigerung der Flächeneffizienz von Fabriken im urbanen Umfeld

Herausgeber:
Prof. Dr.-Ing. T. Bergs
Prof. Dr.-Ing. Dipl.-Wirt. Ing. G. Schuh
Prof. Dr.-Ing. C. Brecher
Prof. Dr.-Ing. R. H. Schmitt

Band 29/2022

WZL | RWTH AACHEN UNIVERSITY

Fraunhofer IPT

Bibliografische Information der Deutschen Nationalbibliothek
Die Deutsche Nationalbibliothek verzeichnet diese Publikation in der Deutschen Nationalbibliografie; detaillierte bibliografische Daten sind im Internet über https://portal.dnb.de abrufbar.

Jérôme Henkel:

Strategien zur Steigerung der Flächeneffizienz von Fabriken im urbanen Umfeld

1. Auflage, 2022

Gedruckt auf holz- und säurefreiem Papier, 100% chlorfrei gebleicht.

Apprimus Verlag, Aachen, 2022
Wissenschaftsverlag des Instituts für Industriekommunikation und Fachmedien an der RWTH Aachen
Steinbachstr. 25, 52074 Aachen
Internet: www.apprimus-verlag.de, E-Mail: info@apprimus-verlag.de

Druck: CPI Druckdienstleistungen GmbH, Ferdinand-Jühlke-Straße 7 I 99095 Erfurt

ISBN 978-3-98555-098-2

D 82 (Diss. RWTH Aachen University, 2022)

Vorwort

Die vorliegende Arbeit entstand während meiner Tätigkeit als wissenschaftlicher Mitarbeiter in der Abteilung Fabrikplanung am Lehrstuhl für Produktionssystematik des Werkzeugmaschinenlabors WZL der RWTH Aachen University.

Ich möchte mich zunächst bei Herrn Professor Günther Schuh für die Möglichkeit und die Unterstützung meiner Promotion am WZL bedanken. Die durch ihn geschaffene Infrastruktur am RWTH Aachen Campus und der starke Fokus auf industrienahe Forschung ermöglichten eine steile Lernkurve in meiner persönlichen und fachlichen Entwicklung. Herrn Professor Peter Burggräf danke ich für sein großes Vertrauen, die vielen innovativen Gedanken sowie für die zahlreichen, kritischen Diskussionen im Entstehungsprozess dieser Dissertation. Ebenfalls danken möchte ich Herrn Professor Wolfgang Schulz für die Übernahme des Prüfungsvorsitzes und Herrn Professor Andreas Jupke für die Annahme des Prüfungsbeisitzes.

Darüber hinaus möchte ich meinen ehemaligen Oberingenieuren, Dr. Matthias Dannapfel und Tobias Adlon, für die außerordentlich vertrauensvolle und konstruktive Zusammenarbeit sowie den bedingungslosen Einsatz und die unermüdliche Förderung unserer Abteilung danken. In vielen, teils kontroversen Gesprächen konnte ich zudem die Idee zu dieser Dissertation weiterentwickeln und das Ergebnis kontinuierlich verbessern. Zudem haben mich die unzähligen, gemeinsamen Dienstreisen zu Beginn meiner Zeit als wissenschaftlicher Mitarbeiter mit Tobias Adlon stark geprägt und ich erinnere mich immer wieder gerne an diese ereignisreiche und intensive Anfangszeit zurück.

Ganz besonders möchte ich mich bei meinen ehemaligen Kollegen am Lehrstuhl für Produktionssystematik bedanken. Ich durfte neben gruppeninternen Aufgaben auch viele abteilungsübergreifende Projekte begleiten und leiten. Dabei konnte ich immer auf die volle Einsatzbereitschaft, größte Motivation und eine freundschaftliche Zusammenarbeit zählen. Stellvertretend für die vielen Wegbegleiter möchte ich Dennis Schneidermann, Sebastian Patrick Vierschilling, Tino Schlosser, Dennis Ilic, Katharina Müller, Julian Utsch, Dr. Matthias Preuß, Dr. Johannes Wagner, Tingni Xu, Steffen

Schupp und Jonas Dackweiler nennen. Ihr seid der Grund für die unvergessliche, abwechslungsreiche und einfach nur herausragende Zeit während meiner Promotion am WZL.

Ein großes Dankeschön möchte ich auch meinen ehemaligen studentischen Hilfskräften und Abschlussarbeitern aussprechen. An dieser Stelle möchte ich besonders Oliver Matzke, Pia Vollmuth, Mateo Kasalo, Mark Kubik und Tobias Saalmann erwähnen. Durch eure Motivation, den unermüdlichen Einsatz und die Verlässlichkeit in all den Jahren wart ihr eine große Entlastung und habt mit eurem tatkräftigen Einsatz einen wesentlichen Beitrag zu dieser Arbeit geleistet.

Eine außergewöhnliche Reise mit unzähligen und schönen Momenten durfte ich seit meinem Studienbeginn an der RWTH Aachen University mit Dr. Paul Zeller und Dr. Sebastian Schlößer bestreiten. Ich konnte nicht nur im Studium, sondern auch in der gesamten Zeit als studentischer und wissenschaftlicher Mitarbeiter in allen Lebenslagen auf Euch zählen. Der kontinuierliche Zuspruch, der unbändige Optimismus und die tiefe Freundschaft haben mir immer wieder die notwendige Willenskraft und Motivation für die Ausarbeitung dieser Dissertation gegeben. Ich danke Euch dafür!

Meinen größten Dank möchte ich meiner Familie aussprechen. Den Grundstein für meine Leistungen und den Erfolg dieser Arbeit haben meine Eltern Regina und Rainer Uelpenich durch ihr bedingungsloses Vertrauen, die unermüdliche Unterstützung und den motivierenden Zuspruch in all den Jahren gelegt. Meiner Schwester Yvonne Müller und ihrer Familie danke ich für ihr großes Interesse und die Begeisterung für meine Arbeit, vor allem in den letzten Monaten. Stellvertretend für die gesamte Familie Henkel danke ich meinen Schwiegereltern Claudia und Christoph für die herzliche und unmittelbare Unterstützung neben der Arbeit. Ebenso möchte ich Dir, liebe Greta, für die vielen Jahre danken, in denen ich deiner selbstlosen Zurückhaltung, deinem außergewöhnlichen Verständnis und deinem starken Rückhalt immer gewiss sein konnte. Ich weiß, dass diese Zeit auch von zahlreichen Entbehrungen, entgangenen Möglichkeiten und anstrengenden Momenten geprägt war. Ich bewundere Deine Energie und Beharrlichkeit, mit der Du mich immer wieder aufs Neue motiviert hast weiterzumachen. Dein liebevoller Umgang und unsere beiden Kinder geben mir Kraft und Bestätigung für unsere gemeinsame Zukunft.

Dir widme ich diese Arbeit.

Köln, im Juni 2022

Zusammenfassung

Der urbane Raum ist für produzierende Unternehmen ein innovativer und wichtiger Ort der industriellen Wertschöpfung. Empirische Studien zeigen jedoch, dass insbesondere die begrenzte Flächenverfügbarkeit die Entwicklungsmöglichkeiten im urbanen Raum stark beeinträchtigen. Darüber hinaus ergeben sich, neben der ökonomischen Perspektive, zunehmend auch gesellschaftliche und politische Anforderungen an nachhaltige und zukunftsorientierte Elemente einer integrierten Stadtentwicklung.

Ziel dieser Dissertation ist es, das Urbanisierungspotenzial einer Fabrik durch die Entwicklung von Strategien zur Steigerung der Flächeneffizienz zu nutzen. Dabei wird die wertschöpfungsorientierte Beschreibung und Bewertung von generischen Gestaltungsoptionen unter Berücksichtigung von flächenbezogenen Anforderungen aus dem urbanen Raum dazu verwendet, um Flächeneffizienzpotenziale abzuleiten.

Das Lösungskonzept besteht aus fünf Teilmodellen. Im ersten Teilmodell wird die urbane Fabrik anhand ihrer Wirkbeziehungen zum urbanen Umfeld in den Domänen Infrastruktur, Prozesse und Technologie charakterisiert, indem urbane Einflussfaktoren auf die Fabrik merkmalbasiert beschrieben werden. Im zweiten Teilmodell werden urbane, flächenbezogenen Anforderungen an die Fabrik hinsichtlich ihrer Wechselwirkungen untersucht, um die qualitativen Wirkbeziehungen in ein quantitatives Sensitivitätsmodell zu überführen und anwendungsbezogene Anforderungsbereiche abzuleiten. Im dritten Teilmodell erfolgt die Entwicklung eines Zielsystems zur wertschöpfungsorientierten Beschreibung der Flächeneffizienz sowie die Identifizierung von Berechnungskomponenten und Kennzahlen zu ihrer Bewertung. Das vierte Teilmodell integriert die Ergebnisse der Bewertung generischer Gestaltungsoptionen zur Steigerung der Flächeneffizienz mit den Anforderungsbereichen. Im Ergebnis werden definierte Strategien zur Steigerung der Flächeneffizienz durch die Priorisierung der bewerteten Gestaltungsoptionen sowie der Ableitung von Flächeneffizienzpotenzialen entwickelt. Im fünften Teilmodell werden die Ergebnisse aller zuvor entwickelten Modelle in einem Vorgehensmodell zusammengefasst und prozessual beschrieben. Diese Dissertation leistet somit einen wesentlichen Beitrag zur systematischen Steigerung der Flächeneffizienz und fördert die Integration von Produktion in den urbanen Raum.

Summary

Urban space is an innovative and important place of industrial value creation for manufacturing companies. However, empirical studies have shown that the limited availability of space severely impair the opportunities for potential growth and development in urban areas. Moreover, and in addition to the economic perspective, social and political requirements for sustainable and future-oriented elements in an integrated urban development are emerging increasingly.

The objective of this dissertation is to use the urbanization potential of a factory through strategies for systematically increasing space efficiency of factories in urban environments. In this context, the value-added-oriented description and evaluation of generic design options is used to derive space efficiency potentials for companies while considering space-related requirements from the urban area.

The framework of the solution consists of five partial models. In the first partial model, the urban factory is characterised based on its interactions with the urban environment in the domains of infrastructure, processes and technology. The result is the attribute-based description of influencing factors on space consumption. In the second partial model, space-related requirements for the factory are examined regarding their correlations in order to transfer the qualitatively described interactions into a quantitative sensitivity model. Thus, practice-related requirement areas for the urban factory are derived. In the third partial model, a target system for the value-creation oriented description of space efficiency is developed as well as calculation factors and performance indicators for its evaluation are identified. The fourth partial model integrates the results of the evaluation of generic design options for increasing space efficiency with the above-mentioned requirement areas. As a key result, defined strategies for increasing space efficiency are developed by prioritising the evaluated measures and deriving space efficiency potentials. In the fifth partial model, the results of all previously developed partial models are summarised in a process model and documented in terms of workflows. Thus, the dissertation at hand contributes significantly to the systematic increase of space efficiency of factories in urban environments and supports the integration of production into the urban space.

Inhaltsverzeichnis

Verzeichnis der Abbildungen

Verzeichnis der Abkürzungen

AS	Aktivsumme
ASR	Arbeitsstättenrichtlinie/ Technische Regeln für Arbeitsstätten
Aufl.	Auflage
BauNVO	Baunutzungsverordnung
BImSchG	Bundes-Immissionsschutzgesetz
BPMN	Business Process Model and Notation
bspw.	beispielsweise
bzw.	beziehungsweise
chem.	chemisch
CIRP	Internationale Akademie für Produktionstechnik
d.h.	das heißt
DIN	Deutsches Institut für Normung e. V.
engl.	Englisch
et al.	et alii bzw. und andere
f.	folgende
ff.	fortfolgende
FMCG	Fast Moving Consumer Goods
F&E	Forschung und Entwicklung
GmbH	Gesellschaft mit beschränkter Haftung
Hrsg.	Herausgeber

i.A.a.	in Anlehnung an
Jg.	Jahrgang
mech.	Mechanisch
Nr.	Nummer
OEE	Overall Equipment Effectiveness
OFE	Overall Factory Effectiveness
OTE	Overall Throughput Effectiveness
PS	Passivsumme
RWTH	Rheinisch-Westfälische Technische Hochschule
S.	Seite
SPSS	Sammeln, Prüfen, Sortieren, Subsumieren
TEEP	Total Effective Equipment Performance
therm.	thermisch
u.	und
u.a.	unter anderem
VDI	Verein Deutscher Ingenieure e. V.
Verl.	Verlag
vgl.	vergleiche
WZL	Werkzeugmaschinenlabor WZL der RWTH Aachen University
z.B.	zum Beispiel

1 Einleitung

»Die Erkenntnis beginnt nicht mit Wahrnehmungen oder Beobachtungen oder der Sammlung von Daten oder von Tatsachen, sondern sie beginnt mit Problemen.«[1]

1.1 Motivation

Aktuelle Megatrends wie Urbanisierung, Digitalisierung, Individualisierung oder der demographische Wandel erfordern ein neues Denken und Handeln in der produzierenden Industrie[2]. Dabei zielt der industrielle Fokus zunehmend auf urbane Räume als innovativer und wichtiger Ort für die Wertschöpfung produzierender Unternehmen[3]. Im deutschsprachigen Raum erkennt die produzierende Industrie die Notwendigkeit der Produktion in urbanen Gebieten bereits an[4]. Jedoch sind die vergangenen Jahrzehnte aus industrieller Sicht insbesondere durch die ‚De-Industrialisierung großer Städte' geprägt. Die Fokussierung auf den Innovations- und Dienstleistungssektor in urbanen Gebieten führte zu einem Wertschöpfungsverlust im industriellen Bereich[5].

Produktion im urbanen Raum ist nicht nur aus wirtschaftlicher und industrieller Sicht innovativer und wichtiger Ort für Wertschöpfung, sondern wird auch als nachhaltiger und zukunftsorientierter Baustein in einer gesamtstädtischen Entwicklung gesellschaftlich und politisch gefordert. Um die (Weiter-) Entwicklung urbaner Produktionsstandorte zu unterstützen, muss die Integrationsfähigkeit der Produktion in die Stadt gesteigert und das ‚Urbanisierungspotenzial' einer Fabrik gefördert werden. Dabei existiert eine Vielzahl an Potenzialen und Herausforderungen für urbane Fabriken.

---

[1] POPPER definierte diese These im Rahmen seiner Erkenntnislogik, indem er die Bedeutung von Wissen und Nichtwissen im Spannungsfeld der Entdeckung von Problemen erklärt: „Kein Wissen ohne Probleme – aber auch kein Problem ohne Wissen“, in: Popper (1962), Die Logik der Sozialwissenschaften, S. 234.

[2] Vgl. Westkämper (2014), Towards the Re-Industrialization of Europe, S. 18 f.

[3] Vgl. Juraschek et al. (2018), Ökotone als Analogie für eine nachhaltige Wertschöpfung, S. 198.

[4] Vgl. Burggräf et al. (2019), Urban Factories - Industry insights and empirical evidence, S. 87 f.

[5] Vgl. Wolman et al. (2015), Deindustrialization, Manufacturing Job Loss and Economic Development, S. 99 f.; Vgl. Westkämper und Löffler (2016), Strategien der Produktion, S. 15 f.

In diesem Zusammenhang weisen HERRMANN ET AL. darauf hin, dass die größten Anforderungen in der Minimierung negativer Einflüsse liegen, bspw. im Bereich des Emissions- und Schallschutzes oder der Reduzierung des resultierenden Verkehrsaufkommens. Wesentliche Potenziale werden im Bereich der gemeinsamen Ressourcennutzung identifiziert, etwa durch geöffnete und geteilte Infrastruktur und Warenflüsse.[6] Darüber hinaus wird die Nachhaltigkeit von unternehmerischen Geschäftsmodellen auch für produzierende Unternehmen zunehmend wichtiger[7]. Der steigende Ressourcenverbrauch infolge des zunehmenden Urbanisierungsgrades erfordert einen Strukturwandel und eine Neuausrichtung der Produktion im Hinblick auf die Nachhaltigkeit der Städte[8]. Folglich gewinnt auch die Ressource Fläche als raumtypisches Merkmal für einen nachhaltigen Fabrikstandort zunehmend an Bedeutung.

Aus industrieller Sicht wird die begrenzte Flächenverfügbarkeit als eine große Herausforderung von urban produzierenden Unternehmen angesehen[9]. Da die Flächenverfügbarkeit in urbanen Gebieten begrenzt ist, besteht ein Urbanisierungspotenzial unter anderem in einer effizienten Flächennutzung für die Produktion. Dies muss bereits im Fabrik- und Layoutplanungsprozess berücksichtigt werden. Dennoch wird der Gestaltungsspielraum einer effizienten Flächennutzung in der industriellen Praxis nur selten systematisch berücksichtigt. Trotz der hohen Relevanz des Themas - auch in Politik und Gesellschaft - finden strukturierte, raumeffiziente Ansätze selten Anwendung. Es existieren zudem nur wenige Ansätze, welche die Flächeneffizienz von Produktionssystemen messbar machen.

Der steigende Bedarf an urbaner Wertschöpfung und die ineffiziente Nutzung von ohnehin schlecht verfügbaren Flächen erfordern folglich Maßnahmen zur Steigerung der Flächeneffizienz urbaner Fabriken, um existierende Urbanisierungspotenziale nutzbar zu machen. Insbesondere ist das Zusammenspiel zwischen urbanem Umfeld und Produktion im Ökosystem Stadt von großer Bedeutung[10]. Dazu zählen Wirkzusammenhänge bestehender Rahmenbedingungen aus dem urbanen Raum, welche die beschriebenen Anforderungen, auch an die Flächeninanspruchnahme und -nutzung produzierender Unternehmen, maßgeblich beeinflussen.

[6] Im Rahmen einer kollaborativen Arbeitsgruppe der CIRP entstand eine Sammlung von Anforderungen und Merkmalen für urbane Produktionsstandorte, vgl. Herrmann et al. (2020), Urban Production: State of the Art and Future Trends, S. 4 f.

[7] Vgl. Herrmann et al. (2014), Sustainability in Manufacturing and Factories of the Future, S. 287.

[8] Vgl. Lentes (2017), Urbane Produktion als Lösungsansatz, S. 45.

[9] Vgl. Burggräf et al. (2019), Urban Factories - Industry insights and empirical evidence, S. 87.

[10] Vgl. Juraschek et al. (2016), Ecotones as Analogy for Sustainable Value Creation in Cities, S. 136 f.

1.2 Zielsetzung der Arbeit

Die vorliegende Arbeit verfolgt ausgehend von den beschriebenen Urbanisierungspotenzialen einer Fabrik das übergeordnete Ziel, die Gestaltung der Flächennutzung von Fabriken im urbanen Umfeld für eine wertschöpfungsorientierte Steigerung der Flächeneffizienz methodisch zu unterstützen. Die Grundlage des Forschungsvorhabens ist die Erarbeitung eines Ordnungsrahmens zur Beschreibung der Wirkzusammenhänge einzelner Einflussfaktoren auf die urbane Fabrik, um die bestehenden Rahmenbedingungen des urbanen Umfelds zu berücksichtigen. Dabei werden Einflussfaktoren in den Domänen Infrastruktur, Prozesse und Technologie ermittelt, um auch domänenübergreifende Wirkbeziehungen sichtbar zu machen. Darauf aufbauend werden resultierende Flächenanforderungen und deren gegenseitigen Wirkbeziehungen erklärt. In direkten Wertschöpfungsbereichen werden die größten Flächenpotenziale erwartet. Einerseits werden ein Zielsystem und allgemeingültige Kennzahlen zur Beschreibung und Bewertung der wertschöpfungsorientierten Flächeneffizienz definiert. Andererseits werden generische Gestaltungsoptionen zur Steigerung der Flächeneffizienz domänenspezifisch bewertet, um Flächeneffizienzpotenziale offenzulegen. Die Quantifizierung und Operationalisierung des Zielerfüllungsgrades zur Steigerung der Flächeneffizienz wird durch entsprechende Berechnungsvorschriften realisiert.

In jeder Domäne existiert eine Vielzahl an generischen Gestaltungsoptionen zur Steigerung der Flächeneffizienz. Das Vorhaben leistet demnach einen Beitrag, um einerseits die Einflussfaktoren für die Entstehung von Flächen im urbanen Raum zu untersuchen und deren Anforderungen an die Fabrik abzuleiten. Zudem werden Auswirkungen der Flächeninanspruchnahme auf die urbane Wertschöpfung identifiziert. Dabei wird die Frage beantwortet, wie Wertschöpfung im urbanen Umfeld gestaltet werden muss, um Strategien für eine flächeneffiziente Produktion entwickeln zu können.

Zielsetzung dieser Arbeit ist die systematische Steigerung der Flächeneffizienz von Fabriken im urbanen Umfeld durch die wertschöpfungsorientierte Beschreibung und Bewertung domänenspezifischer Gestaltungsoptionen unter Berücksichtigung flächenbeeinflussender Anforderungen aus dem urbanen Raum.

Dabei liegt die Herausforderung aus dem Praxiszusammenhang in der begrenzten Flächenverfügbarkeit für produzierende Unternehmen im urbanen Raum. Aufgrund der Flächenknappheit führen die Strategien zur Steigerung der Flächeneffizienz und eine Priorisierung der abgeleiteten Gestaltungsoptionen zu einer besseren Integration von Produktion in den urbanen Raum. Auf Basis der genannten Zielsetzung kann die zentrale Forschungsfrage formuliert werden:

„Wie kann die Flächeneffizienz von Fabriken im urbanen Umfeld durch die Bewertung von Gestaltungsoptionen und unter Berücksichtigung direkter Wertschöpfungsstufen gesteigert werden?“

Aus der zentralen Forschungsfrage ergeben sich die folgenden Leitfragen, die im Laufe des Forschungsprozesses beantwortet werden:

- Wie lassen sich **Einflussfaktoren auf die urbane Flächeninanspruchnahme** beschreiben und urbane Rahmenbedingungen ableiten?
- Welche **die Flächennutzung beeinflussende Anforderungen** können an direkte Wertschöpfungsbereiche urbaner Fabriken gestellt werden?
- Wie kann die **Flächeneffizienz mit Fokus auf die Wertschöpfung** eines Unternehmens beschreibbar und bewertbar gemacht werden?
- Wie können **generische Gestaltungsoptionen** zur Steigerung der Flächeneffizienz identifiziert und bewertet werden?
- Wie kann aus den **Wirkbeziehungen** der Anforderungen und Gestaltungsoptionen eine Priorisierung ermöglicht und daraus **Flächeneffizienzpotenziale** abgeleitet werden?
- Wie ist ein **Vorgehensmodell** zur gezielten Steigerung der Flächeneffizienz von Fabriken im urbanen Kontext zu gestalten?

Die Leitfragen strukturieren den Lösungsprozess dieser Arbeit und werden sowohl zur Erstellung des Konzeptes der Strategien in Kapitel 4.3 als auch zur Ableitung der entsprechenden Teilmodelle dieser Arbeit (Kapitel 4.4) genutzt.

1.3 Forschungskonzeption

Das vorliegende Forschungsvorhaben wird in einen Forschungsprozess eingeordnet, um durch die vorgegebene Struktur Erkenntnisse systematisch zu erarbeiten. Nach BINDER UND KANTOWSKY gleicht dieser Prozess einer Reise, auf welcher unbekannte Orte und Länder erkundet werden. So kann der Forschende „[…] eine neue Wirklichkeit für sich und die ‚scientific community‘“[11] erschließen. Dabei ist es entscheidend, dass die Entdeckungen realisiert und verdeutlicht werden, indem zu Beginn die grundlegende Erkenntnisperspektive erklärt und anschließend methodologische Fragestellungen beantwortet werden.[12]

[11] Binder und Kantowsky (1996), Technologiepotentiale, S. 3.

[12] Vgl. Binder und Kantowsky (1996), Technologiepotentiale, S. 3 f.

Als Voraussetzung für den forschungsmethodischen Ansatz dient die Unterteilung innerhalb der Wissenschaftssystematik nach ULRICH UND HILL.

Neben den Formalwissenschaften sind es vor allem die Realwissenschaften, welche auf eine Beschreibung der Wirklichkeit und eine Gestaltung wissenschaftlicher Erkenntnisse im empirischen Sinne abzielen. Darunter wird zwischen reinen Grundlagenwissenschaften und angewandten Handlungswissenschaften unterschieden (siehe Abbildung 1-1). Als verbindendes Element beider Bereiche sind die Ingenieurswissenschaften einzuordnen. Nach ULRICH UND HILL hat die Beschreibung und Erklärung von Prämissen aus der praktischen Realität ebenfalls den Zweck, Subjektivität in der wissenschaftlichen Arbeit durch präzise Beschreibung, generalisierende Abstraktion und die Gestaltung von Handlungsalternativen (im Sinne der angewandten Wissenschaft) zu vermeiden.[13]

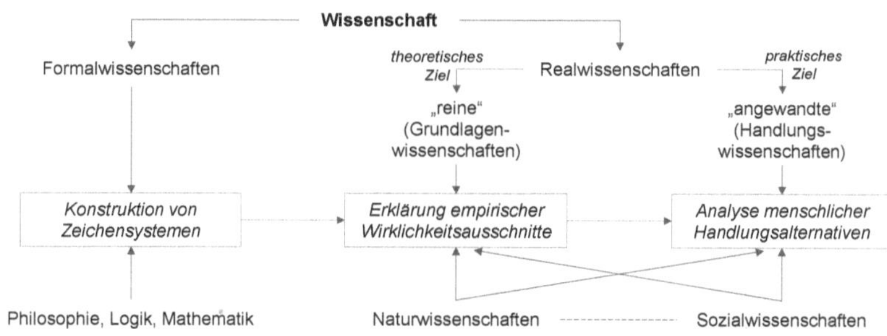

Abbildung 1-1: Unterteilung innerhalb der Wissenschaftssystematik[14]

Das vorliegende Forschungsvorhaben gliedert sich in den Betrachtungsbereich der Planung und Optimierung von Fabriken im urbanen Umfeld ein. Einerseits werden Ausschnitte der empirischen Wirklichkeit erklärt, indem urbane Einflussfaktoren und Rahmenbedingungen untersucht und Flächeneffizienzpotenziale erklärt werden. Andererseits werden menschliche Handlungsalternativen in Form von Entscheidungen für oder gegen Gestaltungsmerkmale und -optionen zur Steigerung der Flächeneffizienz von Fabriken thematisiert. Das Forschungsvorhaben ist demnach - ebenfalls wie die Ingenieurswissenschaften - als Bindeglied zwischen den Natur- und Sozialwissenschaften einzuordnen.

[13] Vgl. Ulrich und Hill (1976), Wissenschaftstheoretische Grundlagen der Betriebswirtschaftslehre, S. 305 f.

[14] i.A.a. Ulrich und Hill (1976), Wissenschaftstheoretische Grundlagen der Betriebswirtschaftslehre, S. 305.

Der Grundgedanke des Forschungsvorhabens entstand innerhalb der Durchführung von interdisziplinären Forschungsprojekten sowie praxis- und industrienahen Beratungsprojekten für produzierende Unternehmen. Die industrielle Praxis ist demnach die Basis der zu betrachtenden Problemstellung. KUBICEK empfiehlt für die Ausbildung eines fundierten Verständnisses des Forschenden sowie zur Strukturierung der Problemstellung die Ausarbeitung eines heuristischen Bezugsrahmens. Dieser zeigt die grundlegenden Elemente innerhalb des Forschungsfeldes sowie die verschiedenen Beziehungen zwischen ihnen an[15].

Der Forschungsprozess wird ferner durch ein iteratives Vorgehen geleitet. Dies fördert das Verständnis des Forschungsgegenstandes und mithin die Kontrolle zukünftiger Fragestellungen auf Basis eines explorativen Forschungszyklus (siehe Abbildung 1-2).

Abbildung 1-2: Iterativer Forschungsprozess der vorliegenden Arbeit[16]

Der heuristische Bezugsrahmen für das geplante Forschungsvorhaben orientiert sich an den Disziplinen der Ingenieurswissenschaften. Über die Einflüsse des urbanen Umfelds auf Fabriken sowie wissenschaftlichen Ansätzen zur Beschreibung und Bewertung der Wertschöpfung werden Anforderungen zur Gegenüberstellung mit dem Urbanisierungspotenzial aufgezeigt. Dadurch können Wirkzusammenhänge erklärt und das Ziel des Forschungsvorhabens verdeutlicht werden. Darüber hinaus werden die zugrundeliegenden, wissenschaftlichen Ansätze sowie verwendete Elemente im Forschungsprozess aufgezeigt und entsprechende Zusammenhänge erklärt[17]. Der heuristische Bezugsrahmen bildet das Grundverständnis dieser Arbeit und die Struktur für das vorliegende Forschungsvorhaben (siehe Abbildung 1-3). Er befähigt zur Definition

[15] Vgl. Kubicek (1977), Heuristische Bezugsrahmen und heuristisch angelegte Forschungsdesign, S. 28 f.

[16] I.A.a. Tomczak (1992), Forschungsmethoden in der Marketingwissenschaft, S. 82.

[17] Vgl. Kubicek (1977), Heuristische Bezugsrahmen und heuristisch angelegte Forschungsdesign, S. 17; Tomczak (1992), Forschungsmethoden in der Marketingwissenschaft, S. 84.

des zentralen Problems, was zugleich den ersten Schritt im Forschungsprozess der vorliegenden Arbeit darstellt. Dieser lehnt sich an die Forschungskonzeption und -methodik angewandter Wissenschaft nach ULRICH an[18]. Die Erläuterung der Realität als Ausgangspunkt des Forschungsprozesses erlaubt zudem die Überwindung der Subjektivität in der wissenschaftlichen Arbeit[19].

Abbildung 1-3: Heuristischer Bezugsrahmen des Forschungsvorhabens

Da sich der systemtheoretische Ansatz nach ULRICH besonders für die Ingenieurswissenschaften eignet, können nicht nur Theorien, sondern reale Probleme aus der betrieblichen Praxis beantwortet werden[20]. Dabei sind Modelle die Stützpfeiler der wissenschaftlichen Argumentation und Vorgehensweise[21].

1.4 Aufbau der Arbeit

Die Arbeit gliedert sich in sieben Kapitel und orientiert sich an der Strategie angewandter Forschung nach ULRICH. Hierbei wird der Praxisbezug in den Mittelpunkt des Anwendungszusammenhangs gerückt, indem der Forschungsprozess seinen Anfang in der Praxis findet und auch in diesem endet. Der Bezug zur Praxis wird folglich aktiv in den Forschungsprozess integriert. Ferner werden Erkenntnisse aus den empirischen Grundlagenwissenschaften sowie den Formalwissenschaften erfasst. Auf dieser Grundlage erfolgt die Erarbeitung von Kriterien, Regeln und Modellen, welche anschließend im Anwendungszusammenhang geprüft werden.[22]

Das erste Kapitel dient der Einführung und Motivation des Themenfeldes, in der zudem die Ziele und der Aufbau dieser Arbeit vorgestellt werden.

[18] Vgl. Ulrich (1984), Die Betriebswirtschaftslehre als anwendungsorientierte Sozialwissenschaft, S. 193.
[19] Vgl. Ulrich und Hill (1976), Wissenschaftstheoretische Grundlagen der Betriebswirtschaftslehre, S. 306.
[20] Vgl. Ulrich und Hill (1976), Wissenschaftstheoretische Grundlagen der Betriebswirtschaftslehre, S. 307 ff.
[21] Vgl. Kuhn (2017), Die Struktur wissenschaftlicher Revolutionen, S. 25.
[22] Vgl. Ulrich (1984), Die Betriebswirtschaftslehre als anwendungsorientierte Sozialwissenschaft, S. 192 f.

Anschließend werden in Kapitel 2 relevante Begrifflichkeiten definiert und das Verständnis des Autors der urbanen Fabrik als nachhaltiger Ort der Wertschöpfung erläutert. Hierbei wird vornehmlich auf Aspekte einer nachhaltigen Flächennutzung und Herausforderungen von urbanen Fabriken eingegangen.

Im dritten Kapitel werden bestehende Ansätze zur Beschreibung und Bewertung des Wertschöpfungsbegriffes, urbanen Fabriken und der Flächeneffizienz in den Zielbereich dieser Arbeit eingeordnet und der resultierende Forschungsbedarf eruiert.

Kapitel 4 dient der Konzeption der Strategien zur Steigerung der Flächeneffizienz, wobei ausgehend von den Anforderungen an das Modell ein Ordnungsrahmen für den Betrachtungsbereich und entsprechende Teilmodelle der Lösung abgeleitet werden.

Diese Teilmodelle werden in Kapitel 5 ausgestaltet und bilden den Kern für die Strategien zur Steigerung der Flächeneffizienz von Fabriken im urbanen Umfeld.

Im sechsten Kapitel erfolgt die Prüfung der erarbeiteten Ergebnisse im Anwendungszusammenhang. Die Anwendungserfahrung ist Grundlage für die Validierung und kritische Reflexion der Forschungsergebnisse.

Abschließend werden in Kapitel 7 die Erkenntnisse dieser Arbeit zusammengefasst. Es erfolgt zudem ein Ausblick auf weitere Implikationen für Theorie und Praxis.

Die gewählte Forschungsmethodik nach ULRICH sowie der Aufbau der Arbeit werden in Abbildung 1-4 gegenübergestellt.

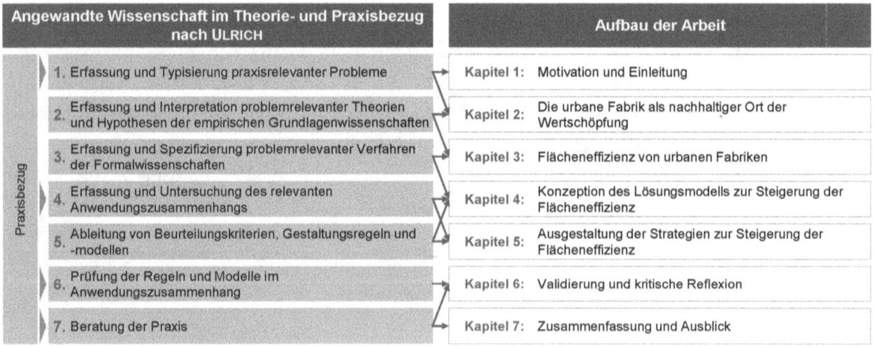

Abbildung 1-4: Aufbau der Arbeit[23]

[23] i.A.a. Ulrich (1984), Die Betriebswirtschaftslehre als anwendungsorientierte Sozialwissenschaft, S. 193.

2 Die urbane Fabrik als nachhaltiger Ort der Wertschöpfung

»Die geringe Verfügbarkeit des ohnehin begrenzten Bauraums ist die größte Herausforderung für produzierende Unternehmen.«[24]

Die inhaltlichen Grundlagen führen im vorliegenden Kapitel mit einem Überblick über relevante Begriffe sowie verwendete Konzepte und Methoden in das Thema dieser Arbeit ein. Zunächst wird in Kapitel 2.1 der Betrachtungsbereich definiert, indem der Begriff der Urbanen Produktion eingegrenzt und dessen Besonderheiten sowie Einflüsse aus dem urbanen Umfeld erklärt werden. Als maßgebliche Herausforderung urbaner Fabriken wird in Kapitel 2.2 auf die begrenzte Flächenverfügbarkeit im urbanen Raum eingegangen. Im erweiterten Sinne der Nachhaltigkeit wird von Politik und Gesellschaft ein nachhaltiger Umgang mit der Neuerschließung von Flächen und der Verwendung von Brachflächen gefordert. In Kapitel 2.3 werden die resultierenden Herausforderungen von Fabriken im urbanen Umfeld thematisiert, da die Flächennutzung und Flächenentstehung in einer Fabrik aus bestimmten Anforderungen resultieren, welche sich sowohl aus dem Produktionssystem an sich als auch aus der urbanen Umgebung ergeben. Das Kapitel schließt mit der Herleitung des Bedarfes von Strategien zur Steigerung der Flächeneffizienz von urbanen Fabriken ab (Kapitel 2.4).

2.1 Grundlagen der urbanen Produktion

Urbane Produktion definiert sich neben besonderen Herausforderungen für die Gestaltung von Produktionssystemen insbesondere durch die Lage im urbanen Raum sowie bestimmte Besonderheiten und Einflussfaktoren aus dem urbanen Umfeld. In Kapitel 2.1.1 wird das Konzept der urbanen Produktion aufgegriffen und das Begriffsverständnis für diese Arbeit erläutert. Die Unterschiede zu Fabriken in peripheren Gebieten bestehen im Wesentlichen durch die Interdependenzen bzw. Schnittstellen zur

[24] Burggräf et al. (2019), Urban Factories - Industry insights and empirical evidence, S. 87.

urbanen Umgebung und den Austausch von Energie, Materialien, Produkten und Informationen. Insbesondere die Schnittstellen und Wechselwirkungen zwischen Stadt und Produktion sind als Besonderheit urbaner Fabriken hervorzuheben, da dort eine Vielzahl an Synergiepotenzialen und Chancen für produzierende Unternehmen vermutet werden (Kapitel 2.1.2). Auf der anderen Seite sind urbane Fabriken einer Vielzahl an Einflüssen aus dem urbanen Umfeld ausgesetzt, welche ihre Umsetzbarkeit und Rahmenbedingungen für die Planung und Umsetzung maßgeblich beeinflussen (Kapitel 2.1.3).

2.1.1 Definition relevanter Begrifflichkeiten

Zur Abgrenzung relevanter Begriffe im Themenfeld urbaner Produktion werden in diesem Abschnitt die Zusammenhänge bestehender Konzepte und Grundlagen diskutiert und mithin das Begriffsverständnis der vorliegenden Arbeit eruiert.

2.1.1.1 Urbaner Raum

Es existiert im Allgemeinen keine einheitliche oder disziplinübergreifende Definition von urbanem Raum oder Urbanität[25]. Als multidisziplinäres Forschungsfeld bietet das städtische Umfeld eine Vielzahl an Anknüpfungspunkten aus Architektur, Geografie, Soziologie, Ökonomie, Ökologie, Archäologie oder der Politikforschung[26]. Einige Aspekte urbaner Räume werden im Rahmen dieser Arbeit als besonders relevant wahrgenommen. Dazu zählen u.a. die Austauschbeziehungen multifunktionaler und komplementärer Funktionen als kulturelle Bestandteile urbaner Räume[27]. Diese Funktions- und Nutzungsmischung kennzeichnet urbane Räume maßgeblich und grenzt den Begriff von einer monostrukturalen Quartiersentwicklung ab[28]. Darüber hinaus kann der Begriff mithilfe der Bevölkerungsdichte oder Siedlungsstruktur beschrieben werden[29]. Zusammenfassend wird urbaner Raum in Anlehnung an JURASCHEK ET AL. im Folgenden „durch eine multifunktionale Nutzungsstruktur in räumlicher Konzentration innerhalb einer signifikant besiedelten Siedlungsstruktur“[30] definiert.

---

[25] Vgl. Juraschek et al. (2018), Life Cycle Oriented Industrial Value Creation in Cities, S. 95.

[26] Vgl. Mieg (2013), Die Stadt als Feld multidisziplinärer Forschung, S. 15 ff.

[27] Vgl. Juraschek et al. (2018), Ökotone als Analogie für eine nachhaltige Wertschöpfung, S. 197, Juraschek et al. (2018), Die Ressourcen der urbanen Fabrik, S. 14; Reicher (2017), Städtebauliches Entwerfen, S. 10.

[28] Vgl. Klanten und Schmitt (2019), Nutzungen mischen - Produktion integrieren, S. 6; Läpple (2016), Produktion zurück in die Stadt, S. 29.

[29] Vgl. Dijkstra und Poelman (2012), Cities in Europe, S. 14; Reicher (2017), Städtebauliches Entwerfen, S. 10.

[30] Juraschek et al. (2016), Ecotones as Analogy for Sustainable Value Creation in Cities, S. 136.

2.1.1.2 Produktion und Fabriken

Das produzierende Gewerbe hat speziell in Deutschland einen sehr hohen wirtschaftlichen Stellenwert, unter anderem für eine ausgeglichene und nachhaltige Entwicklung der Bruttowertschöpfung[31]. Betriebswirtschaftlich betrachtet gliedert sich das produzierende Gewerbe in den sekundären (materiellen) Sektor ein und grenzt sich damit vom primären Sektor (z.B. Land- oder Forstwirtschaft) und tertiären Sektor (z.B. Dienstleistungen) ab[32]. BLOECH ET AL. verstehen unter dem Produktionsbegriff die industrielle Herstellung von Gütern und die Schaffung von industrienahen Dienstleistungen[33]. DYCKHOFF und WESTKÄMPER sprechen im Speziellen von einer Transformation von Input- in Outputfaktoren durch Produktionsfaktoren, bspw. Energie-, Material- oder Informationsflüsse innerhalb einer Wertschöpfungskette[34]. Diesem Verständnis folgend wird im Kontext dieser Arbeit Produktion als ein Transformationsprozess verstanden, dessen Ziel die Herstellung von Sachgütern bzw. der Wertschöpfung für den Kunden ist[35]. Für ebendiese Transformation in der gesamten oder in einem Teil der Wertschöpfungskette definiert die INTERNATIONALE AKADEMIE FÜR PRODUKTIONSTECHNIK (CIRP) eine Fabrik als örtlich zusammenhängende Einheit von Produktionsfaktoren[36]. Die Planung einer Fabrik als lokale Einheit umfasst alle Aktivitäten von der Auslegung bis hin zur Realisierung und der Überwachung des Produktionsanlaufes[37]. Auf diesem Verständnis baut der weitere Verlauf dieser Arbeit auf.

2.1.1.3 Produktion im urbanen Raum

Bei der Konsolidierung der oben genannten Begrifflichkeiten zu einer ganzheitlichen Definition von Produktion im urbanen Raum lehnt sich diese Arbeit an den bestehenden Ansatz von HERRMANN ET AL. an. Dabei wird „der urbane Raum [...] aus der Perspektive der Produktion als eine dichtbesiedelte Siedlungsstruktur mit einer multifunktionalen Nutzungsstruktur beschrieben [...], die Funktionalitäten für Produktionsstätten und -unternehmen bietet."[38] KLANTEN UND SCHMITT beschreiben Produktion

---

[31] Vgl. Statistisches Bundesamt (2019), Umweltnutzung und Wirtschaft, S. 16.

[32] Vgl. Haupt (2000), Industriebetriebslehre, S. 1.

[33] Vgl. Bloech et al. (2014), Einführung in die Produktion, S. 3.

[34] Vgl. Westkämper (2006), Einführung in die Organisation der Produktion, S. 33 f.; Dyckhoff (1994), Betriebliche Produktion, S. 6 f. u. 11.

[35] Gutenberg versteht unter Sachgütern materielle Güter jeglicher Art, vgl. Gutenberg (1966), Grundlagen der Betriebswirtschaftslehre, S. 1. Eine Einordnung des Wertschöpfungsbegriffes folgt in Kapitel 3.1.

[36] Vgl. Chryssolouris et al. (2019), Factory, S. 650.

[37] Vgl. Eversheim und Schuh (1999), Produktion und Management 3, 9-1; Wiendahl und Nyhuis (2019), Facility Planning, S. 643.

[38] Herrmann et al. (2020), Urban Production: State of the Art and Future Trends, S. 3.

im urbanen Raum ferner als „Herstellung und Verarbeitung von materiellen Produkten sowie produktnahen Dienstleistungen in Räumen mit einer funktionalen Dichte und einer Mischung unterschiedlicher Nutzungen in zentraler städtischer Lage“[39].

Vor dem Hintergrund der erläuterten Zusammenhänge ist eine **urbane Fabrik** der Ort industrieller Herstellung oder Verarbeitung von Produkten und Dienstleistungen mit dem Ziel der Wertschöpfung für den Kunden im durch Nutzungsmischung gekennzeichneten, städtischen Umfeld, welches Funktionen und Infrastruktur für die produzierende Industrie bereitstellt.

2.1.2 Besonderheiten urbaner Produktionsstandorte

Das relativ junge Forschungsgebiet Urbane Produktion verzeichnet wenige theoretische und empirische Grundlagen, erfährt jedoch seit Jahren zunehmendes Interesse aus Industrie und Forschung[40]. Die Abgrenzung zu Fabriken in peripheren Gebieten besteht hauptsächlich durch die Schnittstellen zur und mit der urbanen Umgebung. In diesen Schnittstellen findet unter anderem ein Austausch von Energie, Materialien, Produkten und Informationen statt[41] (siehe Abbildung 2-1).

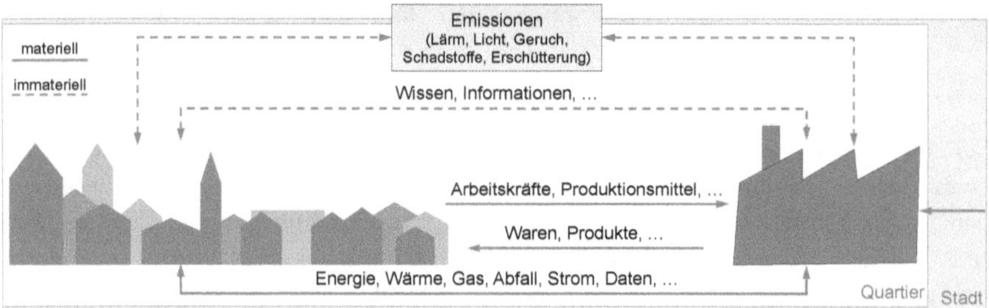

Abbildung 2-1: Interdependenzen von Fabriken mit dem urbanen Umfeld[42]

Zudem spielt der (typischerweise knappe) Faktor Fläche im urbanen Raum eine besondere Rolle[43], da verschiedene Funktionen für ihre Nutzung miteinander konkurrieren.

[39] Klanten und Schmitt (2019), Nutzungen mischen - Produktion integrieren, S. 6.

[40] Vgl. Klanten und Schmitt (2019), Nutzungen mischen - Produktion integrieren, S. 6; vgl. Juraschek et al. (2018), Life Cycle Oriented Industrial Value Creation in Cities, S. 99; Verein Deutscher Ingeniere (2015), Bausteine für die Stadt, S. 28 f.; Juraschek et al. (2019), Resource-Efficient Integration of Production Systems in Cities, S. 222.

[41] Vgl. Juraschek et al. (2019), Resource-Efficient Integration of Production Systems in Cities, S. 222.

[42] i.A.a. Juraschek et al. (2016), Ecotones as Analogy for Sustainable Value Creation in Cities, S. 137.

[43] Vgl. Bauer und Lentes (2014), Wettbewerbsfähig produzieren durch Urbane Produktion, S. 8.

Ausgehend von diesen Schnittstellen zwischen Stadt und Fabrik ergibt sich eine Vielzahl an Chancen und Potenzialen für Fabriken im urbanen Umfeld[44]. Fabriken im urbanen Umfeld werden daher als wichtiger Ort für die Wertschöpfung der Zukunft angesehen, da wechselseitige Austauschbeziehungen zwischen verschiedenen Funktionsnutzungen durch Fabriken im urbanen Umfeld intensiviert werden können[45]. In der urbanen Umgebung agiert dabei eine Vielzahl an relevanten Akteuren mit unterschiedlichsten Interessen und Einflüssen (siehe Abbildung 2-2)[46].

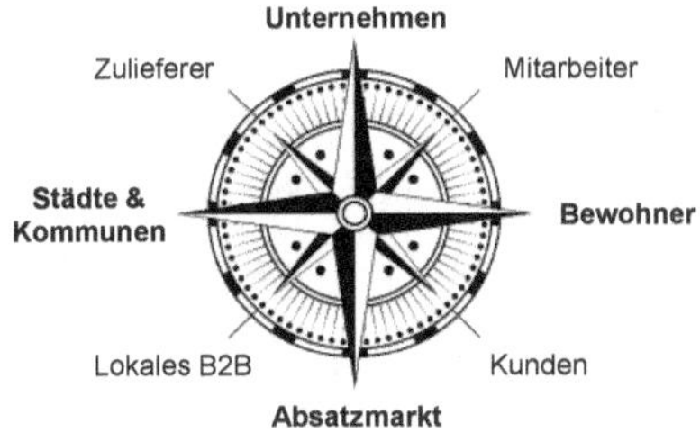

Abbildung 2-2: Relevante Akteure im „Kompass der urbanen Produktion"

Bei der (Re-) Integration von Produktion in den urbanen Raum müssen sich Fabriken flexibel an örtliche Gegebenheiten anpassen. Nicht jedes Produktionssystem ist für eine Integration in ein urbanes Umfeld geeignet, da insbesondere positive Einflüsse auf das Umfeld erforderlich sind - auch im Sinne der Nachhaltigkeit[47]. Eine nachhaltige Eingliederung der Fabrik in das „Ökosystem Stadt" kann jedoch durch technologische Lösungen vereinfacht werden[48]. Die Nachhaltigkeit von unternehmerischen Geschäftsmodellen wird zudem für produzierende Unternehmen zunehmend wichtiger[49].

---

[44] Vgl. Bauer und Lentes (2014), Wettbewerbsfähig produzieren durch Urbane Produktion, S. 9; Juraschek et al. (2018), Urbane Produktion - Potenziale und Herausforderungen, S. 1117.

[45] Vgl. Juraschek et al. (2016), Ecotones as Analogy for Sustainable Value Creation in Cities, S. 136 JURASCHEK ET AL. vergleichen die Schnittstellen zwischen Stadt und Fabrik als Ökoton, bei denen äußere Einflüsse aus der direkten Umgebung auf die Fabrik einwirken und Schnittstellen und symbiotische Interdependenzen entstehen. Für die Beschreibung von Ökotonen verwenden sie die Bezeichnung von „Übergangszonen zwischen verschiedenen Ökosystemen", die durch eine höhere (Arten-) Vielfalt gekennzeichnet sind, vgl. Juraschek et al. (2018), Ökotone als Analogie für eine nachhaltige Wertschöpfung, S. 200.

[46] Siehe unter anderem VDI-Gesellschaft Produktion und Logistik (2016), Produktion in der Mitte der Gesellschaft, S. 19; Bauer und Lentes (2014), Wettbewerbsfähig produzieren durch Urbane Produktion, S. 8; Hertwig (2014), Das Raum-Dilemma der städtischen Produktion.

[47] Vgl. Herrmann et al. (2015), The Positive Impact Factory, S. 26; Spath (2014), Urbane Produktion, S. 66.

[48] Vgl. Juraschek et al. (2016), Ecotones as Analogy for Sustainable Value Creation in Cities, S. 136; Foley und Watts (1996), New Process Technology, S. 456.

[49] Vgl. Herrmann et al. (2014), Sustainability in Manufacturing and Factories of the Future, S. 287.

Mit einer fundierten Kenntnis über die Schnittstellen zwischen Fabrik und Stadt können nachhaltige Lösungen im Sinne einer ökologischen, ökonomischen und sozialen Wertschöpfung geschaffen werden[50].

Fläche ist eine der Ressourcen, die von der Fabrik und dem urbanen Raum geteilt werden[51]. Hinsichtlich einer nachhaltigen Ressourcennutzung im urbanen Raum weisen bereits erschlossene Gebiete den geringsten negativen Einfluss auf die Nutzung der Ressource Fläche auf und bilden mithin die Basis für eine nachhaltige Produktionsstätte. Die Um-, Nach- und Weiternutzung von Infrastruktur im urbanen Raum muss dadurch gefördert werden, dass die Nachverdichtung durch neue Funktionsnutzungen mithilfe von brachliegenden Freiflächen und untergenutzten Gebäuden und Grundstücken im Quartier verstärkt werden kann[52]. Für eine erfolgreiche Integration werden ganzheitliche Ansätze für Städte als auch für Unternehmen benötigt.

2.1.3 Einflussfaktoren im urbanen Umfeld

Ein urbaner Produktionsstandort bzw. die Integration von Produktion in den urbanen Raum ist mit Herausforderungen verbunden. So zählen bspw. Kostennachteile (bspw. Altlastensanierung, Baufeldvorbereitung, explodierende Grundstückspreise), Flächennachteile (bspw. ungünstige Form oder Größe verfügbarer Grundstücke, geringe Expansionsmöglichkeiten) sowie Beschränkungen durch die städtische Umwelt (bspw. Logistik, Lärm, Emissionen) zu Zögern und unentschlossenem Handeln hinsichtlich eines urbanen Produktionsstandortes.

Viele Einflüsse basieren auf sozialen oder ökologischen Aspekten und lassen sich wenig bis schlecht quantifizieren[53]. Zudem besteht Unklarheit darüber, welche urbanen Einflüsse konkret auf den Flächenbedarf von Fabriken wirken und unter welchen Gründen ein erhöhter Flächenverbrauch entsteht. Die Anforderungen an eine Fabrik in der Stadt sind weitaus höher als in peripheren Gebieten. Die nachträgliche Integration von Produktion in die bestehende, innerstädtische Infrastruktur ist demnach mit besonderen Herausforderungen verbunden. Dabei ist es wichtig, die architektonische und städtebauliche Einbindung der Produktionsstätte in das Stadtgefüge zu ermöglichen[54].

---

[50] Juraschek et al. (2018), Ökotone als Analogie für eine nachhaltige Wertschöpfung, S. 202.

[51] Juraschek et al. (2018), Die Ressourcen der urbanen Fabrik, S. 5, Juraschek et al. (2019), Resource-Efficient Integration of Production Systems in Cities, S. 223.

[52] Vgl. MBWSV (2015), Nutzungsmischung und soziale Vielfalt im Stadtquartier, S. 29 f.

[53] Vgl. Juraschek et al. (2018), Life Cycle Oriented Industrial Value Creation in Cities, S. 99.

[54] Vgl. Haselsteiner et al. (2019), Innovative Konzepte der vertikalen Verdichtung, S. 10.

Mithilfe von bestimmten Einflussfaktoren lassen sich diejenigen urbanen Rahmenbedingungen und Handlungsfelder ableiten, die für die Zielsetzung dieser Arbeit relevant sind (siehe Abbildung 2-3). Zudem spielt der Faktor Fläche für alle Beteiligten im urbanen Raum eine entscheidende Rolle[55]. BURGGRÄF ET AL. zeigen mit ihren Studienergebnissen, dass der produzierende Sektor im deutschsprachigen Raum diese Problematik bereits erkannt hat[56].

Ökologisch	Logistisch	Sozial	Baulich	Wirtschaftlich	Technologisch
• Emissionen • Lärm • Ressourcen- und Energieeffizienz • Sharing-Konzepte • Umwelt-bewusstsein • …	• Lieferverkehr • Mitarbeiterwege • Versorgung und Entsorgung • Stoffströme in der Supply Chain • Sourcing • Vertrieb • …	• Mitarbeiter-freundlichkeit • Arbeitsplätze • Mitarbeiter-verfügbarkeit • Umwelt/ Quartier • Image und soziales Engagement • …	• Integration im Bestand • Flächenbedarf/ -verfügbarkeit • Architektur • Infrastruktur • Regularien und Flächenpolitik • …	• Wertschöpfungs-/ Geschäftsmodelle • Produktspektren • Arbeitskräfte-angebot • Kunden • Absatzmärkte • Branchen • …	• Fertigungsverfahren • Innovationen • Individualisierung • Technologieeignung • Nähe zu Hochschulen • Produktionssysteme / -netzwerke • …

Abbildung 2-3: Relevante Handlungsfelder urbaner Produktion[57]

2.1.4 Abgrenzung des Betrachtungsbereiches

Im Rahmen der vorliegenden Arbeit werden Unternehmen adressiert, die an einem urbanen Standort und auf industrielle Art und Weise Produkte und Güter herstellen. Die Produktion ist durch Schnittstellen und Wechselwirkungen mit dem urbanen Umfeld verbunden. Die größte Herausforderung für produzierende Unternehmen im urbanen Umfeld ist der Umgang mit dem begrenzten, aber notwendigen Bauraum. Dies resultiert in einer industrieseitigen Forderung nach wissenschaftlichen Lösungen für eine möglichst flächeneffiziente bzw. flächensparsame Gestaltung der Produktion. Ziel ist ein Beitrag für die Gestaltung von flexiblen und zukunftsfähigen Fabriksystemen im urbanen Raum. Dabei liegt der Fokus auf den Interdependenzen zwischen Stadt und Fabrik, um daraus relevante Einflüsse auf die Flächennutzung urbaner Fabriken zu identifizieren. Alle anderen Schnittstellen liegen nicht im Fokus dieser Arbeit. Es erfolgt mithin die Eingrenzung auf die Identifikation derjenigen Einflussfaktoren, die auf die Flächennutzung von Fabriken im urbanen Umfeld wirken. Hierbei werden alle Akteure im urbanen Raum berücksichtigt, sofern sie einen Einfluss auf die Flächennutzung urbaner Fabriken ausüben.

[55] Vgl. Juraschek et al. (2018), Die Ressourcen der urbanen Fabrik, S. 14 f.

[56] Vgl. Burggräf et al. (2019), Urban Factories - Industry insights and empirical evidence, 87 f.; siehe hierzu auch Kapitel 2.3.3.

[57] Für die Auswahl des Autors siehe unter anderem Matt et al. (2014), Morgenstadt - Urban Production, S. 14 f.; Mandel et al. (2016), Die Ultraeffizienzfabrik, S. 14 f.; Dombrowski und Riechel (2014), Die Urbane Fabrik, S. 13; Spath (2014), Urbane Produktion, S. 66 f.; Richter et al. (2017), Bewertung der Standortqualität in Metropolregionen, S. 237; Juraschek et al. (2017), Utilizing Gaming Technology for Simulation, S. 471.

2.2 Flächeneffizienz und nachhaltige Flächennutzung

Im urbanen Umfeld herrscht eine Vielzahl an Nutzungsmöglichkeiten für Flächen und Räume. Dabei stehen die unterschiedlichen Flächennutzungen in direkter Konkurrenz zueinander. Fläche wird demnach als Ressource verstanden, bei der eine effiziente Nutzung erforderlich ist. Nach der Erklärung der Begrifflichkeiten Nachhaltigkeit, Fläche und Flächennutzung sowie Flächeneffizienz im Sinne dieser Arbeit (Kapitel 2.2.1) folgt in Kapitel 2.2.2 die Erläuterung der gesellschaftlich-politischen Motivation für eine höhere Flächeneffizienz im urbanen Umfeld. Im weiteren Verlauf dieses Kapitels wird der Ressourcenbegriff für den Produktionsfaktor Fläche eingeführt, um die Erweiterung des Betrachtungsbereiches produzierender Unternehmen zu verdeutlichen (Kapitel 2.2.3). Abschließend erfolgt in Kapitel 2.2.4 die Fokussierung auf die für diese Arbeit relevanten Aspekte, indem der Betrachtungsbereich abgegrenzt wird.

2.2.1 Definition relevanter Begrifflichkeiten

In der wissenschaftlichen Literatur existieren viele Perspektiven auf den Nachhaltigkeitsbegriff. Insbesondere das Thema Ressourceneffizienz steht im Zusammenhang mit nachhaltigem Handeln. Dies ist auch für die produzierende Industrie von Relevanz. Ziel dieses Kapitels ist, das Nachhaltigkeitsverständnis im Kontext dieser Arbeit zu erläutern und auf die urbane Flächennutzung respektive Flächeneffizienz zu beziehen.

2.2.1.1 Urbane Nachhaltigkeit

Nachhaltigkeit wird in drei Sachdimensionen unterteilt, sodass die ökologische, ökonomische und soziale Dimension für ein möglichst ausgewogenes Verhältnis betrachtet werden muss[58]. Im urbanen Kontext erläutert REICHER, dass die ökologische Dimension darauf abzielt, alle Ressourcen als natürliches Kapital sparsam zu verwenden. In der ökonomischen Dimension spielen die Produktion und Sicherung materieller Güter und menschlicher Bedürfnisse eine entscheidende Rolle. Die soziale Dimension spiegelt die Gleichberechtigung und Gerechtigkeit im urbanen Raum wider.[59] BIBRI UND KROGSTIE fassen zusammen, dass die „urbane Nachhaltigkeit […] einen erwünschten Zustand [bezeichnet], in dem die urbane Gesellschaft ein Gleichgewicht zwischen Umweltschutz und -integration, wirtschaftlicher Entwicklung und Regeneration sowie sozialer Gerechtigkeit und Gleichheit innerhalb der Städte als langfristiges Ziel im strategischen Prozess der nachhaltigen Stadtentwicklung anstrebt […]“[60].

[58] Vgl. Juraschek et al. (2018), Urban factories and their potential contribution, S. 73; Friedrichsen (2018), Nachhaltiges Planen, Bauen und Wohnen, S. 10.

[59] Vgl. Reicher (2017), Städtebauliches Entwerfen, S. 8.

[60] Bibri und Krogstie (2017), Smart sustainable cities of the future, S. 189.

Ein Gleichgewicht aller drei Dimensionen anzustreben, mündet allerdings nicht zwangsläufig in einer gleichwertigen Behandlung aller Dimensionen[61]. Urbane Fabriken leisten jedoch in allen drei Dimensionen einen Beitrag zur urbanen Nachhaltigkeit[62]. Die urbane Nachhaltigkeit wird durch die in Kapitel 2.1.2 erwähnte Funktionsmischung in städtischen Quartieren zusätzlich verstärkt[63].

2.2.1.2 Fläche und Flächennutzung im urbanen Raum

Der Begriff „Fläche" wird als zweidimensionale Oberfläche oder auch Grundfläche eines Objektes definiert[64] und ist die Grundlage für jede Wertschöpfung in dessen gewerblicher Nutzung[65]. Im Bausektor gilt die Unterscheidung zwischen bebauter und unbebauter Fläche. Bebaute Fläche kann unter anderem gemäß DIN 277-1 bzw. VDI-Richtlinie 3644 in einzelne Flächenarten unterteilt werden. Dabei erfolgt die Unterteilung anhand der verschiedenen Flächennutzungsarten (siehe Abbildung 2-4).

Abbildung 2-4: Unterteilung der Flächennutzungsarten nach DIN 277-1/ VDI 3644[66]

Die Unterteilung der DIN 277-1 ist auf die gesamte Immobilienwirtschaft anwendbar, wohingegen sich die VDI 3644 ausschließlich auf Betriebsgebäude bezieht[67]. Für ein detailliertes Flächenmanagement ist diese Unterteilung und die Bewertung der Flächeneffizienz anhand von Flächenkennzahlen notwendig[68].

[61] Vgl. Reicher (2017), Städtebauliches Entwerfen, S. 8.

[62] Vgl. Juraschek et al. (2018), Urbane Produktion - Potenziale und Herausforderungen, S. 1114.

[63] Vgl. MBWSV (2015), Nutzungsmischung und soziale Vielfalt im Stadtquartier, S. 33.

[64] Vgl. Totzke et al. (2012), Schriftbildlichkeit, S. 79.

[65] Vgl. Neumann (2019), Ziele und Zielgruppen im Flächenmanagement, S. 2.

[66] I.A.a. DIN 277-1 (2016), Grundflächen und Rauminhalte im Bauwesen, S. 6; VDI 3644 (2010), Analyse und Planung von Betriebsflächen, S. 6.

[67] Vgl. Zeitner (2019), DIN 277-1, S. 52; VDI 3644 (2010), Analyse und Planung von Betriebsflächen, S. 2.

[68] Vgl. Zeitner (2017), Flächenmanagement, S. 41 f. Siehe hierzu auch Kapitel 3.2.2.

Fläche ist im urbanen Raum als begrenzte Ressource anzusehen und mit dem Begriff „Boden" gleichzusetzen[69]. Flächennutzungskonflikte zwischen verschiedenen Akteuren erfordern zusätzlich einen sinnvollen Umgang mit der Ressource Fläche. Daher erfordert eine nachhaltige Flächennutzung im urbanen Raum unter anderem eine effektive und effiziente Nutzung von bereits versiegelten (bebauten) Flächen[70]. Bei der Flächennutzung von Fabriken im urbanen Raum ist zu beachten, dass sich die Unternehmen nicht bewusst für eine urbane Produktion entscheiden müssen, sondern dass urbane Produktion vielmehr eine Beschreibung der limitierenden Rahmenbedingungen und spezifischen Anforderungen umfasst. In diesem Zusammenhang definieren JURASCHEK ET AL. zwei Arten von urbanen Fabriken, die beabsichtigten und die unbeabsichtigten urbanen Fabriken[71].

2.2.1.3 Flächeneffizienz

Nach NULLMEIER ist Effizienz das kurzfristige Verhältnis zwischen einem Input und einem Output (z.B. das Zielerreichungsniveau im Vergleich zum Aufwand)[72]. Im Kontext der Produktion verstehen MANDEL ET AL. Effizienz als optimales Handeln, um mit möglichst geringem Einsatz einen maximalen Erfolg zu erzielen. Dabei ist effizientes Handeln jedoch nicht mit optimalem Handeln gleichzusetzen[73]. In Bezug zur Flächennutzung bedeutet Effizienz ebenfalls ein Verhältnis zwischen einem Input- und einem Outputfaktor. Bestehende Ansätze sehen häufig den Flächeneinsatz bzw. -bedarf als Inputfaktor an. Der Outputfaktor ist nicht eindeutig festgelegt und wird im Sinne dieser Arbeit an späterer Stelle definiert[74]. An dieser Stelle wird auf die Herleitung der Bewertung der Flächeneffizienz in Kapitel 5.3 verwiesen.

---

[69] Vgl. Juraschek et al. (2018), Die Ressourcen der urbanen Fabrik, S. 14.

[70] Vgl. Bock et al. (2011), Nachhaltiges Flächenmanagement, S. 41 f.

[71] Vgl. Juraschek et al. (2018), Life Cycle Oriented Industrial Value Creation in Cities, S. 95.
In der Zeit der Industrialisierung im 19. und 20. Jahrhundert wurde die Flächennutzung von Fabriken aufgrund ihres negativen Einflusses auf das urbane Umfeld am Rande einer Stadt oder sogar außerhalb einer Stadt in monostrukturalen Industriegebieten verortet. Das starke Wachstum der Stadt erfasste im Laufe der Zeit jedoch auch diese Gebiete, sodass heute viele „ungeplante" urbane Fabriken existieren, vgl. Thienel und Büsch (1973), Städtewachstum im Industrialisierungsprozess, S. 47 f.

[72] Vgl. Nullmeier (1998), Input, Output, Outcome, Effektivität und Effizienz, S. 315 f.

[73] Vgl. Mandel et al. (2016), Die Ultraeffizienzfabrik, S. 16. Siehe hierzu auch die Erläuterungen zur Leistungsbewertung von Unternehmen in Kapitel 3.1

[74] Vgl. Zeitner (2017), Flächenmanagement, S. 41 ff.; Tomanek und Schröder (2018), Value Added Heat Map - Eine Methode zur Visualisierung von Wertschöpfung, S. 17. Siehe hierzu auch Kapitel 3.1.

2.2.2 Forderung nach mehr Flächeneffizienz

Der zunehmende Flächenverbrauch gehört aus ökologischer Sicht zu einem der drängendsten Umweltprobleme der Gegenwart. Der geeignetste Ort für den Bau einer Fabrik ist daher der mit der geringsten Umweltbelastung. Die Nutzung bestehender Infrastruktur, bspw. durch urbane Fabriken, zeichnet sich daher durch geringere Umweltauswirkungen aus[75]. Bereits erschlossene, urbane Gebiete weisen daher den geringsten negativen Einfluss auf die Umwelt auf und bilden die Basis für eine nachhaltige Produktion im Sinne des Flächenverbrauches. Nachhaltiges Handeln entspricht im Sinne dieser Arbeit einer effizienten Flächennutzung, da die Flächenverfügbarkeit im urbanen Raum begrenzt ist. Die Forderung nach mehr Nachhaltigkeit im urbanen Raum steigt zudem aufgrund der zunehmenden Urbanisierung und Suburbanisierung sowie der Zunahme der Flächeninanspruchnahme von Städten[76].

Flächeneffizienz und eine nachhaltige Flächennutzung im urbanen Umfeld spielen auch für Politik und Gesellschaft daher eine zunehmend größere Rolle. Die Maßnahmen der Nationalen Nachhaltigkeitsstrategie der Bundesregierung fordern ebenfalls eine bessere Nutzung der bereits versiegelten Flächen, eine Verringerung des Flächenverbrauches und - als wichtige und konkrete Maßnahme - die Steigerung der Flächeneffizienz.[77] Abbildung 2-5 zeigt die tatsächliche und geplante Reduzierung des Anstiegs der Siedlungs- und Verkehrsfläche in Deutschland bis zum Jahr 2030.

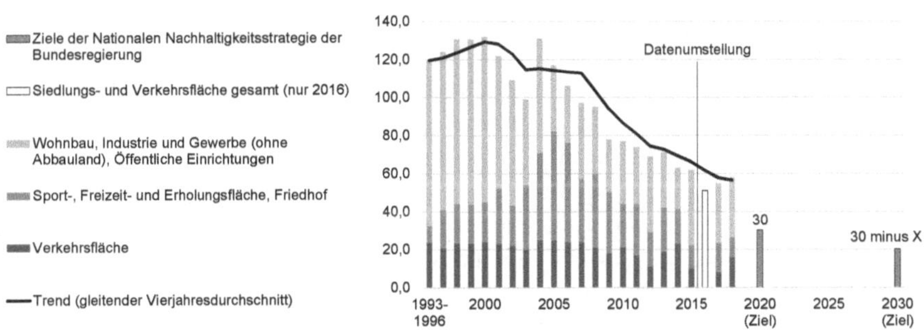

Abbildung 2-5: Anstieg der Siedlungs- und Verkehrsfläche in Deutschland [ha/Tag][78]

[75] Vgl. Marchionini (2019), Flächeneffizienz, S. 248 f.

[76] Vgl. Reicher (2017), Städtebauliches Entwerfen, S. 8.

[77] Vgl. Bundesministerium für Umwelt, Naturschutz, Bau und Reaktorsicherheit (2016), Leitfaden Nachhaltiges Bauen, S. 32.

[78] I.A.a. Statistisches Bundesamt (2020), Anstieg der Siedlungs- und Verkehrsfläche, S. 1.

Darüber hinaus sollen eine größere innere Stadtentwicklung, die Räumung und Nutzung von Brachflächen sowie die Eindämmung der Erweiterung bestehender Siedlungsflächen diese Nachhaltigkeitsziele unterstützen. Für eine Neuordnung gemäß einer Flächenkreislaufwirtschaft besagt der Klimaschutzplan der Bundesregierung zudem, dass der Flächenverbrauch (bzw. der Anstieg der Siedlungs- und Verkehrsfläche) auf Netto-Null gesenkt werden soll[79].

Notwendig sind hierfür gezielte Maßnahmen und Instrumente zur Flächenerhaltung und Förderung der Innenstadtentwicklung. Un- und untergenutzte Gebäude können belebt, aufgewertet oder in Wert gesetzt werden. KLANTEN UND SCHMITT erkennen in diesem Zusammenhang, dass besonders „brachliegende Freiflächen und untergenutzte Grundstücke und Gebäude ein Nachverdichtungspotenzial darstellen und damit die Gelegenheit bieten, […] neue Nutzungen zu integrieren“[80]. Dementsprechend kann die zukünftige Flächeninanspruchnahme durch die effiziente Nutzung von Baulücken und Brachflächen begrenzt werden, auch um den begrenzten Expansions- und Erweiterungsmöglichkeiten im urbanen Raum entgegenzuwirken[81].

Besonders in Städten herrscht eine Vielzahl an Nutzungsmöglichkeiten für Flächen und Räume. Dabei stehen unterschiedliche Flächennutzungen in direkter Konkurrenz zueinander. Die Wohnungs- und Flächenknappheit in wachsenden Städten verschärft zudem die Flächen- und Preiskonkurrenz und führt zur Verdrängung angestammter Betriebe.[82] Zudem verschärft die von der Leipzig-Charta proklamierte Nutzungsmischung im urbanen Raum die Flächenkonkurrenz der verschiedenen Akteure[83].

Es besteht daher die Notwendigkeit, die Nutzungsmöglichkeiten von Flächen für produzierende Unternehmen in der Stadt zu steigern, sodass mehr urbane Wertschöpfung ermöglicht wird und ein effizienter Umgang mit der Ressource Fläche gewährleistet werden kann. Die Hauptgründe für die Verschwendung von Ressourcen sind ineffiziente, nicht auf die Wertschöpfung fokussierte Prozesse[84]. Die Nutzungskonflikte und die Flächenknappheit in urbanen Räumen bedingen daher gezielte Maßnahmen und Instrumente, sowohl zur Flächenerhaltung als auch zur Steigerung der Flächeneffizienz.

[79] Vgl. Umweltbundesamt (2020), Siedlungs- und Verkehrsfläche, Politische Ziele.

[80] Klanten und Schmitt (2019), Nutzungen mischen - Produktion integrieren, S. 20.

[81] Vgl. Umweltbundesamt (2018), Instrumente zur Reduzierung der Flächeninanspruchnahme, S. 93.

[82] Vgl. Klanten und Schmitt (2019), Nutzungen mischen - Produktion integrieren, S. 6.

[83] Vgl. Bundesministerium für Umwelt, Naturschutz, Bau und Reaktorsicherheit (2007), Leipzig Charta zur nachhaltigen europäischen Stadt, S. 4.

[84] Vgl. Herrmann et al. (2015), The Positive Impact Factory, S. 20.

2.2.3 Ressourcenbetrachtung der Fläche

Die Nutzung der zur Verfügung stehenden Fläche bietet produzierenden Unternehmen einen großen Entscheidungsspielraum. Meist werden jedoch frühe Projektideen bereits mit pauschalen Kostensätzen pro bebauter Nutzungsfläche oder gar als Gesamtsumme einkalkuliert[85]. Dieser Fokus auf die Kostenverursachung der Fläche wird selten mit dem eigentlichen Flächenbedarf oder der geplanten Wertschöpfung des Unternehmens verglichen. In der Kalkulation und späteren Nutzung der Fläche muss vielmehr der Nutzen bewertet werden, welcher durch die entsprechende Fläche erwartet wird. Auf diese Weise wird für produzierende Unternehmen die eingesetzte Fläche vom Kosten- zum Nutzenfaktor.

Ausgehend von den bisherigen Erkenntnissen spielen die Ressourceneffizienz im Sinne von Flächeneffizienz und die nachhaltige Flächennutzung für Politik und produzierende Unternehmen im urbanen Umfeld eine zunehmend größere Rolle, um die nachhaltigen Nutzungsmöglichkeiten von urbaner Fläche für die industrielle Wertschöpfung zu erhöhen. Dabei steht das Verständnis von Flächeneffizienz als besondere Form der Ressourceneffizienz im Vordergrund dieser Arbeit.

Dem Verständnis von JURASCHEK ET AL. folgend ist eine Ressource ein Hilfsmittel oder die Voraussetzung dafür, einen Produktionsprozess oder eine Produktionsaufgabe ausführen zu können. Sowohl materielle als auch immaterielle Ressourcen benötigen einen gewissen Grad an zeitlichen und finanziellen Kapazitäten. Die effiziente Nutzung einer Ressource wird als schonender Umgang mit größtmöglichem Nutzen definiert.[86] Die Ressourcen der urbanen Fabrik sind in Abbildung 2-6 dargestellt.

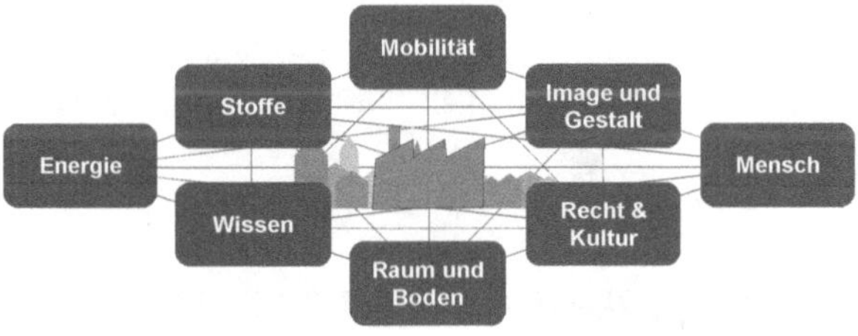

Abbildung 2-6: Die Ressourcen der urbanen Fabrik[87] basierend auf JURASCHEK ET AL.[88]

[85] Vgl. Wiendahl et al. (2009), Handbuch Fabrikplanung, S. 510 f.
[86] Vgl. Juraschek et al. (2019), Resource-Efficient Integration of Production Systems in Cities, S. 222 f.
[87] I.A.a. Juraschek et al. (2019), Resource-Efficient Integration of Production Systems in Cities, S. 223.
[88] Vgl. Juraschek et al. (2018), Die Ressourcen der urbanen Fabrik, S. 5.

Im Rahmen dieser Arbeit wird entgegen der unternehmerischen Praxis Fläche als Ressource verstanden. Im Interesse der urbanen Nachhaltigkeit ist ein flächeneffizientes Handeln insbesondere ökonomisch und ökologisch sinnvoll. Neben der direkten Einsparung von Fläche respektive der Einsparung von Ressourcen steigert eine hohe Flächeneffizienz indirekt die Einsparung von einmaligen bzw. laufenden Grundstücks- und Gebäudekosten. Im Falle einer Fabrikerhaltung oder -entstehung im Brownfield können die Baukosten für ein neues Produktionsgebäude neben dem Erhalt des Standorts eingespart werden[89]. MARCHIONINI verweist ebenfalls darauf, dass eine effizientere Flächennutzung oft sowohl ökologisch als auch ökonomisch sinnvoller ist als ein Neubau[90]. Darüber hinaus werden weniger Ressourcen verbraucht und weitere CO_2-Emissionen verhindert, denn „das *grünste* Gebäude ist jenes, das nicht gebaut werden muss“[91].

2.2.4 Abgrenzung des Betrachtungsbereiches

Der Fokus liegt auf der unternehmerischen Flächennutzung, den Wirkbeziehungen des urbanen Umfelds mit direkter Wirkung auf die Fabrik sowie auf Maßnahmen zur Erhöhung der nachhaltigen und effizienten Nutzung von Fläche. Es erfolgt zunächst eine Abgrenzung wertschöpfungsorientierter Flächenarten im Sinne der VDI 3644, um die Flächeneffizienz einer Fabrik bewertbar zu machen. Es werden nur wertschöpfungsrelevante Flächenarten betrachtet, so etwa Hauptnutzungs-, Funktions- oder Verkehrsflächen mit direktem Bezug zur Wertschöpfung. Der Faktor Fläche steht dabei als Ressource einer Fabrik im besonderen Fokus, da die Ressourcen der urbanen Fabrik in permanenter Wechselwirkung mit der urbanen Umgebung stehen. Der Flächenbedarf einer Fabrik ist notwendige Eingangsgröße im Sinne der Flächeneffizienz (siehe Kapitel 2.2.1). Abschließend erfolgt die Eingrenzung auf die ökonomische und ökologische Dimension der Nachhaltigkeit, um die notwendige Bewertung der Flächeneffizienz zu betonen.

2.3 Herausforderungen in der Flächennutzung urbaner Fabriken

Die Herausforderungen von Fabriken im urbanen Umfeld sind vielseitig. Die Flächennutzung bzw. die Flächenentstehung einer Fabrik resultiert aus bestimmten Anforderungen, welche sich auch aus der urbanen Umgebung ergeben. Zunächst werden in

[89] Vgl. Hollbach-Grömig und Zwicker-Schwarm (2014), Unternehmensstandorte entwickeln, S. 11.
[90] Vgl. Marchionini (2019), Flächeneffizienz, S. 248.
[91] Marchionini (2019), Flächeneffizienz, S. 248.

Kapitel 2.3.1 die relevanten Begrifflichkeiten im Kontext des Anforderungsmanagements definiert. Im Rahmen dieser Arbeit werden nur die Anforderungen betrachtet, die eine Relevanz für die Flächennutzung aufweisen (Kapitel 2.3.2). Dabei wird die Flächenentstehung in Kapitel 2.3.3 als formale Anforderung definiert und drei Domänen zugeordnet. Im Kontext des Betrachtungsbereiches dieser Arbeit müssen folglich relevante Anforderungen ermittelt, analysiert und formuliert werden (Kapitel 2.3.4).

2.3.1 Definition relevanter Begrifflichkeiten

Die Herausforderungen in der Flächennutzung urbaner Fabriken können sowohl direkt das produzierende Unternehmen oder indirekt andere Akteure betreffen. Analog zu den Handlungsfeldern der Einflussfaktoren können sie entweder sozialer, technologischer, wirtschaftlicher oder ökologischer Natur sein. Eine Herausforderung als besondere oder schwierige Aufgabe resultiert aus bestimmten Einflüssen und Anforderungen des urbanen Umfelds. Im Folgenden wird daher die Einordnung des Anforderungsmanagements in den Kontext dieser Arbeit als sowohl methodischer als auch inhaltlicher Aspekt erläutert.

Im Rahmen dieser Arbeit ist die Abgrenzung der Begrifflichkeit eines Einflussfaktors von der einer Anforderung ein wichtiger Verständnisbaustein. In der Systemtheorie definiert MAUERSBERGER einen Einflussfaktor auf der einen Seite als Merkmal respektive Ausprägung eines bestimmten Faktors mit entsprechender Wirkung auf ein anderes Objekt[92]. Die Abhängigkeiten zwischen mehreren Einflussfaktoren sowie die Kombination verschiedener Ausprüfungen beschreiben den resultierenden, von außen beeinflusstem Zustand des betrachteten Objektes[93]. Diesem Verständnis folgend definieren die Einflussfaktoren des urbanen Umfelds und ihre gegenseitigen Abhängigkeiten genau den Zustand, in dem die urbane Fabrik vorzufinden ist.

Ausgehend von der Softwareentwicklung etabliert sich auf der anderen Seite die strukturierte Anforderungsanalyse bereits in der physischen Produktgestaltung[94]. In der einschlägigen Literatur finden sich dabei unterschiedliche, aber dennoch inhaltlich ähnliche Auffassungen der relevanten Begrifflichkeiten[95].

[92] Siehe hierzu im Speziellen auch die Einflussfaktoren im urbanen Umfeld in Kapitel 2.1.3.

[93] Vgl. Mauersberger (2018), Einflussfaktoren auf Beschaffungsorganisationen, S. 45.

[94] Vgl. Partsch (2010), Requirements-Engineering systematisch, S. 5 f.; Vgl. Ehrlenspiel et al. (2014), Kostengünstig Entwickeln und Konstruieren, S. 58 f.

[95] Vgl. Heßeler et al. (2004), Anforderungsmanagement, S. 2 f.

„Eine **Anforderung** ist [im Verständnis dieser Arbeit] eine Bedingung oder Fähigkeit, die ein System oder Teilsystem erfüllen oder besitzen muss, um einen Vertrag, eine Norm, eine Spezifikation oder andere, formell vorgegebene Dokumente zu erfüllen."[96]

Im Zusammenspiel mit einem Einflussfaktor fordert eine Anforderung daher eine bestimmte Ausprägung des Einflussfaktors ein, sodass eine Unabhängigkeit beider Begrifflichkeiten nicht gänzlich gewährleistet ist. Die Anforderungen an die Flächennutzung im urbanen Raum können demnach erst nach der Analyse äußerer Einflussfaktoren formuliert und untersucht werden.[97]

Es werden inhaltliche und formale Anforderungen unterschieden. Eine Aussage zu der jeweiligen Funktion oder des Verhaltens des Systems bieten inhaltliche Anforderungen. Die spätere Umsetzung wird von den formalen Anforderungen beurteilt.[98] Im Rahmen dieser Arbeit werden ebenfalls Anforderungen an die Strategien zur Steigerung der Flächeneffizienz von Fabriken im urbanen Umfeld gestellt (Kapitel 4.1).

Vor dem Hintergrund der erläuterten Zusammenhänge wird unter dem Anforderungsmanagement der Prozess verstanden, ein System auf seine Bedürfnisse zu untersuchen und zu dokumentieren, wie diesen Bedürfnissen entsprochen und eine angestrebte Lösung beschrieben werden kann. Der Fokus dieser Arbeit liegt insbesondere auf der Analyse des Systems Fabrik sowie den Wechselwirkungen urbaner Anforderungen[99].

2.3.2 Resultierende Anforderungen an die Flächennutzung im urbanen Raum

Für die Erklärung der Flächennutzung im urbanen Raum ist eine Analyse der Anforderungen an urbane Fabriken notwendig. Die Analyse von Einflüssen und Anforderungen orientiert sich in der vorliegenden Arbeit an dem Vorgehen des INSTITUTE OF ELECTRICAL AND ELECTRONICS ENGINEERS (IEEE), bestehend aus Anforderungsermittlung, -analyse, sowie -beschreibung und -validierung[100]. Dieser Prozess des Anforderungsmanagements, teilweise auch im Zusammenhang mit Requirements Engineering genannt, folgt einem systematischen Vorgehen hinsichtlich der Ermittlung, Analyse, Beschreibung und Validierung aller relevanten Anforderungen[101] (siehe Abbildung

[96] IEEE - ANSI 610.12-1990 (1990), IEEE standard glossary of software, S. 65; Übersetzt von Pohl und Rupp (2015), Basiswissen Requirements Engineering, S. 3.
[97] Siehe hierzu auch das gewählte Konzept in Kapitel 4.3.
[98] Vgl. Krcmar (2015), Informationsmanagement, S. 75.
[99] Siehe hierzu Kapitel 5.2.
[100] Vgl. Bourque und Fairley (2014), Guide to the software engineering body of knowledge, 1-3 bis 1-12.
[101] Vgl. Ebert (2019), Systematisches Requirements Engineering, S. 33; Krcmar (2015), Informationsmanagement, S. 209.

2-7). Anschließend kann eine Priorisierung der Anforderungen vorgenommen werden, um die Reihenfolge in deren Umsetzung festzulegen[102].

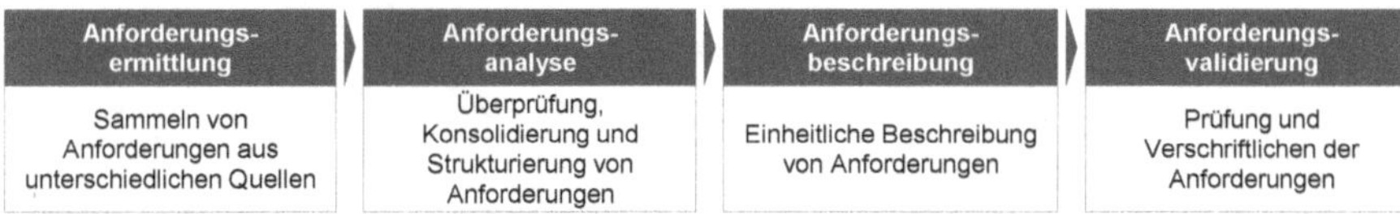

Abbildung 2-7: Prozess des Anforderungsmanagements nach IEEE[103]

Zudem können Anforderungen thematisch klassifiziert werden, sodass bspw. zwischen Kunden-, Produkt-, Qualitäts- oder Prozessanforderungen differenziert werden kann[104]. Darüber hinaus können Anforderungen zur Erklärung der Flächennutzung von Produktionssystemen beitragen, da sie ebenfalls für ein System oder ein Modell formuliert werden können[105].

Die Relevanz jeder einzelnen Anforderung muss nach bestimmten Kriterien festgelegt werden. Sie kann für eine spätere Priorisierung oder Gewichtung der Summe aller Anforderungen hinzugezogen werden. Mögliche Kriterien für die Relevanz einer Anforderung können Kosten- oder Risikoaspekte, aber auch die Wichtigkeit oder Notwendigkeit einer Anforderung sein. Wissenschaftliche Methoden und Modelle zur Priorisierung von Anforderungen sind zum Beispiel die Kosten-Wert-Analyse, das Kano-Modell, die Top-Ten-Methode oder die Priorisierungsmethode nach Wiegers.[106]

Betrachtet man die Flächennutzung im urbanen Raum anforderungsseitig, so stehen produzierende Unternehmen einerseits vor der Herausforderung, sowohl ressourcen- als auch energieeffiziente Prozesse im Sinne der Stadtverträglichkeit einzusetzen[107]. Andererseits spielen der Emissions- und Immissionsschutz im Zusammenspiel mit Wohnquartieren eine entscheidende Rolle für die Akzeptanz urbaner Fabriken. Zudem können sie in logistischen Einschränkungen bei der An- und Ablieferung resultieren[108]. Die Flächenkonkurrenz im urbanen Raum und Herausforderungen bei der

---

[102] Vgl. Krcmar (2015), Informationsmanagement, S. 210.

[103] I.A.a. Bourque und Fairley (2014), Guide to the software engineering body of knowledge, 1-3 bis 1-12.

[104] Vgl. Schienmann (2002), Kontinuierliches Anforderungsmanagement, 122 f.

[105] Vgl. Krcmar (2015), Informationsmanagement, S. 74.

[106] Vgl. Balzert (2009), Lehrbuch der Software-Technik, 543 ff.; IEEE Std 830-1998 (1998), Recommended Practice for Software Requirements.

[107] Vgl. Singh et al. (2017), Economic Impact of Ultraefficient Urban Manufacturing, S. 274.

[108] Vgl. Wiegel et al. (2013), Urbane Wertschöpfung, S. 5 f.

Suche bei ausreichend großen Produktionsflächen stellen Unternehmen vor weitere Probleme[109] (siehe Abbildung 2-8).

Stadtverträgliche Prozesse	Nachhaltige Quartiersakzeptanz	Logistische Einschränkungen	Inhärente Flächenkonkurrenz
• Sicherstellung der Ressourcen- und Energieeffizienz • Anfälligkeit für äußere Störungen und urbane Technologieeignung	• Konfliktpotenzial im Emissions- und Immissionsschutz • Vereinbarkeit von Leben und Arbeiten in der Stadt • Image und Engagement	• Zugänglichkeit und Erreichbarkeit des Geländes • Zeitliche oder örtliche Einschränkungen des Lieferverkehrs	• Wechselbeziehung mit anderen städtischen Nutzungen (z.B. Wohnen) • Verfügbarkeit und Vergabe von ausreichend großen Freiflächen (Verwaltung)

Abbildung 2-8: Beispielhafte Herausforderungen in der urbanen Flächennutzung

Zusammenfassend müssen die resultierenden Anforderungen an die Flächennutzung im urbanen Raum aufgrund der Komplexität des urbanen Raums in einen strukturierten Anforderungsmanagementprozess überführt werden, um alle relevanten Aspekte für die Entwicklung von Strategien zur Steigerung der Flächeneffizienz von Fabriken im urbanen Umfeld zu erfassen. Zudem müssen die Anforderungen in verschiedenen Domänen betrachtet werden. Der Domänenbegriff wird bei der Erstellung des Ordnungsrahmens in Kapitel 4.2 sowie im Rahmen der Konzepterstellung in Kapitel 4.3 aufgegriffen.

2.3.3 Formalisierung der Flächenentstehung von urbanen Fabriken

Der urbane Raum ist ein besonderes Ökosystem, welches einen speziellen Einfluss auf Fabriken ausübt. Kapitel 2.3.2 legt die Flächenentstehung als Kriterium für die Relevanz bestehender Anforderungen aus dem urbanen Raum fest und beschreibt, dass eine strukturierte Anforderungsanalyse für die zu entwickelnde Lösung notwendig ist.

Um zielorientiert Strategien zur Steigerung der Flächeneffizienz zu entwickeln, muss zunächst die Frage geklärt werden, wie und aus welchem Grund eine Fläche für die industrielle Nutzung im urbanen Raum entsteht. Die Erklärung der Entstehung von Fläche unterliegt dabei einem strukturierten Flächenmanagement, um eine sinnvolle Formalisierung zu erreichen. Das Flächenmanagement ist eine komplexe und herausfordernde Aufgabe im Immobilienmanagement[110]. Um die Flächenentstehung zu formalisieren, bedarf es einer differenzierteren Betrachtung zwischen den Flächenarten als der bekannten Einteilung bestimmter Normen und Richtlinien[111]. In der Flä-

[109] Vgl. Schössler et al. (2012), Future Urban Industries, S. 2.
[110] Vgl. Zeitner (2017), Flächenmanagement, S. 31.
[111] Siehe hierzu auch die Ausführungen in Kapitel 2.2.1.2.

chenanalyse werden verschiedene Flächenanteile oder -bedarfe gemäß ihrer Nutzungscharakteristik unterschieden und in verschiedene Flächenarten unterteilt. Nach ERLACH können sieben Flächenarten unterschieden werden (siehe Abbildung 2-9).

Abbildung 2-9: Übersicht über die Unterteilung der Flächenarten nach ERLACH[112]

Mit diesen Flächenarten kann bspw. der Flächennutzungsgrad berechnet werden. Dazu wird die Produktionsfläche ins Verhältnis mit den drei anderen wertstromrelevanten Flächenarten (Lagerfläche, Verkehrsfläche und Funktionsfläche) gesetzt. Mithilfe branchenabhängiger Kennzahlen kann hiermit ein Nachverdichtungspotenzial identifiziert werden.[113] Fraglich bleibt, ob und in welchem Maße solche Kennzahlen zur Verbesserung des Nutzungsgrades in der betrieblichen Praxis genutzt werden.

Einen Einblick in die betriebliche Praxis bieten die im Rahmen einer Studie des Werkzeugmaschinenlabors WZL der RWTH Aachen erarbeiteten Ergebnisse. Dabei wurden 128 produzierende Unternehmen hinsichtlich ihrer Einschätzung zu logistischen, technologischen, baulichen und wirtschaftlichen Fragestellungen im Kontext urbaner Fabriken befragt. Die Mehrheit der befragten Unternehmen bevorzugt bei baulichen Themenstellungen zunächst innovative Konzepte für ihre Flächennutzung, bevor sie die Produktionsprozesse aus Gründen der Flächeneinsparung optimieren. Dabei spielt der Flächenbedarf eine entscheidende Rolle. Gut zwei Drittel der Befragten beeinflussen ihre Flächennutzung mit den eingesetzten Produktionstechnologien, um überhaupt urban produzieren zu können. Eine hohe Integrationsfähigkeit in bestehende Infrastruktur erhöht zudem die Kompromissbereitschaft für eine urbane Fabrik. Die Rahmenbedingungen der Stadt sind jedoch ein wesentlicher Faktor bei der Entscheidung für oder gegen einen urbanen Produktionsstandort.[114] Die Nutzungsmöglichkeiten von Unternehmen im urbanen Raum werden daher vielseitig umgesetzt.

---

[112] I.A.a. Erlach (2010), Wertstromdesign, S. 288 f.

[113] Vgl. Erlach (2010), Wertstromdesign, S. 289.

[114] Vgl. Burggräf et al. (2019), Urban Factories - Industry insights and empirical evidence, S. 87.

Eine Übersicht über die relevanten Studienergebnisse zeigt Abbildung 2-10.

Abbildung 2-10: Eigene Studienergebnisse zur industriellen Flächennutzung urbaner Fabriken[115]

Die Herausforderung der geringen Flächenverfügbarkeit im urbanen Raum steigert den Bedarf an Strategien zur systematischen Steigerung der Flächeneffizienz. Um mit der Flächenknappheit umzugehen, sind zielgerichtete, wissenschaftliche Ansätze notwendig. In Kapitel 5.3 wird die Formalisierung der Flächenentstehung aufgegriffen und ein Bewertungsmodell für die Flächeneffizienz entwickelt.

2.3.4 Abgrenzung des Betrachtungsbereiches

Zur Entwicklung von Strategien zur Steigerung der Flächeneffizienz müssen zunächst die Herausforderungen in der Flächennutzung urbaner Fabriken betrachtet werden. Herausforderungen bestehen dabei für alle Akteure im urbanen Raum. In der vorliegenden Arbeit werden die Herausforderungen respektive äußere Einflüsse von produzierenden Unternehmen und Fabriken fokussiert, um die für die Unternehmen geeigneten Strategien zur Steigerung der Flächeneffizienz zu entwickeln. Aus diesen äußeren Einflüssen resultieren Anforderungen an Fabriken im urbanen Raum, welche im weiteren Verlauf dieser Arbeit analysiert werden. Zur Bestimmung der Relevanz der Anforderungen an die Flächennutzung von Fabriken im urbanen Umfeld sind die in Kapitel 2.3.2 vorgestellten Methoden zur Priorisierung und Klassifizierung von Anforderungen nicht geeignet. Das Kriterium, welches als Maßgabe für die Relevanz von

[115] Für weitere Details zum Studiendesign, Teilnehmerfeld und weiteren Erkenntnisse siehe Burggräf et al. (2019), Urban Factories - Industry insights and empirical evidence.

Anforderungen in der vorliegenden Arbeit betrachtet wird, ist der Einfluss auf die Flächennutzung von urbanen Fabriken. Eine Anforderung weist dabei eine größere Bedeutung für die vorliegende Arbeit auf, je größer der Einfluss auf die Flächennutzung ist. Eine Anforderung gilt folglich als relevant, wenn sie in einem signifikanten Maß zu einer Flächennutzung innerhalb der Fabrik führt. Es werden im Rahmen dieser Arbeit daher nur flächenrelevante Anforderungen betrachtet und die Flächennutzung als formale Anforderung definiert. Die Anforderungen werden zudem in verschiedene Domänen unterteilt. Hinsichtlich der Formalisierung der Flächennutzung sind den Wertstrom bzw. die Wertschöpfung betreffende Flächenarten von Relevanz. Für die spätere Bewertung der Flächeneffizienz werden daher nur Ansätze verwendet, die die Nutzungspotenziale betreffen.

2.4 Bedarf an Strategien zur Steigerung der Flächeneffizienz von urbanen Fabriken

Urbane Räume werden als innovativer und wichtiger Ort für Wertschöpfung angesehen. Produktion im urbanen Raum bietet zudem viele Vorteile für produzierende Unternehmen. Zwischen der urbanen Fabrik und seinem direkten und indirekten Umfeld besteht dabei eine Vielzahl an Interdependenzen und Schnittstellen. Darüber hinaus ist der urbane Raum durch eine hohe Nutzungsmischung und unterschiedliche Akteurs- und Interessensstrukturen geprägt. Die Integration von Produktion in den urbanen Raum bedingt daher einen ganzheitlichen Ansatz, um möglichen Nutzungskonflikten entgegenzuwirken und Urbanisierungspotenziale zu realisieren. Bestehende Einflussfaktoren und insbesondere die Flächenknappheit im urbanen Raum hemmen jedoch die Entwicklungsmöglichkeiten produzierender Unternehmen zusätzlich stark. Eine empirische Untersuchung im Rahmen der vorliegenden Dissertation mit über 100 Teilnehmern aus dem industriellen, deutschsprachigen Umfeld bestätigt den Umgang mit dem begrenzten, aber notwendigen Bauraum im urbanen Umfeld als die größte Herausforderung für produzierende Unternehmen. Dies resultiert in einem industriellen Bedarf an einer möglichst flächeneffizienten Gestaltung der Produktion. Einzelne Maßnahmen zur Steigerung der Flächeneffizienz reichen im urbanen Umfeld nicht aus, um nachhaltige Entwicklungsmöglichkeiten für die urbane Fabrik abzuleiten.

In der heutigen Welt ist Nachhaltigkeit keine lokale, sondern eine globale Herausforderung. Dabei ist Fläche eine Ressource mit unmittelbaren Auswirkungen auf die Umwelt. Zersiedelung und Bevölkerungswachstum sowie die damit verbundene Flächeninanspruchnahme sind aktuelle Themengebiete, welche in Hinblick auf die Expansion der Städte besondere Auswirkungen auf die Umwelt mit sich bringen. Zur Erhöhung der urbanen Nachhaltigkeit fordern gesellschaftliche und politische Akteure daher eine flächeneffiziente und nachhaltige Nutzung bereits versiegelter, aber ungenutzter Flächen im urbanen Raum. Bspw. können durch Nachverdichtung im Bestand potenzielle Entwicklungs- und Expansionsmöglichkeiten genutzt werden. Ressourceneffizienz im Sinne von Flächeneffizienz ist dabei auch Bestandteil der Nachhaltigkeitsstrategie der Bundesregierung. Sie verfolgt unter anderem das Ziel, die zukünftige Flächenerschließung in Deutschland zu minimieren. Um die Flächenerschließung zu verringern, müssen Maßnahmen und Instrumente zur Förderung der Entwicklung städtischer Gebiete und zur Revitalisierung nach einem Bottom-up Ansatz eingesetzt werden. Ziel ist darüber hinaus eine vereinfachte (Re-) Integration von Fabriken in das urbane Umfeld für mehr industrielle Wertschöpfung im urbanen Raum. Die Wechselwirkungen zwischen Stadt und Fabrik müssen dabei besonders berücksichtigt werden.

Zusammenfassend besteht sowohl wirtschaftlich-unternehmerischer als auch gesellschaftlich-politischer Bedarf an Wertschöpfung im urbanen Raum, jedoch hemmt die bestehende Flächenknappheit die Entwicklung urbaner Produktion. Um dieser Herausforderung zu begegnen, müssen die Urbanisierungspotenziale einer Fabrik im Sinne von Flächeneffizienzpotenzialen realisiert werden. Dazu muss zunächst der Flächenbedarf einer Fabrik sowie die urbanen Einflüsse auf eine Fabrik in den drei Domänen Infrastruktur, Prozesse und Technologie erklärt werden. Für die Bewertung von Gestaltungsoptionen zur Steigerung der Flächeneffizienz ist die Wertschöpfung geeignet, um die Flächeneffizienz auch im Kontext der Produktion zu beschreiben. Bei der Flächennutzung und -effizienz ist daher für deren Bewertung notwendig, das Verhältnis von potenzieller Wertschöpfung und notwendigem Flächenbedarf zu untersuchen und geeignete Kennzahlen zur Bewertung der Flächeneffizienz abzuleiten.

Es besteht zudem Unklarheit über relevante Einflüsse auf und bestehende Anforderungen an eine urbane Fabrik, die daraus resultierenden Urbanisierungspotenziale und über die Bewertung und Auswahl wertschöpfungsorientierter Flächeneffizienzmaßnahmen. Zudem fällt es produzierenden Unternehmen schwer, mögliche Maßnahmen zur Steigerung der Flächeneffizienz in ihrem spezifischen Kontext abzuleiten und anzuwenden. Das Ziel dieser Arbeit ist daher die Entwicklung von dezidierten Strategien zur Steigerung der Flächeneffizienz von Fabriken im urbanen Umfeld. Dazu werden domänenspezifische Gestaltungsoptionen unter Einbeziehung der Beschreibung und Bewertung der Flächeneffizienz im Sinne dieser Arbeit bewertet und in den Kontext urbaner Anforderungen gesetzt, um anschließend geeignete Handlungsstrategien zur Steigerung der Flächeneffizienz zu entwickeln und anzuwenden.

3 Flächeneffizienz von urbanen Fabriken

»Das Modell "Fabrikgebäude" zu überdenken, ist aufgrund neuer Produktionsweisen und Fragen der Nachhaltigkeit ein wichtiger Schritt, um urbane Fabriken und ihren Platz in der städtischen Gesellschaft zurückzugewinnen.«[116]

Im dritten Kapitel werden die theoretischen Grundlagen zum Wertschöpfungsbegriff als Bewertungsgrundlage für die Flächeneffizienz von Fabriken sowie ausgewählte wissenschaftliche Ansätze zur Beschreibung urbaner Fabriken und zur Beschreibung der Flächeneffizienz diskutiert. Dem Betrachtungsbereich dieser Arbeit entsprechend liegt der Fokus dabei auf den Gestaltungsoptionen urbaner Fabriken und einem Bewertungsansatz für die Flächeneffizienz. Zunächst werden in Kapitel 3.1 die Grundlagen zur Wertschöpfungs- und Leistungsbewertung von Unternehmen erläutert und in den Kontext dieser Arbeit eingebunden. In Kapitel 3.2 werden bestehende Ansätze und Theorien zu urbanen Fabriken und zur Flächeneffizienz analysiert. Dabei erfolgt in Kapitel 3.2.3 eine Analyse der identifizierten Defizite und die Einordnung in die vorliegende Arbeit. Abschließend werden die Ansätze in Kapitel 3.3 zusammenfassend bewertet, der Forschungsbedarf in einem Zwischenfazit abgeleitet sowie die Forschungsfragen dieser Arbeit formuliert.

3.1 Wertschöpfungs- und Leistungsbewertung von Unternehmen

Wertschöpfung spielt für produzierende Unternehmen eine entscheidende Rolle, da sie maßgeblich für den Unternehmenszweck im Sinne von ökonomischen Zielgrößen verantwortlich ist. Ziel des vorliegenden Kapitels ist die Einführung des Wertschöpfungsbegriffes sowie die Erläuterung bisheriger Entwicklungen in diesem Kontext (Kapitel 3.1.1). In Kapitel 3.1.2 wird insbesondere dem Verständnis der Wertschöpfung aus Kundensicht eine besondere Bedeutung beigemessen. Für die Entwicklung einer Bewertungsgrundlage für die Flächeneffizienz werden in Kapitel 3.1.3 ausgewählte

[116] Rappaport (2016), Vertical Urban Factory.

Ansätze zur Wertschöpfungsbewertung von Produktionssystemen vorgestellt. Abschließend erfolgt eine Abgrenzung der vorgestellten Inhalte, indem die Erkenntnisse und die Relevanz für diese Arbeit zusammengefasst werden (Kapitel 3.1.4).

3.1.1 Herkunft und Entwicklung des Wertschöpfungsbegriffes

Betrachtet man die Historie unternehmerischer Wertschöpfung im urbanen Raum, so sind die vergangenen Jahrhunderte von einer Vielzahl an Veränderungen geprägt. Die Industrialisierung im Zuge der ersten industriellen Revolution im 18. Jahrhundert bewirkte eine erhöhte Konzentration der Wertschöpfung im urbanen Raum. Auf der einen Seite verlagerte sich der Wohnort der Menschen zunehmend in die Städte, um näher am Arbeitsplatz, also den Fabriken, zu wohnen. Auf der anderen Seite entstanden zu der Zeit gänzlich neue Fabriken und durch Agglomerationen auch neue urbane Räume.[117] Aufgrund entstehender Emissionen wurde jedoch im 19. Jahrhundert der Ort industrieller Wertschöpfung an den Stadtrand und ins Umland verlagert. Spätestens durch die Charta von Athen wurden die Funktionen Wohnen, Arbeiten und Erholung in der Stadtplanung strikt voneinander getrennt, was eine deutliche Veränderung der urbanen Räume zur Folge hatte[118]. Nach der Verlagerung der produzierenden Unternehmen aus den Städten heraus wurden meist ausschließlich Nischenprodukte, Produkte aus hochpreisigen Segmenten oder individualisierte Produkte im urbanen Raum hergestellt[119].

Zusammenfassend sind die vergangenen Jahrzehnte daher aus industrieller Sicht insbesondere durch die ‚De-Industrialisierung großer Städte' geprägt. Die Fokussierung auf den Innovations- und Dienstleistungssektor in städtischen Gebieten führt einerseits zu einem Wertschöpfungsverlust im industriellen Sektor[120]. Andererseits steigern Aspekte wie die anhaltende Globalisierung, die steigende Konsumorientierung sowie die Ausrichtung auf schnelle Profite den Wandel der produzierenden Industrie[121]. Die zunehmende Produktindividualisierung fordert darüber hinaus eine Annäherung von Produzenten und Konsument, sodass die Migration der Produktion in urbane Räume notwendig wird[122]. Die Beeinflussungsmöglichkeiten im Produkterstellungsprozesses

[117] Vgl. Schilling und Ehrenpreis (2015), Die Stadt in der Frühen Neuzeit, S. 28 u. 55; mit Bezug auf Wehler (2008), Deutsche Gesellschaftsgeschichte: Band I, S. 177-180

[118] Vgl. Brandt et al. (2017), Urbane Produktion: Ein Versuch einer Begriffsdefinition, S. 2. Siehe hierzu auch Kapitel 2.2.2.

[119] Vgl. Freeman et al. (2017), An exploration of the potential for re-distributed manufacturing, S. 269.

[120] Vgl. Wolman et al. (2015), Deindustrialization, Manufacturing Job Loss and Economic Development, S. 99 f.; Westkämper und Löffler (2016), Strategien der Produktion, S. 15 f.

[121] Vgl. Westkämper (2014), Towards the Re-Industrialization of Europe, S. 9.

[122] Vgl. Westkämper (2014), Towards the Re-Industrialization of Europe, S. 18.

sind umso höher, je früher der Konsument in den Wertschöpfungsprozess eingebunden wird[123].

Die Wertschöpfung eines Unternehmens ist und bleibt nach BACH ET AL. die entscheidende Tätigkeit unternehmerischen Handelns[124] und lässt sich aus volkswirtschaftlicher oder betriebswirtschaftlicher Sicht definieren[125]. Die volkswirtschaftliche Gesamtrechnung umschreibt die Wertschöpfung als Wirtschaftsleistung von allen produzierenden Unternehmen am Markt innerhalb der einzelnen Wirtschaftssektoren und binnen eines Jahres. Die Wirtschaftsleistung respektive Wertschöpfung wird als die Differenz vom Wert der Produkte und dem Wert der Vorleistungen definiert[126]. Betriebswirtschaftlich betrachtet fokussiert der Wertschöpfungsbegriff eher auf einzelne Unternehmen. In der dazugehörigen Kostenrechnung ist die Wertschöpfung die Differenz aus den vom Unternehmen abgegebenen Güterleistungen abzüglich der vom Unternehmen entgegengenommenen Vorleistungen[127]. Weitere Definitionen der Wertschöpfung wurden auf dieser Grundlage verfasst. So spricht DYCKHOFF bspw. von einer Transformation, bei der materielle Güter bzw. Nutzen oder Werte zur Befriedigung von bestimmten Bedürfnissen geschaffen werden[128]. Die unterschiedlichen Definitionen des Begriffs resultieren daraus, dass sich das Verständnis des Wertschöpfungsbegriffes in den letzten 100 Jahren stark verändert hat[129].

Der Begriff der Wertschöpfungskette wurde maßgeblich durch PORTER geprägt, welcher verschiedenen Unternehmensaktivitäten einen bestimmten Beitrag zur Wettbewerbsfähigkeit des Unternehmens zuweist. Dabei unterteilt er die Aktivitäten in zwei verschiedene Kategorien. Zum einen die Primäraktivitäten mit logistischen, operativen (produzierenden), vertrieblichen und serviceorientierten Aktivitäten. Zum anderen die Unterstützungsaktivitäten, zu welchen hauptsächlich indirekte Bereiche oder die Forschungs- und Entwicklungsabteilung eines Unternehmens gehören. Die Marge steht am Ende der Wertschöpfungskette für den wirtschaftlichen Erfolg des Unternehmens.[130]

---

[123] Vgl. Bogner et al. (2018), Bedeutung der zukünftigen Produktion, S. 70.

[124] Vgl. Bach et al. (2012), Wertschöpfung als zentrales Ziel von Unternehmensführung, S. 3.

[125] Vgl. Piller et al. (2017), Organisation der arbeitsteiligen Wertschöpfung, S. 7 ff.

[126] Vgl. Blanchard und Illing (2014), Makroökonomie, S. 50 ff.

[127] Vgl. Porter (1998), Competitive Advantage, S. 36 f.; Bergmann und Lacker (2009), Denken in Wertschöpfung und Verschwendung, S. 161.

[128] Vgl. Dyckhoff (2013), Grundzüge der Produktionswirtschaft, S. 3. Siehe hierzu auch Kapitel 2.1.1.2.

[129] Vgl. Piller et al. (2017), Organisation der arbeitsteiligen Wertschöpfung, S. 7..

[130] Vgl. Porter (1998), Competitive Advantage, S. 36 ff.

Die generische Aufteilung eines Unternehmens in die verschiedenen Wertschöpfungsaktivitäten nach PORTER ist in Abbildung 3-1 dargestellt.

Abbildung 3-1: Die generische Wertschöpfungskette nach PORTER[131]

Das Modell von PORTER legte den Grundstein für viele weitere Ansätze, wie bspw. die erweiterte Wertschöpfungskette nach TÖPFER[132].

3.1.2 Wertschöpfung aus Kundensicht

Neben dem Verständnis des Wertschöpfungsbegriffes aus unternehmerischer Sicht ist die Wertschöpfung aus Kundensicht im Sinne der Lean Philosophie für die Leistungsbewertung produzierender Unternehmen entscheidend. In der Lean Philosophie soll der Kundennutzen durch schlanke Prozesse mit dem Ziel maximiert werden, den Wert für den Kunden zu steigern. Um dieses Ziel zu erreichen, ist es unabdinglich Verschwendung zu minimieren. Bei jeder Aktivität gilt daher, den Nutzen für den Kunden herauszustellen. Ist kein Mehrwert für den Kunden zu erkennen, liegt Verschwendung vor.

Nach ŌNO existieren sieben Arten der Verschwendung. Zunächst beschreibt er die Verschwendung durch Bestände. Bestände sind solche Waren, die in Zwischenteillagern oder Rohstoff- und Fertigteillagern gelagert werden, jedoch nicht gelagert werden müssten. Des Weiteren führt er die Verschwendung durch Überproduktion an, sofern mehr produziert wird als Nachfrage besteht. Dadurch werden zudem die Bestände weiter erhöht. Unnötige Transporte gelten für ihn als weitere Art der Verschwendung, da sie keine Wertsteigerung bewirken. Die Verschwendung durch Ausschuss beschreibt die Produkte, die den Qualitätsmerkmalen nicht entsprechen, da sie nicht mehr ver-

---

[131] I.A.a. Porter (1998), Competitive Advantage, S. 37.

[132] Vgl. Töpfer (2007), Betriebswirtschaftslehre, S. 483 f.

wendet werden können. Auch Wartezeiten, sowohl des Personals als auch der Maschinen, werden als Verschwendung definiert. Zeit, die zum Suchen unterschiedlichster Dinge genutzt wird, zählt zur Verschwendung durch unnötige Bewegung. Dazu zählen lange Fahrten für Werkstücke, die bspw. effizienter gestaltet werden könnten. Die Verschwendung durch ineffiziente oder nicht-wertschöpfende Prozesse wird durch falsche Fertigungstechnologien, Überbearbeitung oder schlechte Herstellungsprozesse beschrieben.[133]

Die Vermeidung von Verschwendung hat in der Lean-Philosophie höchste Priorität, um die Produktivität und Effizienz eines Produktionssystems zu erhöhen. Diejenigen Tätigkeiten, die keine Verschwendung darstellen, werden nach ŌNO als Arbeit definiert und ferner in wertschöpfende und nicht-wertschöpfende Tätigkeiten untergliedert. Zusammenfassend lässt sich die Wertschöpfung im Sinne der Lean-Philosophie so beschreiben, dass Werte aus Kundensicht betrachtet und ohne Verschwendung geschaffen werden sollen.[134] Zur Steigerung des Mehrwerts für Unternehmen muss prinzipiell Verschwendung vermieden und die Wertschöpfung fokussiert werden.

3.1.3 Wertschöpfungsbewertung von Produktionssystemen

Die Wertschöpfung eines Unternehmens wird in vielen Modellen für deren Leistungsbewertung herangezogen. Dabei unterscheiden sich die Modelle in Umfang, Berechnungsgrundlage und Betrachtungsbereich. In den folgenden Abschnitten werden ausgewählte Ansätze zur Wertschöpfungsbewertung und Leistungsmessung von Produktionssystemen erläutert und daraus Anknüpfungspunkte für den weiteren Verlauf dieser Arbeit abgeleitet.

Bei der Ermittlung der Wertschöpfung können einerseits direkte oder indirekte Berechnungen eingesetzt werden. Bei der indirekten Ermittlung (subtraktive Berechnung) entspricht die Wertschöpfung analog zur betriebswirtschaftlichen Sichtweise[135] der Differenz zwischen der Gesamtleistung eines Unternehmens und seinen Vorleistungen, also der Eigenleistung des Unternehmens[136]. Sie wird aus der ökonomischen Sichtweise des betrachteten Unternehmens berechnet. Bei der direkten Ermittlung der Wertschöpfung (additive Berechnung) werden die Einkommen bzw. die Vergütung

---

[133] Vgl. Ōno (1988), Toyota Production System, S. 19 f. Bergmann und Lacker (2009), Denken in Wertschöpfung und Verschwendung, S. 162 ff. LIKER ergänzt diese sieben Verschwendungsarten um eine Achte: die nicht genutzte Mitarbeiterkreativität. Siehe hierzu Liker (2014), Der Toyota-Weg, S. 32.

[134] Vgl. Ōno (1988), Toyota Production System, S. 19.

[135] Siehe Kapitel 3.1.1.

[136] Vgl. Ulrich und Baltzer (2019), Wertschöpfung in der Betriebswirtschaftslehre, S. 32 f.

der Arbeitnehmer, der Kapitalgeber und des Staates sowie die im Unternehmen belassene Wertschöpfung addiert. Es finden die Gruppen Berücksichtigung, welche die Produktion durch die Bereitstellung von Arbeit, Kapital oder Infrastruktur erst ermöglichen[137]. Die eigentliche Wertschöpfung ist dabei nachgelagert. Werden die direkte und indirekte Rechnung zusammengeführt, dann spricht man von einer Wertschöpfungsrechnung. Es wird die Auffassung vertreten, dass beide Berechnungsmethoden zum gleichen Ergebnis führen.

Im speziellen Kontext produzierender Unternehmen lässt sich die Wertschöpfung einerseits auf der Ebene des gesamten Produktionssystems durch produktionsbezogene Leistungskennzahlen ermitteln. Die wohl bekannteste Kennzahl ist dabei die OEE (Overall Equipment Effectiveness), welche die erbrachte Leistung einer Anlage mit der theoretisch möglichen Leistung in Relation setzt[138]. Bei der TEEP (Total Effective Equipment Performance) wird zusätzlich die tatsächliche Nutzungsdauer anhand der Gesamtverfügbarkeitszeit ergänzt. Die OTE (Overall Throughput Effectiveness) misst die Effektivität eines Produktionssystems und berechnet sich genau wie die OEE, nur auf einer höheren Betrachtungsebene (Produktionssystem)[139]. Eine Ebene darüber misst die OFE (Overall Fab Effectiveness) die Wertschöpfung der gesamten Fabrik, da sie komplexer berechnet wird, als ausschließlich die vorhandenen Prozesse der Anlagen zu berücksichtigen, welche durch die OEE abbildet werden können[140]. Andererseits kann bei einer detaillierteren Betrachtung der Wertschöpfung die Leistungsmessung für die einzelnen Wertströme im Produktionssystem erfolgen. Diese über lokale Kennzahlen wie die OEE hinausgehende Berechnungsmethode erfasst Prozesskennwerte wie den Flussgrad oder die Prozesskosten über den gesamten Wertstrom[141].

Ein weiterer und praxisorientierter Ansatz ist die Ermittlung der Gesamtproduktivität und einzelner Teilproduktivitäten eines Produktionssystems oder eines Unternehmens nach BLAESER-BENFER ET AL. Die Gesamtproduktivität ergibt sich aus dem Quotienten von Output und gesamten Faktoreinsatz, im Speziellen also der Wertschöpfung pro Gesamtaufwendung. Die Wertschöpfung wird dabei indirekt ermittelt. Die Gesamtaufwendungen entsprechen allen realwirtschaftlichen Aufwendungen, allerdings

[137] Vgl. Haller und van Staden (2014), The Value Added Statement, S. 1191 f.

[138] Bei der Berechnung der OEE wird der Leistungsgrad (Abzug von Geschwindigkeitsverlusten), der Verfügbarkeitsgrad (Abzug von Stillstandzeiten) und der Qualitätsgrad (Abzug von fehlerhaften Teile) berücksichtigt, vgl. Huang et al. (2003), Manufacturing Productivity Improvement, S. 515 f.. Die Kennzahl geht auf die Ausführungen von NAKAJIMA zurück, vgl. Nakajima (1988), TPM Development Program.

[139] Vgl. Huang et al. (2003), Manufacturing Productivity Improvement, S. 516.

[140] Vgl. Oechsner et al. (2002), From Overall Equipment Efficiency to Overall Fab Effectiveness, S. 337 ff.

[141] Vgl. Pfeffer (2014), Bewertung von Wertströmen, S. 105 f.

nicht den finanzwirtschaftlichen Aufwendungen.[142] Besonders relevant für diese Arbeit ist die mögliche Aufteilung in Teilproduktivitäten, bei denen die Wertschöpfung nicht pro Gesamtaufwendung, sondern bspw. pro Personalaufwendungen (Arbeitsproduktivität), Betriebsmittelaufwendungen (Betriebsmittelproduktivität) oder Materialaufwendungen (Materialproduktivität) aufgenommen wird[143]. Diese lassen sich anschließend mit Werten ähnlicher Unternehmen der gleichen Branche vergleichen, um ein Benchmarking der eigenen Leistungserstellung vorzunehmen.

3.1.4 Zusammenfassende Erkenntnisse für diese Arbeit

Die bisherigen Erläuterungen zeigen die Wertschöpfung als umfassenden und divers definierten Begriff auf. Für eine zielführende und kontextbezogene Einordnung des Wertschöpfungsbegriffes in die vorliegende Arbeit ist eine Fokussierung sowohl hinsichtlich des Umfangs als auch der angewandten Untersuchungs- bzw. Bewertungsmethodik notwendig. In einer von JURASCHEK ET AL. durchgeführten Studie im Forschungsfeld Urbane Produktion leistet die große Mehrheit der untersuchten (urbanen) Fabriken einen direkt wertschöpfenden Beitrag[144]. Daher wird der inhaltliche Fokus auf direkte Wertschöpfungsbereiche gelegt und Nebennutzungs-, sonstige Konstruktions- oder Sozialflächen nicht betrachtet. Zudem werden die Primäraktivitäten Interne und Externe Logistik im Sinne der allgemeinen Wertschöpfungskette nach PORTER in den Betrachtungsbereich aufgenommen, da hier ebenfalls große Flächeneffizienzpotenziale erwartet werden. Zudem wird die Vermeidung von Verschwendung und die Fokussierung auf den Kundennutzen als höchste Maxime in der Lean-Philosophie zur Bewertung und Steigerung der Wertschöpfung in den Zielbereich mit aufgenommen.

Die **Wertschöpfung** eines produzierenden Unternehmens umfasst im Sinne dieser Arbeit alle auf die Steigerung des Kundennutzens fokussierten logistischen und operativen (direkten) Tätigkeiten.

Der Zielbereich dieser Arbeit fokussiert mithin auf die Leistungsbewertung direkter Wertschöpfungsbereiche produzierender Unternehmen. Forschungsbedarf besteht in einem Modell, das bewertet, wie gut Flächen für die betriebliche Leistungserstellung eingesetzt werden. ZEITNER erwähnt im Kontext des Flächenmanagements, dass es wichtig ist hervorzuheben, welche Kennzahl das „Verhältnis zeigt, auf wie viel Prozent

---

[142] Vgl. Blaeser-Benfer et al. (2012), Produktivität für Kleine und Mittelständische Unternehmen, S. 11 ff.

[143] Vgl. Blaeser-Benfer et al. (2012), Produktivität für Kleine und Mittelständische Unternehmen, S. 13 ff.

[144] Vgl. Juraschek et al. (2018), Life Cycle Oriented Industrial Value Creation in Cities, S. 97 f. Die Wertschöpfungsbereiche Vorproduktion und Fertigung waren bei jeder betrachteten (urbanen) Fabrik vertreten. Siehe auch Kapitel 3.2.1.5.

der [Fläche] eines Gebäudes tatsächlich eine Wertschöpfung stattfindet“[145]. Um zu messen, wie effizient eine Fläche für wertschöpfende Tätigkeiten genutzt wird, müssen im Sinne der Effizienzdefinition sowohl der Input als auch der Output betrachtet werden[146]. Als Output kann für produzierende Unternehmen, als Teilergebnis dieses Kapitels, die Wertschöpfung bzw. Leistung eines Produktionssystems herangezogen werden. Diese lässt sich unabhängig von der Branche entweder mittels der direkten oder der indirekten Berechnung ermitteln. Das Modell von BLAESER-BENFER ET AL. bewertet die Wertschöpfung mittels verschiedener Produktivität bzw. Effizienzen in Bezug auf Personal, Material oder Betriebsmittel. Hierbei verschiebt sich jedoch der Fokus auf den Engpass bzw. das Untersuchungsobjekt dahingehend, dass nun die Fläche als neuer Engpass betrachtet wird. Demnach reichen „klassische“ Werkzeuge zur Optimierung oder Effizienzsteigerung der Flächennutzung nicht mehr aus. Für eine Betrachtung, wie viel Wertschöpfung auf den eingesetzten Flächen stattfindet, erscheint eine analoge Betrachtung der Effizienz in Bezug auf die eingesetzte Fläche sinnvoll. Dieser Gedanke wird bei der Detaillierung des Bewertungsmodells für die Flächeneffizienz in Kapitel 5.3 aufgegriffen.

Im folgenden Kapitel werden Ansätze zur Beschreibung urbaner Fabriken und der Flächeneffizienz vorgestellt und hinsichtlich ihres Beitrags zur Zielerreichung der vorliegenden Arbeit eingeordnet.

3.2 Analyse und Darstellung bestehender Ansätze zur urbanen Fabrik und zur Flächeneffizienz

Nachdem im vorherigen Kapitel die Wertschöpfungs- und Leistungsbewertung von Unternehmen thematisiert wurde, dient dieses Kapitel der umfassenden Analyse bestehender wissenschaftlicher Ansätze zur urbanen Fabrik und zur Flächeneffizienz. Dabei werden zunächst ausgewählte Ansätze hinsichtlich der urbanen Fabrik fokussiert (Kapitel 3.2.1). Anschließend folgt in Kapitel 3.2.2 die kritische Würdigung bestehender Ansätze zur Flächeneffizienz. Abschließend werden die beschriebenen Ansätze hinsichtlich der Zielstellung dieser Arbeit eingeordnet und die Defizite der bestehenden Ansätze beleuchtet (Kapitel 3.2.3).

[145] Zeitner (2017), Flächenmanagement, S. 42.

[146] Siehe hierzu auch Kapitel 2.2.1.3.

3.2.1 Kritische Würdigung bestehender Ansätze zur urbanen Fabrik

Die Erforschung der Auswirkungen von urbaner Produktion ist ein vergleichsweise neues Feld und die Datenverfügbarkeit immer noch unzureichend[147]. Urbane Produktion ist in der Literatur hauptsächlich in empirischen Studien und konzeptuellen Rahmenwerken präsent. Potenziale und Herausforderungen urbaner Produktionssysteme sowie die positiven Auswirkungen auf übergeordnete, urbane Systeme stehen derzeit im Mittelpunkt der Forschung[148]. Im Folgenden werden ausgewählte Ansätze zur Beschreibung urbaner Fabriken vorgestellt.

3.2.1.1 Positive Impact Factory nach HERMANN ET AL.

HERRMANN ET AL. verfolgen den Ansatz der *Positive Impact Factory.* Unter Beachtung der Öko-Effektivität werden Einflüsse von Fabriken auf das ökologische und soziale Umfeld bewertet, inwiefern sie proaktiv in positive Beiträge der Fabrik umgewandelt werden können[149]. Verschiedene Umwelt- und Sozialverträglichkeitskategorien können demnach als Chance für das urbane Umfeld angesehen werden[150]. Dem liegt die Motivation zugrunde, dass der stetig steigende Energie- und Ressourcenbedarf im Produktionssektor zu einer sinkenden Verfügbarkeit von Primärrohstoffen führt. Die Reduzierung des Bedarfes an Primärressourcen muss durch den vermehrten Einsatz von Sekundärressourcen ermöglicht werden, z.B. durch effizientere Prozesse im Recycling oder der Flächennutzung. Hauptgründe für diese Verschwendung sind ineffiziente Prozesse, die nicht auf die Wertschöpfung fokussieren, eine geringe Haltbarkeit von Produkten sowie ungünstige Verbrauchsmuster der Ressourcen[151]. In diesem Zusammenhang kann eine positive Wirkung einer Fabrik erzielt werden, wenn die Integration von symbiotischen Flüssen im urbanen Umfeld und mithin eine Nachhaltigkeit von Fabriken erzielt werden kann – ein echter Wandel in Richtung Öko-Effektivität[152].

Die Autoren zeigen das Konzept der Positive Impact Factory und Beispiele für die Umsetzung auf, bleiben im Bereich der Einflussbereiche jedoch generisch. Ein systematisches und konkretes Vorgehen bleibt aus, bspw. zur Steigerung der Ressourcen- und demnach auch der Flächeneffizienz. Es wird auf die Notwendigkeit für technische Weiterentwicklungen und neue Planungsmethoden verwiesen.

---

[147] Vgl. Juraschek et al. (2018), Life Cycle Oriented Industrial Value Creation in Cities, S. 99.

[148] Vgl. Herrmann et al. (2020), Urban Production: State of the Art and Future Trends, S. 773.

[149] Vgl. Herrmann et al. (2015), The Positive Impact Factory, S. 19.

[150] Vgl. Herrmann et al. (2014), Sustainability in Manufacturing and Factories of the Future, S. 287.

[151] Vgl. Herrmann et al. (2015), The Positive Impact Factory, S. 20.

[152] Vgl. Herrmann et al. (2014), Sustainability in Manufacturing and Factories of the Future, S. 287.

3.2.1.2 *Ultra-Efficient Factory nach LENTES ET AL.*

LENTES ET AL.[153] verfolgen einen ähnlichen Ansatz, bei dem der positive Einfluss einer Fabrik auf sein urbanes Umfeld unter Berücksichtigung der Entkopplung von Wachstum und Ressourcenverbrauch gesteigert werden soll, anstatt negative Einflüsse zu minimieren. Dabei wird der Begriff der Ultra-Efficient Factory eingeführt. Eine ultraeffiziente Fabrik kommt ohne jegliche Form von Verschwendung aus und produziert keine ungewollten Nebenprodukte[154]. Es werden Handlungsfelder für ultra-effiziente Fabriken unter Einbeziehung des städtischen Umfelds ermittelt. Diese Handlungsfelder fokussieren auf die drei Bereiche Material, Personal und Energie und werden in verschiedenen Detailgraden vom Prozess über die Fabrik bis hin zur globalen Wertschöpfung hinsichtlich ihres Beitrags zur Ultra-Effizienz beschrieben[155]. In einer ersten Studie wurde ersichtlich, dass Effizienzaktivitäten auf Fabriklevel die meisten Möglichkeiten zur Steigerung der Ultra-Effizienz liefern. Anschließend werden Bewertungskriterien für die Handlungsfelder vorgestellt, um mittels eines Reifegradmodells die Ermittlung von Potenzialen für die Weiterentwicklung von Unternehmen zu ermöglichen[156].

Mithilfe eines Vorgehensmodells und bestimmten Werkzeugen kann die Effizienz simuliert und visualisiert werden. Jedoch verfehlt der Ansatz die Einbeziehung von Flächennutzung als Ressourcenverbrauch. Die Beschreibung einer effizienten Fabrik beschränkt sich auf die oben genannten Handlungsfelder.

3.2.1.3 *Vertical Factory nach RAPPAPORT*

RAPPAPORT[157] beschreibt mit dem Konzept der *Vertical Factory* die Perspektive zeitgenössischer Fabriken auf sehr diverse Weise. Dabei wird der Diskurs zwischen der Fabrik als Ort des sozialen Lebens der Arbeiter und der architektonischen Umsetzung der vertikalen Organisation thematisiert. Das Modell des Fabrikgebäudes zu überdenken ist aufgrund neuer Produktionsweisen, Fragen der Nachhaltigkeit und der Schaffung von Arbeitsplätzen ein wichtiger Schritt, um urbane Fabriken und ihren Platz in der städtischen Gesellschaft zurückzugewinnen. Darüber hinaus ist „eine ebenso wichtige Herausforderung [...] die architektonische und städtebauliche Einbindung der Produktionsgebäude in das Stadtgefüge“[158]. Um die Vorteile der vertikalen Bauweise zu

[153] Vgl. Lentes et al. (2017), Competitive and sustainable manufacturing in ultra-efficient factories.
[154] Vgl. Mandel et al. (2016), Die Ultraeffizienzfabrik, S. 19.
[155] Vgl. Lentes et al. (2017), Competitive and sustainable manufacturing in ultra-efficient factories, S. 482.
[156] Vgl. Lentes et al. (2017), Competitive and sustainable manufacturing in ultra-efficient factories, S. 489 f.
[157] Rappaport (2016), Vertical Urban Factory.
[158] Haselsteiner et al. (2019), Innovative Konzepte der vertikalen Verdichtung, S. 10.

nutzen, ist der Wertstrom bzw. die Wertschöpfung der Produktion auf eine die Schwerkraft nutzende Art und Weise ausgerichtet. Aktuelle Beispiele zeigen, dass produzierende Unternehmen mit vertikalen Fabrikgebäuden einen „ordentlichen Effizienzsprung" erwarten[159]. Die Vorteile von vertikalen Fabriken liegen einerseits in der Möglichkeit zu städtischer Nachverdichtung und Mischnutzung in Gebäuden. Andererseits sind ein reduzierter Mobilitätsaufwand sowie eine Verdichtung der notwendigen Grundfläche für Fabriken zu nennen.

Umgesetzte Beispiele verfolgen weitreichende Ideen und Konzepte. Eine strukturierte Beschreibung und Bewertung der Flächennutzung oder Merkmale zur Steigerung der Flächeneffizienz sind in diesem Ansatz jedoch nicht vorhanden. Es existieren vereinzelte Beispiele, jedoch fehlen „allgemein anwendbare Konzepte und Modelle für den gelungenen Nutzungsmix zwischen Produktion und Stadt"[160].

3.2.1.4 Urban Mini-Factory nach BARNI ET AL.

Nach BARNI ET AL.[161] ist die *Urban Mini-Factory* ein Close-to-Customer-Konzept (CTC) aus der Möbelindustrie, um eine erhöhte Kundennähe, die Anpassung an Kundenwünsche und eine gesteigerte Nachhaltigkeit in der Gebäudenutzung zu realisieren. Die Fabrik wird genau dort platziert, wo der Konsum des Kunden generiert wird, indem die Fabrik in das umliegende Ökosystem integriert wird[162]. Mithilfe eines flexiblen und hochautomatisierten Produktionssystems wird höchste Kundenindividualität und eine große Produktvarianz gewährleistet. Dies erfordert eine flexible Wertschöpfungskette. Logistische Herausforderungen wie die notwendigerweise kleinen Lagerbestände und ein echtzeitfähiges Bestandsmanagement werden über ein speziell entwickeltes ERP-System gesteuert und Lieferketten kurzzyklisch geplant[163]. Der Produktionsprozess wird in einem vollautomatisierten Maschinenzentrum nach Auftragseingang ausgeführt und direkt an den Warenausgang weitergeleitet. Die technologischen und organisationalen Voraussetzungen für die kundennahe Produktion werden durch die fünf Planungsparadigmen Produktanpassung und Digitalisierung, Nachhaltigkeit, flexible und kurze Lieferketten, reaktionsfähige Produktionssysteme, Design-to-manufacturing, industrielle Symbiose sowie Open Innovation erfüllt und in ersten Demonstratoren erfolgreich getestet[164].

---

[159] Vgl. Schröder (2016), Die Wiener Stadtfabrikanten, S. 25.

[160] Haselsteiner et al. (2019), Innovative Konzepte der vertikalen Verdichtung, S. 10.

[161] Barni et al. (2017), Mini-factories for Close-to-customer Manufacturing.

[162] Vgl. Barni et al. (2017), Mini-factories for Close-to-customer Manufacturing, S. 855.

[163] Vgl. Barni et al. (2017), Mini-factories for Close-to-customer Manufacturing, S. 856.

[164] Vgl. Barni et al. (2019), Urban Manufacturing of Sustainable Customer-Oriented Products, S. 130 f.

Das CTC-Konzept beschreibt ein urbanes Fabrikkonzept, welches mit geringem Flächenbedarf auskommt und auf die unmittelbare Wertschöpfung fokussiert. Der Haupttreiber für das Konzept ist jedoch die Kundennähe, wodurch sich weder Maßnahmen zur Bewertung oder Steigerung der Flächeneffizienz ableiten lassen noch Rahmenbedingungen oder Anforderungen aus dem urbanen Umfeld einbezogen werden.

3.2.1.5 Wertschöpfungsorientierung nach JURASCHEK ET AL.

Der Ansatz von JURASCHEK ET AL.[165] zeigt die Zuordnung einzelner Wertschöpfungsstufen urbaner Fabriken zum Produktlebenszyklus dort hergestellter Produkte. Durch die Verknüpfung des Life Cycle Engineering und der ressourceneffizienten Kreislaufwirtschaft werden auf Basis einer empirischen Feldstudie produzierende Unternehmen in urbanen Räumen analysiert. Dahinter steht die Idee, dass urbane Fabriken sowohl vom urbanen Ökosystem profitieren als auch Städte die ökonomischen und sozialen Vorteile im Stadtgebiet nutzen können[166]. Die Studie beschäftigt sich mit der Fragestellung, welche Aktivitäten der industriellen Wertschöpfung explizit vom urbanen Umfeld profitieren können. Die Analyse der Lebenszyklusphasen der untersuchten Fabriken zeigt, dass alle urbanen Fabriken die Herstellungs- oder Produktionsphase im Produktlebenszyklus abdecken[167]. Die Auswertung der Interviews zeigt zudem die Motivation von produzierenden Unternehmen im urbanen Raum zu produzieren (u.a. Kunden- oder Industrienähe, urbane Infrastruktur, Fachkräfteverfügbarkeit oder einfach historische Gründe). Die Autoren merken an, dass die Erforschung der Auswirkungen von urbaner Produktion ein vergleichsweise neues Feld und die Datenverfügbarkeit immer noch unzureichend ist. Das Potenzial städtischer Fabriken ist ferner zu identifizieren und die erarbeiteten Leitlinien zu erweitern[168].

Als gestalterisches Element fehlt der Bezug zur Flächennutzung, obgleich ein wertschöpfungsorientierter Ansatz für die (Re-) Integration von Produktion im urbanen Raum untersucht wurde. Die Untersuchung weiterer Potenziale für ein besseres Verständnis einer nachhaltigen urbanen Produktion wird gefordert.

3.2.2 Kritische Würdigung bestehender Ansätze zur Flächeneffizienz

Nachdem im vorherigen Abschnitt bestehende Ansätze zur Beschreibung urbaner Fabriken erläutert wurden, werden im vorliegenden Abschnitt Ansätze zur Beschreibung der Flächeneffizienz vorgestellt. Dabei muss erwähnt werden, dass wenige explizite

[165] Vgl. Juraschek et al. (2018), Life Cycle Oriented Industrial Value Creation in Cities.
[166] Vgl. Juraschek et al. (2018), Life Cycle Oriented Industrial Value Creation in Cities, S. 94.
[167] Vgl. Juraschek et al. (2018), Life Cycle Oriented Industrial Value Creation in Cities, S. 97 f.
[168] Vgl. Juraschek et al. (2018), Life Cycle Oriented Industrial Value Creation in Cities, S. 99.

Ansätze zur konkreten Beschreibung der Flächeneffizienz von Fabriken bestehen und daher die Definition von Fläche und Flächeneffizienz aus dem Baugewerbe im Produktionssektor Anwendung findet. Die Ansätze können für Produktionssysteme kontextbezogen adaptiert und auf die Flächeneffizienz bezogen werden.

3.2.2.1 Wertstrom-Layouting nach SPATH ET AL.

SPATH ET AL.[169] verfolgen den Ansatz zur Steigerung der Flächeneffizienz anhand des *Wertstrom-Layoutings* auf Grundlage des Wertstrom-Engineerings nach SCHWEIZER[170]. Das Wertstrom-Engineering verfolgt in Anlehnung an die Lean Philosophie das Ziel, eine Optimierung durch das Vermeiden von Verschwendung zu erreichen[171]. Es wird davon ausgegangen, dass eine effiziente Flächennutzung durch die optimale Flächenaufteilung den Flächenbedarf reduziert und dies wiederum in einer Verringerung der Kosten für den Bau, das Grundstück oder laufende Betriebs- und Energiekosten der Fabrik resultieren. Die Bewertung des Layouts erfolgt anhand verschiedener Ebenen in der Fabrik, so etwa die Hallenebene, die Arbeitssystemebene oder die Arbeitsplatzebene. Der zuverlässige Vergleich zweier Layouts ist nur auf gleicher Ebene möglich. Die Klassifikation der Flächen in der Fabrik wird in Anlehnung an die VDI-Richtlinie 3644[172] vorgenommen. Darin wird jeder Flächenbedarf in die Kategorien Arbeits-, Bewegungs-, Lager-, Verschwendungs-, Transport- oder sonstige Fläche klassifiziert. Im Rahmen der Forschungsarbeit wurde die Wandlungsfläche zur Sicherstellung der Wandlungsfähigkeit ergänzt. Die Beurteilung der Optimierung erfolgt anhand des Gesamttransportaufwands und in Form der „Flussintensität als abstrakte Größe für Produktströme“[173].

Unterschiede und die Bewertung von Layoutvarianten werden hinsichtlich des Transportaufwands bewertet. Jedoch können weder Effizienzpotenziale hinsichtlich der Flächennutzung identifiziert noch Einflüsse der urbanen Umgebung berücksichtigt werden. Die wertstromorientierte Produktionsstruktur- und Materialflussoptimierung erfolgt ohne konkreten Fokus auf die Flächeneffizienz.

[169] Vgl. Spath et al. (2012), Wertstrom-Layouting.

[170] Vgl. Schweizer (2010), Wertstrom-Engineering: Methoden im Maschinenbau.

[171] Vgl. Schweizer (2013), Wertstrom Engineering, S. 8.

[172] Vgl. VDI 3644 (2010), Analyse und Planung von Betriebsflächen Siehe auch Kapitel 2.2.1.2.

[173] Vgl. Spath et al. (2012), Wertstrom-Layouting, S. 558.

3.2.2.2 Value-Added Heat Map nach TOMANEK ET AL.

Der Ansatz der *Value-Added Heat Map* (VAHM) von TOMANEK ET AL.[174] verfolgt ebenfalls das Ziel, die Nutzung von Produktionsfläche zu optimieren. Die Flächenverfügbarkeit ist in der Fertigung in der Regel sehr begrenzt. Folglich sind alle Aktivitäten, die nicht wertschöpfend sind, als Verschwendung zu betrachten und sollten reduziert oder eliminiert werden[175]. Dabei liegt die These zugrunde, dass je weniger Verschwendung innerhalb eines Prozesses auftritt, desto höher ist die Konzentration an wertschöpfenden Tätigkeiten. Die VAHM verfolgt ebenfalls eine logistikkostenorientierte Herangehensweise und konzentriert sich auf wertschöpfungsorientierte Aspekte des Produktionsprozesses[176]. Die Bewertung von Wertschöpfung wird mit der VAHM erleichtert und darüber hinaus auftretende Verschwendungen visualisiert. Fläche als limitierter und limitierender Faktor soll bereits in der Planungsphase wertorientiert analysiert werden. In dem Ansatz wird Fläche ebenfalls kategorisiert. Es wird zwischen besonders wertschöpfenden Flächen (z.B. Maschinen, Anlagen oder Montagestationen), weniger wertschöpfenden, aber notwendigen Flächen (z.B. Bereitstellungs- oder Transportflächen) und nicht wertschöpfenden Flächen unterschieden[177]. Hervorzuheben ist, dass für die Wertschöpfung notwendige Prozesse (wie bspw. Logistikflächen für die Materialversorgung) nicht als nicht-wertschöpfend, sondern als neutral gekennzeichnet werden.

Mit der Anwendung der VAHM wird die Möglichkeit vorgestellt, die Gesamtproduktivität auf Produktionsflächen anhand ihrer wertschöpfungsorientierten Flächeneffizienz zu analysieren. Unzureichend genutzte Bereiche werden visualisiert und können neu verplant werden. Jedoch bietet der Ansatz lediglich eine zweidimensionale Optimierungsmöglichkeit ohne die Berücksichtigung äußerer Einflüsse oder sonstiger Flächen. Als Benchmark können lediglich ähnliche oder gleiche Produktionsflächenarten verglichen werden.

3.2.2.3 Bauliches Flächenmanagement nach ZEITNER

Dem Thema Flächenmanagement und der baulichen Flächeneffizienz widmet sich ZEITNER[178]. Unter Berücksichtigung der Verordnung über die bauliche Nutzung von

[174] Vgl. Tomanek et al. (2016), Value Added Heat Map.

[175] Vgl. Bergmann und Lacker (2009), Denken in Wertschöpfung und Verschwendung, S. 161.

[176] Vgl. Tomanek und Schröder (2018), Value Added Heat Map - Eine Methode zur Visualisierung von Wertschöpfung, S. 31 f.

[177] Vgl. Tomanek et al. (2016), Value Added Heat Map, S. 319.

[178] Vgl. Zeitner (2017), Flächenmanagement.

Grundstücken (BauNVO[179]) sowie der DIN 277-1[180] werden Flächenkennzahlen und Flächeneffizienz aus baulicher Sicht definiert. Für die Ressource Fläche existieren im Bestand keine Richtlinien zur Überprüfung der Flächeneffizienz[181]. Jedoch wird die bauliche Flächeneffizienz über den Flächennutzungsgrad ausgedrückt, also das Verhältnis von Nutzungsfläche zu Nettoraumfläche. Einschränkungen existieren allerdings darin, dass darüber die tatsächliche respektive die effiziente Funktion der Nutzung nicht ermittelt werden kann. Die schweizerische Benchmarking-Studie FM Monitor bildet zusätzlich eine Vielzahl an Flächenkennzahlen an[182]. Es können alle Flächenarten nach DIN 277-1 wie bspw. die Nutzungs-, Verkehrs- oder Technikfläche ins Verhältnis mit der Bruttogrundfläche gebracht werden. Die Betrachtung der Wertschöpfung in einer Kennzahl ist jedoch auch im Flächenmanagement von Bedeutung[183]. Dementsprechend müssen zukünftig wertschöpfungsorientierte und den Belegungsgrad berücksichtigende Kennzahlen definiert werden, die einen Mehrwert für den Vergleich von Produktionsflächen und Fabriken liefern. Dies macht das Flächenmanagement zu einer komplexen und herausfordernden Aufgabe im Immobilienmanagement[184].

In diesem Ansatz wird insbesondere auf architektonische und bauliche Kenngrößen eingegangen, sodass keine nutzungsorientierte Beschreibung der Flächeneffizienz möglich ist. Ebenfalls bleiben Besonderheiten von Produktionssystemen wie bspw. unterschiedlich wertschöpfende Flächenarten unberücksichtigt.

3.2.2.4 Gestaltungsoptimierung von Freiformgebäuden nach ZHANG ET AL.

Der Ansatz von ZHANG ET AL.[185] beschreibt die Flächeneffizienz anhand der optimierten Nutzung von Freiformgebäuden. Diese unterscheiden sich von klassisch-quaderförmigen Gebäuden in der Tatsache, dass sie eine Vielzahl an gekrümmten und komplexen Oberflächen aufweisen[186]. Die gekrümmten Flächen der Gebäude führen zu einer suboptimalen Nutzungsmöglichkeit von bestehenden Räumen. Die Optimierung der Raumnutzung erfolgt daher anhand des Verhältnisses von nutzbarem Volumen

[179] Die Baunutzungsverordnung wurde im Jahr 2017 im Städtebaurecht zur Stärkung des neuen Zusammenlebens in der Stadt sogar um „Urbane Gebiete" ergänzt (§6a BauNVO), vgl. Bundesgesetzblatt Jahrgang 2017 Teil I Nr. 25 (2017), Änderung der Baunutzungsverordnung, S. 1062.

[180] Vgl. DIN 277-1 (2016), Grundflächen und Rauminhalte im Bauwesen.

[181] Vgl. Marchionini (2019), Flächeneffizienz, S. 249.

[182] Vgl. pom+Consulting AG (2017), FM Monitor.

[183] Vgl. Zeitner (2017), Flächenmanagement, S. 42.

[184] Vgl. Zeitner (2017), Flächenmanagement, S. 31.

[185] Vgl. Zhang et al. (2016), Shape optimization of free-form buildings.

[186] Vgl. Schipper (2015), Double-curved precast concrete elements, S. 4.

zum Gesamtvolumen des Gebäudes. Eine notwendige Nebenbedingung für die Einbeziehung nutzbaren Volumens ist bspw. eine Deckenhöhe von 2,20m. Darüber hinaus sind gekrümmte Wände ebenfalls ein Ausschlusskriterium für nutzbares Gebäudevolumen. Dieser Einteilung folgend ergibt sich die Definition der Flächen- bzw. Raumeffizienz durch das Verhältnis von nutzbarem Raum und Gesamtvolumen.

Im Gegensatz zu den oben vorgestellten Ansätzen zur Beschreibung der Flächeneffizienz bezieht die Beschreibung nach ZHANG ET AL. die dritte Dimension mit ein, was für produktionsgenutzte Flächen einen großen Mehrwert darstellt. Der Ansatz beschränkt sich jedoch auf eine theoretische Flächenbetrachtung, ohne eine Unterteilung in verschiedene oder tatsächliche Nutzungsarten vorzunehmen. Ebenfalls wird keine Bewertung hinsichtlich unternehmerischer Ziele getroffen, aus der die tatsächliche Effizienz der Nutzung hervorgehen könnte.

3.2.2.5 Beschreibung der Flächeneffizienz für Nutzer von Bürogebäuden nach WALKER

Die Definition der Flächeneffizienz nach WALKER[187] basiert auf einem von ihm angemeldeten Patent zur Beschreibung und Bewertung der Flächeneffizienz von Bürogebäuden. Als Werkzeug für das Flächenmanagement vergleicht der Ansatz die vom Nutzer benötigte Fläche mit der tatsächlich vermieteten Fläche. Durch die Berechnung der idealen Fläche mittels Aufsummierens der reinen Nutz- und Verkehrsflächen in Form von Rechtecken werden ineffizient genutzte Flächen zunächst ausgeblendet. In einem zweiten Schritt wird ein bestimmter Faktor für ebendiese Ineffizienz aufgeschlagen. Die theoretisch benötigte Mietfläche, auch Planungsfläche genannt, steht im Verhältnis zur vermieteten Fläche als Berechnungsgrundlage der Flächeneffizienz.[188]

Der Ansatz beschreibt die tatsächlich benötigte Fläche von Bürogebäuden, ohne die dezidierte Flächennutzung anhand verschiedener Nutzungsarten zu unterscheiden. Bspw. könnten verschiedene Wertschöpfungsarten oder -stufen der Berechnungsmethode einen höheren Detaillierungsgrad verschaffen. Aus diesem Grund fehlt ein direkter Bezug zur industriellen Produktion, sodass der Ansatz zur Beschreibung der Flächeneffizienz von Fabriken im urbanen Umfeld ungeeignet ist.

[187] Vgl. Walker (2013), Evaluating space efficiency for office users.

[188] Vgl. Walker (2013), Evaluating space efficiency for office users, S. 38.

3.2.2.6 Nachhaltige Flächennutzung nach VAN DEN DOBBELSTEEN ET AL.

Der Ansatz von VAN DEN DOBBELSTEEN ET AL.[189] verfolgt einen anderen Kerngedanken. Hierbei geht es um nachhaltige Flächennutzung anhand dreier Kriterien der Nachhaltigkeit. Dahinter steht die These, dass eine erhebliche Verbesserung der Flächennutzung durch einen Ansatz auf urbaner Ebene erreicht werden kann, der sich auf die drei Dimensionen Technologie, Fläche und Zeit konzentriert. Durch eine mehrfache und intensive Raumnutzung soll die Flächeneffizienz verbessert werden. Neben der Verbesserung des Lebenszyklus urbaner Räume und der Ressourceneinsparung im Sinne von Fläche, Energie oder Baumaterial bringt eine funktionale Anpassungsfähigkeit den Nutzen mit sich, flexibel auf unvorhergesehene Änderungen reagieren zu können. Die Idee einer Mehrfach- bzw. Mischnutzung von Flächen (zweite Dimension) kann auch auf urbane Fabriken bzw. Produktionsflächen übertragen werden. Im weiteren Sinne kann diese auf die mehrfache Raumnutzung (vertikale Flächennutzung; dritte Dimension) und die mehrfache Nutzung über die Zeit (vierte Dimension) erweitert werden.

Diese Definition von Flächeneffizienz zeigt die Multidimensionalität des Betrachtungs- und Zielbereiches dieser Arbeit auf. Um die Vergleichbarkeit verschiedener Projekte zu ermöglichen, wird durch die Kennzahl Grundflächenindex (engl.: floor space index) die Nutzungsintensität in der dritten Dimension beschreibbar gemacht. Jedoch geht dieser Ansatz nicht über konzeptionelle Gedanken hinaus. Er zeigt jedoch den Nachhaltigkeitsgedanken der Flächeneffizienz auf, welcher den technologischen Fokus der Effizienzsteigerung sinnvoll erweitert. Eine Betrachtung von Wertschöpfungsbereichen oder die Unterscheidung verschiedener Funktionen lässt sich nicht identifizieren.

3.2.3 Zusammenfassung der Defizite bestehender Ansätze

Die in den vorangegangenen Kapiteln vorgestellten Ansätze aus der Literatur bilden den Stand der Technik bezugnehmend auf den Betrachtungs- und Zielbereich der vorliegenden Arbeit ab. Die Ansätze zeigen konkrete Anknüpfungspunkte hinsichtlich der Beantwortung der Fragen, welche flächenrelevanten Anforderungen auf urbane Fabriksysteme wirken und wie die Flächeneffizienz von Fabriken im urbanen Umfeld bewertet oder gar gesteigert und Handlungsstrategien abgeleitet werden können. Teilweise werden Aspekte des Betrachtungs- und Zielbereiches dieser Arbeit in einzelnen Ansätzen aufgegriffen. Es ist jedoch kein Ansatz in der Lage, die Zielstellung dieser Arbeit vollumfänglich zu adressieren.

[189] Vgl. van den Dobbelsteen, A. A. J. F. et al. (2002), Sustainability In Three Dimensions.

Die vorgestellten Ansätze zur urbanen Fabrik in Kapitel 3.2.1 fokussieren die konkrete Ausgestaltung urbaner Produktionsstandorte. Jedoch werden Fabriken den urbanen Anforderungen mangels systematischer Analyse nicht gerecht. Es fehlen Erkenntnisse über die Wirkbeziehungen von Einflussfaktoren und flächenrelevante Anforderungen sowie den Rahmenbedingungen urbaner Produktion. Es fehlt ein ganzheitliches Modell für die durch urbane Fabriken induzierten Interdependenzen und Relationen im urbanen Raum. Technologische Lösungen, die effiziente, urbane Produktionssysteme fördern sowie Forschungsarbeiten mit Schwerpunkt auf die anforderungsgerechte Gestaltung urbaner Produktionsstandorte sind kaum vorhanden. Es besteht mithin die Notwendigkeit für technische Weiterentwicklungen und neue Planungsmethoden[190].

Zusammenfassend liegen die Defizite hinsichtlich des **Betrachtungsbereiches** der vorliegenden Arbeit in der fehlenden Erklärung von Wirkbeziehungen zwischen dem Stadtsystem und der urbanen Fabrik, der Einbeziehung von ressourcen- und ferner flächeneffizienten Aspekten in den betrachteten Handlungsfeldern urbaner Fabriken sowie konkreten Handlungsoptionen hinsichtlich einer systematischen Analyse und Gestaltung einer flächeneffizienten, urbanen Fabrik.

HERRMANN ET AL. erkennen bezugnehmend auf den erweiterten Betrachtungsbereich „Urbane Produktion“ hinsichtlich der identifizierten Beispiele aus der Literatur folgende Aspekte[191]:

- Die einschlägige Literatur zum Themengebiet Urbane Produktion fokussiert empirische Studien und konzeptuelle Rahmenwerke.
- Hauptsächlich werden im Bereich urbaner Produktion Potenziale und Herausforderungen adressiert.
- Die Einflüsse urbaner Produktion können sich positiv auf verschiedenste Stadtsysteme auswirken.
- Derzeit existiert kein ganzheitliches Modell für die Erklärung von Interdependenzen und Relationen zwischen urbaner Produktion und der Stadt.
- Die positiven Auswirkungen urbaner Produktion müssen durch technologische Lösungen gefördert werden.

In Kapitel 3.2.2 wurden bestehende Ansätze zur Flächeneffizienz vorgestellt. Es wurde deutlich, dass nur wenige Definitionen der Flächeneffizienz im Produktionssektor existieren. Hingegen findet die Definition der Flächeneffizienz aus dem Baugewerbe

190 Herrmann et al. (2015), The Positive Impact Factory, S. 26.

191 Herrmann et al. (2020), Urban Production: State of the Art and Future Trends, S. 9, basierend auf der Literaturrecherche von Juraschek (2020), Analysis and development of sustainable urban production systems.

maßgeblich in Büro- und Mietobjekten Anwendung. Es mangelt an einer wertschöpfungsorientierten Beschreibung der Flächeneffizienz und Flächeneffizienzpotenzialen im Sinne von konkreten Ziel- und Kennzahlensystemen, welche ebenfalls der Beschreibung von Gestaltungsoptionen zur Steigerung der Flächeneffizienz dienen. Dies resultiert darin, dass keine Strategien zur Steigerung der Flächeneffizienz von Fabriken im urbanen Kontext abgeleitet werden können.

Zusammenfassend liegen die Defizite hinsichtlich des **Zielbereiches** der vorliegenden Arbeit im fehlenden Bezug zur industriellen Produktion und der spezifischen Flächennutzung bei der Beschreibung der Flächeneffizienz sowie im Mangel an hergeleiteten Effizienzpotenzialen in der Nutzungsintensität industriell genutzter Flächen. Weder können mögliche Gestaltungsoptionen zur Steigerung der Flächeneffizienz wertschöpfungsorientiert bewertet noch handlungsweisende Strategien für produzierende Unternehmen abgeleitet werden.

3.3 Zwischenfazit und Forschungsbedarf

Die Zusammenfassung der theoretischen Grundlagen, die Ableitung des Forschungsbedarfes und die Definition der Forschungsfragen schließt das dritte Kapitel ab. In Kapitel 3.1 wurde die Grundlagen zur Wertschöpfungs- und Leistungsbewertung von Unternehmen sowie die resultierenden Erkenntnisse für diese Arbeit erläutert. Darauf aufbauend wurden ausgewählte Ansätze zur Beschreibung urbaner Fabriken sowie der Flächeneffizienz in Kapitel 3.2 analysiert und bestehende Defizite im Betrachtungs- und Zielbereich dieser Arbeit abgeleitet.

Der Wertschöpfungsbegriff entwickelte sich in den vergangenen Jahrhunderten hin zu einem unternehmerischen und industriell geprägten Begriff. Insbesondere die Bedeutung für die Stadtentwicklung machen die Wertschöpfung zu einem nicht mehr wegzudenkenden Teil urbaner Räume. Die Umkehr der Funktionstrennung in monostrukturale Stadtgebiete in den letzten Jahren hin zu mehr Nutzungsmischung und Migration von Produktion in den urbanen Raum lässt das Konzept der urbanen Fabrik aufleben. Insbesondere direkte und auf den Kundennutzen ausgerichtete Wertschöpfungsprozesse stehen für diese Arbeit im Mittelpunkt der Betrachtung. Die Vermeidung von Verschwendung nimmt dabei eine zentrale Rolle bei der Steigerung der Produktivität und Effizienz eines Produktionssystems ein. Die Bewertung der Wertschöpfung solcher Produktionssysteme erfolgt meist auf betriebswirtschaftlicher Ebene mittels produktionsbezogener Leistungskennzahlen. Die Relation von Wertschöpfung zu im Anwendungsfall betrachtenden Aufwendungen in Form von Teilproduktivitäten lassen einen Vergleich verschiedener Produktionssysteme zu. Die beschriebenen Ansätze zur Bewertung von Wertschöpfung können mithin kontextbezogen adaptiert und auf die Definition und Bewertung der Flächeneffizienz in dieser Arbeit bezogen werden.

Die Analyse bestehender Ansätze zur urbanen Fabrik konnte den Betrachtungsbereich schärfen und relevante Handlungsfelder identifizieren, welche im Folgenden näher erläutert werden. Die beschriebenen Ansätze können hinsichtlich der Integration übergreifender Konzepte erweitert werden, jedoch fehlt der Wertschöpfungsbezug bzw. die eindeutige Unterscheidung zwischen wertschöpfenden und nicht-wertschöpfenden Bereichen. Mithin können keine flächeneffizienzsteigernden Maßnahmen abgeleitet werden. Darüber hinaus können aufgrund nicht betrachteter Wirkbeziehungen zwischen dem urbanen Umfeld und den Produktionsstandort weder flächenrelevante Anforderungen identifiziert noch Flächeneffizienztreiber identifiziert werden. Insbesondere technische Lösungen zur (flächeneffizienten) Gestaltung urbaner Fabriken stehen nicht im Fokus der Forschung. Es mangelt an Wissen über die Voraussetzungen und Wirkbeziehungen von Einflussfaktoren und Rahmenbedingungen urbaner Produktionsstandorte.

Die bestehenden Ansätze zur Flächeneffizienz wurden auf mögliche Anknüpfungspunkte hin untersucht. Dabei wurden Ansätze sowohl aus dem Produktionskontext als auch aus dem Baugewerbe bzw. der Architektur aufgegriffen. Die beschriebenen Ansätze bieten eine Vielzahl an Anknüpfungspunkten, um die Flächeneffizienz von urbanen Fabriken zu beschreiben und zu bewerten, da sie die Ressourcennutzung aufgreifen und einen Zusammenhang zur Wertschöpfung respektive Produktion herstellen. In Summe lässt sich jedoch feststellen, dass trotz der Vielzahl bestehender wissenschaftlicher Ansätze kein Forschungsergebnis existiert, welches die Frage beantwortet, wie die wertschöpfungsorientierte Flächeneffizienz von Produktion im urbanen Umfeld bewertet oder gar gesteigert werden kann. Es mangelt daher an einer wissenschaftlichen Beschreibung von Flächeneffizienzpotenzialen urbaner Produktion im Sinne von Zielsystemen, Kennzahlen und Gestaltungsoptionen. Die Ansätze zur Beschreibung von Wertschöpfung können jedoch kontextbezogen adaptiert und auf die Flächeneffizienz bezogen werden. Die definitorische Bewertung von Fläche bzw. Flächeneffizienz aus dem Baugewerbe kann ebenfalls im Produktionssektor Anwendung finden, obgleich noch keine Strategien zur Verbesserung der Flächeneffizienz von Fabriken im urbanen Kontext abgeleitet werden können. Beide Bereiche müssen zudem miteinander verknüpft werden.

Aus den Erkenntnissen der theoretischen Grundlagen dieser Arbeit leitet sich der **Bedarf an einer wertschöpfungsorientierten Bewertung der Flächeneffizienz** urbaner Fabriken ab. Zur Beschreibung und Bewertung der Flächeneffizienz muss ein auf die direkte Wertschöpfung fokussiertes Bewertungsmodell entwickelt sowie geeignete Maßnahmen und Gestaltungsoptionen zur Steigerung der Flächeneffizienz identifiziert werden. Für eine zielgerichtete Anwendung müssen zudem konkrete Handlungsstrategien abgeleitet werden.

Hierzu existiert **Bedarf an einem systemischen Verständnis urbaner Fabriken** und deren Elementen. Die urbane Fabrik muss als komplexes System beschrieben und ihre Elemente bzw. deren Relationen in einem Ordnungsrahmen spezifiziert werden. Zudem sind äußere Einflüsse und Anforderungen des urbanen Raums mit einzubeziehen sowie Wechselwirkungen zu identifizieren.

Daraus leitet sich der **Bedarf an einer Anforderungsanalyse der Relationen** zwischen den bestehenden Systemelementen ab. Dazu muss der Prozess der Anforderungsanalyse durchlaufen werden. Mittels dieser Analyse können bestehende Wechselwirkungen zwischen flächenbezogenen Anforderungen analysiert und anschließend das Wirkgefüge visualisiert werden.

Abschließend besteht **Bedarf an neuen Planungsmethoden** für die Systemelemente urbaner Fabriken. Es muss ein ganzheitliches Modell für die durch urbane Fabriken induzierten Interdependenzen und Relationen entwickelt werden. Zudem besteht die Notwendigkeit für technische Weiterentwicklungen und neue Planungsmethoden für die Gestaltung urbaner Produktionsstandorte.

Auf Basis der Analyse der theoretischen Grundlagen und der kritischen Würdigung bestehender Ansätze kann die zentrale Forschungsfrage dieser Arbeit formuliert werden:

„Wie kann die Flächeneffizienz von Fabriken im urbanen Umfeld durch die Bewertung von Gestaltungsoptionen und unter Berücksichtigung direkter Wertschöpfungsbereiche gesteigert werden?“

Aus der zentralen Forschungsfrage ergeben sich die folgenden Leitfragen, die im Laufe des Forschungsprozesses beantwortet werden:

- Wie lassen sich Einflussfaktoren auf die urbane Flächeninanspruchnahme beschreiben und urbane Rahmenbedingungen ableiten?
- Welche flächenbezogenen Anforderungen können an direkte Wertschöpfungsbereiche im Kontext urbaner Fabriken gestellt werden?
- Wie kann die Flächeneffizienz mit Fokus auf die Wertschöpfung eines Unternehmens beschreibbar und bewertbar gemacht werden?
- Wie können Gestaltungsoptionen zur Steigerung der Flächeneffizienz identifiziert und analysiert werden?
- Wie kann aus den Wirkbeziehungen zwischen den flächenbezogenen Anforderungen und den bewerteten Gestaltungsoptionen eine Priorisierung ermöglicht und Flächeneffizienzpotenziale sinnvoll abgeleitet werden?
- Wie ist ein Vorgehensmodell zur gezielten und anforderungsgerechten Steigerung der Flächeneffizienz von Fabriken im urbanen Kontext zu gestalten?

Aufbauend auf dem Bedarf an Strategien zur Steigerung der Flächeneffizienz von urbanen Fabriken und der zusammenfassenden Bewertung bestehender Ansätze sowie des Forschungsbedarfes wird im folgenden Kapitel das Konzept des Lösungsmodells der vorliegenden Arbeit entworfen. Dazu werden die Anforderungen an Strategien zur Steigerung der Flächeneffizienz urbaner Fabriken sowie der Ordnungsrahmen für das Lösungskonzept formuliert und daraus entsprechende Lösungsbestandteile und Teilmodelle abgeleitet.

4 Konzeption des Lösungsmodells zur Steigerung der Flächeneffizienz

»Hauptgründe für die Verschwendung von Ressourcen sind ineffiziente, nicht auf die Wertschöpfung fokussierte Prozesse.«[192]

Die bisherigen Erkenntnisse dieser Arbeit liegen im Praxisdefizit an Strategien zur Steigerung der Flächeneffizienz (Kapitel 2.4) sowie im hergeleiteten Forschungsbedarf (Kapitel 3.3). Sie bilden die Grundlage für die Konzeption des Lösungsmodells dieser Arbeit. Im vierten Kapitel wird in Anlehnung an die Strategie angewandter Forschung nach ULRICH[193] das Lösungsmodell zur Steigerung der Flächeneffizienz von Fabriken im urbanen Umfeld vorgestellt. In Kapitel 4.1 werden zunächst die Anforderungen an das Modell auf Basis des entwickelten Ziel- und Betrachtungsbereiches dieser Arbeit erläutert, wobei zwischen inhaltlichen und formalen Anforderungen unterschieden wird. Kapitel 4.2 dient dem Entwurf des Ordnungsrahmens, um einen Überblick über die Struktur des Modells sowie relevante Systemelemente und -beziehungen zu erhalten. Anschließend folgt in Kapitel 4.3 die Vorstellung des Konzeptes der Strategien zur Steigerung der Flächeneffizienz, bei dem die entwickelten Lösungsbausteine dargestellt werden. Kapitel 4.4 schließt mit einem Zwischenfazit, der Ableitung von Teilmodellen sowie mit der Formulierung der Lösungshypothese ab.

4.1 Anforderungen an die Nutzung von Urbanisierungspotenzialen im Sinne der Steigerung der Flächeneffizienz

Das Ziel dieses Kapitels ist die Ableitung der Anforderungen an die Lösung dieser Arbeit, welche auch den Grad der Ergebnisqualität definieren. Es wird dabei zwischen inhaltlichen Anforderungen, basierend auf dem Ziel- und Betrachtungsbereich dieser Arbeit (Kapitel 4.1.1), und formalen Anforderungen (Kapitel 4.1.2) unterschieden.

---

192 Herrmann et al. (2015), The Positive Impact Factory, S. 20.

193 Vgl. Ulrich (1984), Die Betriebswirtschaftslehre als anwendungsorientierte Sozialwissenschaft, S. 192 f.

4.1.1 Inhaltliche Anforderungen an das Modell

Die Bestimmung der inhaltlichen Anforderungen dient einem zielgerichteten Vorgehen bei der Entwicklung des Lösungskonzeptes. Sie orientieren sich am hergeleiteten Bedarf aus der Praxis (Kapitel 2.4) und an den identifizierten Anknüpfungspunkten bestehender Ansätze (Kapitel 3.3). Darüber hinaus stehen der Betrachtungsbereich und die Zielsetzung der vorliegenden Arbeit im Fokus der inhaltlichen Anforderungen. Sie sind Grundlage für die Validierung und kritische Reflexion der Forschungsergebnisse in Kapitel 6. Abbildung 4-1 stellt eine Übersicht der Einflüsse auf die inhaltlichen Anforderungen dar. Die Anforderungen werden im Folgenden näher erläutert.

Betrachtungsbereich der Arbeit

- Fokussierung auf Fabriken an einem urbanen Produktionsstandort
- Unterteilung der Einflussbereiche des Urbanisierungspotenzials in die Domänen Infrastruktur, Prozesse und Technologie
- Fokussierung auf direkt wertschöpfende Bereiche innerhalb der betrachteten Fabrikflächen
- Fokussierung der Auswirkungen generischer Gestaltungsoptionen auf bestimmte Flächenarten hinsichtlich der Flächeneffizienz
- Integration der Anforderungen des urbanen Umfelds und der bewerteten Gestaltungsoptionen als inhaltliche Grundlage der Strategien zur Steigerung der Flächeneffizienz

Ziele der Arbeit

- Beschreibung und Analyse urbaner Einflussfaktoren auf Fabriken
- Identifikation der Anforderungen aus dem urbanen Umfeld, die das Urbanisierungspotenzial einer Fabrik im Sinne der Flächennutzung und Flächeneffizienz direkt und indirekt beeinflussen
- Erarbeitung eines Ziel- und Kennzahlensystems zur Beschreibung der Flächeneffizienz und zur Bewertung des Zielerfüllungsgrades
- Erklärung der Wirkbeziehungen zwischen Flächenanforderungen und bewerteten Gestaltungsoptionen für Flächeneffizienzpotenziale
- Vorgehensmodell zur Auswahl und Anwendung der Strategie zur Steigerung der Flächeneffizienz von Fabriken im urbanen Umfeld

Bedarf aus der Praxis

- Kenntnis über urbane Einflüsse und Anforderungen an die urbane Fabrik und die daraus resultierenden Urbanisierungspotenziale
- Einbeziehung von Nachhaltigkeitsaspekten bei der systematischen Beschreibung, Bewertung und Steigerung der Flächeneffizienz
- Bewertung generischer Gestaltungsoptionen und spezifische Auswahl wertschöpfungsorientierter Flächeneffizienzmaßnahmen
- Systematisierung einer möglichst flächeneffizienten Gestaltung der Produktion im urbanen Raum durch geeignete Handlungsstrategien
- Unterstützung bei der Anpassung ausgewählter Strategien und Kontrolle der umgesetzten Flächeneffizienzpotenziale

Anknüpfung an bestehende Ansätze

- Mangelnde Kenntnis über die Wirkbeziehungen relevanter Einflussfaktoren und zwischen flächenrelevanten Anforderungen
- Undifferenzierte Betrachtung von wertschöpfenden und nicht-wertschöpfenden Bereichen einer urbanen Fabrik
- Fehlende Einbeziehung von ressourcen- beziehungsweise flächeneffizienten Aspekten bei der Gestaltung urbaner Fabriken
- Fehlender Bezug zur industriellen Produktion und der spezifischen Flächennutzung bei der Beschreibung der Flächeneffizienz
- Mangel an identifizierten Effizienzpotenzialen in der Nutzungsintensität industriell genutzter Flächen

Abbildung 4-1: Einflüsse auf die inhaltlichen Anforderungen an das Lösungskonzept

Mit dem **Betrachtungsbereich der Arbeit** werden die Urbanisierungspotenziale und die Wertschöpfung von produzierenden Unternehmen fokussiert, wobei die Betrachtung auf direkte Wertschöpfungsbereiche begrenzt wird. Dazu werden Einflüsse auf die Fabrik aus dem urbanen Umfeld mit einbezogen und insbesondere flächenbeeinflussende Anforderungen an die urbane Fabrik abgeleitet. Es werden dabei die drei Domänen Infrastruktur, Prozesse und Technologie bei der Betrachtung der Fabrik unterschieden. Darüber hinaus werden generische Gestaltungsoptionen zur Steigerung der Flächeneffizienz untersucht und anhand ihres Zielerfüllungsgrades gemäß der Definition der Flächeneffizienz im Sinne dieser Arbeit bewertet. Die Integration der Anforderungen und der bewerteten Gestaltungsoptionen ist die inhaltliche Grundlage der Strategien zur Steigerung der Flächeneffizienz von Fabriken im urbanen Umfeld.

Die **Ziele der Arbeit** definieren die Berücksichtigung von Einflüssen aus dem urbanen Umfeld und die sich daraus ergebenen Rahmenbedingungen im Lösungsmodell, um den Besonderheiten urbaner Produktionsstandorte gerecht zu werden. Die dabei identifizierten Anforderungen an die urbane Fabrik zeigen die Urbanisierungspotenziale im Sinne der Flächennutzung und -effizienz auf. Zudem soll die Wertschöpfung einer urbanen Fabrik als besonderer Leistungsindikator eines Produktionssystems in die Flächeneffizienzbetrachtung einfließen. Ein weiterer Schritt zur Zielerreichung ist die Identifikation und Analyse generischer Gestaltungsoptionen zur Steigerung der Flächeneffizienz hinsichtlich ihres Beitrags zur Zielerfüllung. Diese müssen in Abhängigkeit zu den urbanen Anforderungen bewertet werden, um daraus geeignete Strategien zur Steigerung der Flächeneffizienz ableiten und anwenden zu können.

Der **Bedarf aus der Praxis** an industrieller Wertschöpfung im urbanen Raum steigt zunehmend. Zudem zeigt sich die politische und gesellschaftliche Forderung nach einer nachhaltigen Nutzung bereits versiegelter, aber ungenutzter Flächen im urbanen Raum. Dabei muss eine flächeneffiziente Produktionsstruktur in den innerbetrieblichen Fokus von produzierenden Unternehmen gerückt werden, indem neben der Reduktion von Flächenbedarfen auch eine Steigerung der Wertschöpfung betrachtet wird. Sowohl eine zielführende Beschreibung, Bewertung und Steigerung der Flächeneffizienz als auch der Einbezug des urbanen Umfelds in die Analyse ist für ein erfolgreiches Ergebnis dieser Arbeit entscheidend. Es ist daher ein systematischer Ansatz zur Steigerung der Flächeneffizienz notwendig, um urbane Produktionsstandorte sowohl für Unternehmen als auch für urbane Räume attraktiv zu gestalten. Außerdem muss eine nachhaltige (Re-) Integration von Produktion in den urbanen Raum gefördert werden, indem urbane, flächenbezogene Anforderungen berücksichtigt werden.

Die **Anknüpfungspunkte an bestehende Ansätze** leiten sich aus der einschlägigen Literatur ab, die urbane Produktion als ganzheitliches sowie inter- und transdisziplinäres Forschungsfeld mit charakteristischen Potenzialen und spezifischen Herausforderungen für produzierende Unternehmen beschreibt. Bei der Analyse wird erkennbar, dass stärker auf explizite Problemstellungen eingegangen und Modelle zur Förderung der Integration von Produktion im urbanen Raum erarbeitet werden müssen. Zudem ist ein Ansatz notwendig, der sowohl das Urbanisierungspotenzial einer Fabrik und den urbanen Einfluss auf die Flächennutzung beschreibt als auch die flächenbeeinflussenden Anforderungen aus dem urbanen Raum erklärt. Dafür werden eine wissenschaftliche Herleitung und Beschreibung von Flächeneffizienz (-potenzialen) für produzierende Unternehmen im Sinne von Ziel- und Kennzahlensystemen sowie explizite Gestaltungsoptionen zur systematischen Steigerung der Flächeneffizienz benötigt.

4.1.2 Formale Anforderungen an das Modell

In diesem Kapitel werden die formalen Anforderungen an das Modell aufgezeigt, um die systematische Vorgehensweise bei der Entwicklung der Strategien zur Steigerung der Flächeneffizienz von Fabriken im urbanen Umfeld zu gewährleisten. Für eine optimale Wirksamkeit des Modells als Abstraktion der Realität nennt PATZAK im Kontext der Systemtechnik fünf notwendige Eigenschaften eines Modells:[194]

Das Modell sollte **empirisch richtig** sein, indem es einen Bezug zur abgebildeten Realität herstellt und hinsichtlich der Struktur und Elemente des Systems eine hohe Übereinstimmung aufweist. Im Kontext dieser Arbeit ist dies bei der Erstellung des Ordnungsrahmens und seiner Elemente zu beachten (Kapitel 4.2). Dabei sind das urbane Umfeld und das Fabriksystem sowie deren Interdependenzen zu berücksichtigen.

Das Modell sollte **formal richtig** sein, indem es formale Widersprüche vermeidet, die Ergebnisse nach Möglichkeit quantitativ vorliegen und im Sinne einer Nachprüfbarkeit wiederholbar sind. Hinsichtlich der gewählten Forschungskonzeption (Kapitel 1.3) ist die wissenschaftliche Methodenauswahl für die Modellerstellung (Kapitel 4.3) maßgeblich für diese Modelleigenschaft verantwortlich.

Das Modell sollte **produktiv** sein, indem es die Zweckbezogenheit durch inhaltlich und formal sinnvolle Antworten auf die spezifischen Fragestellungen dieser Arbeit sicherstellt. Insbesondere das gewählte Lösungskonzept und das Zusammenspiel der Teilmodelle muss folglich einen signifikanten Beitrag zur Zielerreichung der vorliegenden Arbeit leisten (Kapitel 4.4).

Das Modell sollte **handhabbar** sein, indem es die Nutzerfreundlichkeit durch eine leichte Anwendbarkeit und Interpretierbarkeit der Ergebnisse verstärkt. Aus diesem Grund ist ein Vorgehensmodell für die Ableitung von Handlungsstrategien zu entwickeln, um die Ergebnisse für den Anwender nutzbar und anwendbar zu gestalten (Kapitel 5.5).

Das Modell sollte **nicht aufwendig** sein, indem es die Wirksamkeit und eine hohe Ergebnisqualität bei möglichst geringem Aufwand einbezieht. Nicht benötigte Funktionalitäten oder Erkenntnisse sollten daher im Lösungskonzept vermieden werden, um eine hohe Wirtschaftlichkeit der Modellierung zu erreichen.

[194] Vgl. Patzak (1982), Systemtechnik, S. 309 f.; siehe für die Einführung in die Grundlagen der Analyse und Modellierung von Systemen auch Anhang A.1.

Die formalen Anforderungen an das Modell beziehen sich ebenfalls auf den Anwendungsfall des Modells und schaffen eine Messgröße für die spätere Validierung (Kapitel 6). Hierbei ist zu beachten, dass die formalen Anforderungen in Konkurrenz zueinanderstehen und die jeweilige Umsetzung in jedem Modell kompromissbehaftet ist[195]. Für ein ökonomisches Modell ist daher eine individuelle Abwägung zwischen der Modellierungsgenauigkeit und des Modellierungsaufwands erforderlich[196].

4.2 Entwurf eines Ordnungsrahmens

Die Erstellung des Ordnungsrahmens folgt der detaillierten Analyse des Betrachtungs- und Zielbereiches in dieser Arbeit und gibt die Struktur des Lösungsmodells vor. Ausgehend vom Systemverständnis dieser Arbeit werden die Elemente des Modells und deren Relationen zueinander dargestellt. Der Zusammenhang zwischen verschiedenen Teilmodellen kann dabei im Gesamtzusammenhang abgebildet werden. Eine Fabrik im urbanen Umfeld wird, als Ort unternehmerischen Handelns, im Folgenden als soziotechnisches System verstanden. Dazu werden die Rolle von Einflussfaktoren auf soziotechnische Systeme erörtert sowie Möglichkeiten zu deren Analyse vorgestellt (Kapitel 4.2.1). Der abgeleitete Ordnungsrahmen gibt zudem die Struktur für das Konzept dieser Arbeit vor (Kapitel 4.2.2).

4.2.1 Die urbane Fabrik aus systemischer Sicht

Im Folgenden wird auf den Untersuchungsgegenstand der urbanen Fabrik eingegangen und dieser aus systemischer Sicht beschrieben[197]. Die Erklärung dieser Sachverhalte bildet das Grundverständnis für die Entwicklung und spätere Anwendung des Ordnungsrahmens dieser Arbeit. Der Ordnungsrahmen definiert die Lösungsstruktur und unterstützt mithin die Entwicklung der verschiedenen Teilmodelle. BOSSEL betont in diesem Kontext, dass „jeder Schritt einer solchen Modellentwicklung bereits einen Erkenntnisgewinn über das untersuchte System bringt“[198]. Der erwartete Erkenntnisgewinn in den einzelnen Lösungsbausteinen wird in Kapitel 4.3 erläutert.

---

[195] Vgl. Patzak (1982), Systemtechnik, S. 310.

[196] Vgl. Patzak (1982), Systemtechnik, S. 315.

[197] An dieser Stelle wird nicht in die Theorie und Modellierung von Systemen eingeführt, in der Ziele, Aufgaben und die Struktur von Systemen und Modellen erläutert werden. Die Grundlagen der Analyse und Modellierung von Systemen befinden sich in Anhang A.1. Dort wird ebenfalls auf die in dieser Arbeit verwendeten Modelltypen und den Unterschied zwischen der verhaltensbeschreibenden und der verhaltenserklärenden Modellierung eingegangen.

[198] Bossel (1994), Modellbildung und Simulation, S. 42.

Die Fabrik kann aus systemischer Sicht als offenes, sozio-technisches System verstanden werden[199]. Offene Systeme werden dadurch charakterisiert, dass ihre Output-Faktoren keinen Einfluss auf die vorangegangenen Input-Faktoren ausüben[200]. Dem Verständnis von ROPOHL folgend besteht ein sozio-technisches System aus „menschlichen [...] und technisierten Funktionen [sowie] aus menschlichen [...] und technischen Komponenten"[201], die sich gegenseitig beeinflussen (siehe Abbildung 4-2). Die sozialen und technischen Teilsysteme sind auf komplexe Weise miteinander verknüpft, bspw. müssen die durch technische Innovationen induzierten, sozialen Auswirkungen berücksichtigt werden[202]. Dies hat ebenfalls Einfluss auf die Analyse und Modellierung sozio-technischer Systeme.

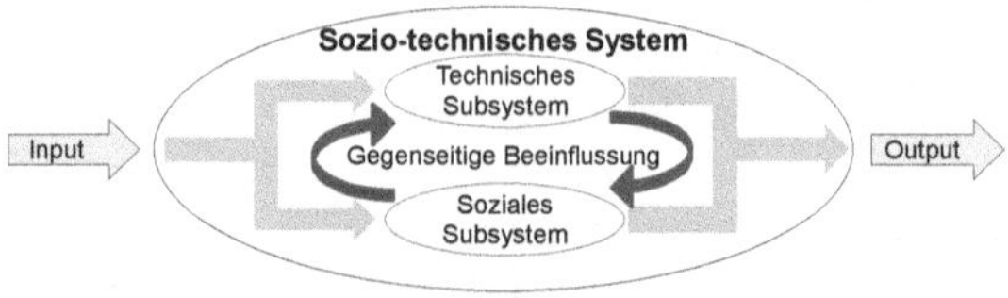

Abbildung 4-2: Struktur eines sozio-technischen Systems[203]

Innerhalb eines Systems und zwischen dessen Elementen besteht eine Vielzahl an Einflüssen und Relationen als notwendige Bedingung eines komplexen Systems[204]. Die Anzahl der Relationen zwischen den Elementen bestimmt die Komplexität des Systems sowie dessen Anforderungen. Im Komplexitätsmanagement wird die Komplexität eines Systems beschrieben, indem zwischen der Vielzahl und Vielfalt sowie zwischen der Veränderlichkeit und Dynamik eines Systems unterschieden wird[205]. Das urbane Umfeld ist ein komplexes System und durch seine hohe inhaltliche und zeitliche Varianz äußerst dynamisch[206]. Die urbane Fabrik gliedert sich folglich hierarchisch und struktural als sozio-technisches System ins urbane Ökosystem ein. Bei der Modellie-

199 Vgl. Claussen (2012), Die Fabrik als soziales System, S. 60.

200 Vgl. Rowell und Wormley (1997), System Dynamics, S. 5; auf der anderen Seite beeinflussen sich geschlossene Systeme selbst, da die Ursachen für ihr Systemverhalten innerhalb der Systemgrenzen liegt.

201 Vgl. Ropohl (2009), Allgemeine Technologie, S. 321.

202 Vgl. Karafyllis (2019), Soziotechnisches System, S. 300 f.

203 I.A.a. Claussen (2012), Die Fabrik als soziales System, S. 61.

204 Vgl. Grossmann (1992), Komplexitätsbewältigung im Management, S. 19.

205 Vgl. Schuh und Riesener (2018), Produktkomplexität managen, S. 11.

206 Vgl. Herrmann et al. (2020), Urban Production: State of the Art and Future Trends, S. 764; Kreuz et al. (2020), Interdisciplinary perspectives on resource efficiency, S. 43; Juraschek et al. (2018), Die Ressourcen der urbanen Fabrik, S. 15.

rung der urbanen Fabrik als sozio-technisches System müssen daher spezifische Attribute sowie Einflüsse auf und Anforderungen an das komplexe System betrachtet werden[207]. Dabei sind „die Gestaltungshinweise sozio-technischer Systeme [aufgrund des Faktors Mensch] zu beachten, um insbesondere den Menschen in optimaler Form in die Systemgestaltung zu integrieren“[208] und die Systemleistung optimal auszunutzen.

Äußere Umweltveränderungen beeinflussen sozio-technische Systeme, sodass diese einem gewissen Druck nach Anpassungsfähigkeit unterliegen[209]. Im Kontext urbaner Fabriken hat dies zur Folge, dass die Analyse der Wechselwirkungen zwischen der urbanen Umgebung und der Fabrik sowie die Möglichkeit zur Anpassung des Systems schon bei der Systemmodellierung berücksichtigt werden müssen. Hinsichtlich der Systemgestaltung sozio-technischer Systeme empfiehlt ULICH daher, unabhängige, organisatorische Einheiten durch die modulartige Verkettung der Prozesse zu bilden und einen aufgabenseitigen Zusammenhang mittels inhaltlicher Unterstützung zu schaffen[210]. Diese Gestaltungshinweise werden im weiteren Verlauf der Arbeit aufgegriffen.

4.2.2 Ableitung des Ordnungsrahmens

Übergeordnetes Ziel des vorliegenden Kapitels ist die Ableitung eines Ordnungsrahmens aus dem Ziel- und Betrachtungsbereich dieser Arbeit als Grundlage für die Struktur des Lösungsmodells. Ausgehend vom Systemverständnis dieser Arbeit werden im Ordnungsrahmen die wichtigsten Elemente und deren Relationen auf hohem Abstraktionslevel dargestellt[211]. Der Zusammenhang zwischen verschiedenen Teilmodellen kann dabei im Gesamtzusammenhang abgebildet werden. Ein Ordnungsrahmen kann aufgrund seiner reduzierenden und abbildenden Eigenschaften ebenfalls als Modell angesehen werden[212]. Der Ordnungsrahmen bildet das Verständnis über die Struktur des Lösungsmodells und ist die Grundlage für das im nächsten Kapitel folgende Konzept der Strategien zur Steigerung der Flächeneffizienz. Bezugnehmend auf den Betrachtungsbereich dieser Arbeit ist die Fabrik - und die dazugehörigen Flächenarten 2. Ordnung im Sinne der VDI 3644 - im urbanen Umfeld das Hauptelement des Ordnungsrahmens. Hierzu wird sowohl das Fabriksystem als einzelnes Element als auch im Zusammenspiel mit dem System des urbanen Umfelds betrachtet.

---

[207] Vgl. Ulich (2013), Arbeitssysteme als soziotechnische Systeme, S. 5 f.

[208] Dannapfel (2020), Ein systemisches Management-Modell für die Fabrikplanung, S. 56.

[209] Vgl. Buck (2017), Aktuelle Unternehmenskonzepte und die Entwicklung der Arbeitsorganisation, S. 68.

[210] Vgl. Ulich (2013), Arbeitssysteme als soziotechnische Systeme, S. 5.

[211] Vgl. Becker und Meise (2012), Strategie und Ordnungsrahmen, S. 113.

[212] Vgl. Meise (2001), Ordnungsrahmen zur prozessorientierten Organisationsgestaltung, S. 61.

Hinsichtlich des Fabriksystems bezieht sich die vorliegende Arbeit auf die Einteilung in die Betrachtungsebenen nach LENTES ET AL., die sich in ihrem Ansatz mit der Effizienz von Fabriken beschäftigen. In diesem Ansatz wird mit einem Schalenmodell zwischen der Fabrik-, Produktions- und Prozesstechnologieebene unterschieden[213] und die Aktivitätsverteilung hinsichtlich der Effizienz auf Basis einer empirischen Studie nachgewiesen.[214] Die Analyse der Flächeneffizienz umfasst daher diese drei Ebenen. Dem Verständnis von LINDEMANN ET AL. folgend können die Ebenen durch verschiedene Domänen beschrieben werden[215]. Der Ordnungsrahmen der vorliegenden Arbeit wird diesem Verständnis folgend und in Anlehnung an die Fabrikebenen durch die drei Domänen Infrastruktur, Prozesse und Technologie definiert:

Die **Domäne „Infrastruktur"** bezieht sich auf die Standort- und Gebäudestruktur, infrastrukturelle Anbindungen, Außen- und Grünflächen sowie die Bereichsstruktur.

Die **Domäne „Prozesse"** beschreibt alle Produktions- und Logistikprozesse sowie die Bereiche der Ablauforganisation innerhalb der Fabrik.

Die **Domäne „Technologie"** umfasst alle Fertigungsverfahren auf Maschinen- und Anlagenebene, eingesetzte Technologien in der Logistik und andere Technologiebereiche.

Zur Beschreibung der Interdependenzen von Fabriken mit dem urbanen Umfeld identifizieren JURASCHEK ET AL. mehrere Wechselwirkungen auf unterschiedlichen Untersuchungsebenen. So wird zwischen der räumlichen Ebene (Quartiers- und Stadtebene) sowie der regionalen und globalen Ebene unterschieden[216]. Nach dem Verständnis von BOSSEL soll die Systemgrenze dort gezogen werden, wo Wechselwirkungen im System entweder sehr schwach bzw. nicht funktionsrelevant sind oder Umwelteinflüsse nicht durch das System selbst bestimmt werden[217]. Im Kontext der Steigerung der Flächeneffizienz von Fabriken im urbanen Umfeld ist die Unterteilung in direkte und indirekte Wechselwirkungen und folglich in das direkte und indirekte Umfeld einer urbanen Fabrik sinnvoll. Dabei bezieht sich das direkte Umfeld auf die Quartiers- und Stadtebene. Das indirekte Umfeld bildet die regionale und globale Ebene ab. Die Systemgrenze des Ordnungsrahmens dieser Arbeit bildet folglich das direkte urbane Umfeld der Fabrik. Abbildung 4-3 stellt eine Übersicht über die Ableitung der Domänen sowie den Ordnungsrahmen der vorliegenden Arbeit dar.

[213] Vgl. Mandel et al. (2016), Die Ultraeffizienzfabrik, S. 12.

[214] Vgl. Lentes et al. (2017), Competitive and sustainable manufacturing in ultra-efficient factories, S. 481 f.

[215] Vgl. Lindemann et al. (2009), Structural Complexity Management, S. 50.

[216] Vgl. Juraschek et al. (2016), Ecotones as Analogy for Sustainable Value Creation in Cities, S. 137.

[217] Vgl. Bossel (1994), Modellbildung und Simulation, S. 18.

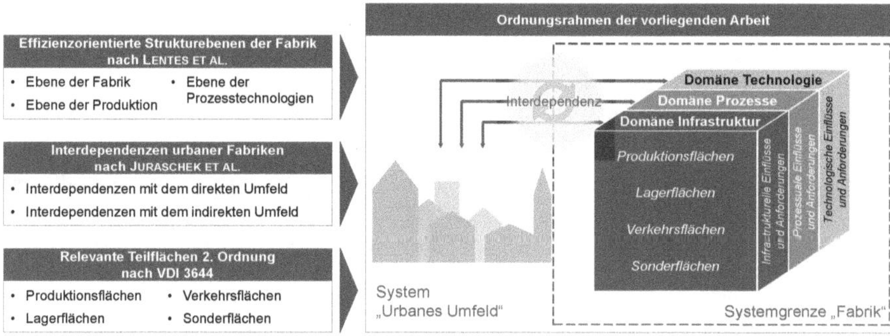

Abbildung 4-3: Ableitung des Ordnungsrahmens der vorliegenden Arbeit[218]

4.3 Konzept der Strategien zur Steigerung der Flächeneffizienz

Das Konzept der Strategien zur Steigerung der Flächeneffizienz von Fabriken im urbanen Umfeld baut auf den in Kapitel 4.1 genannten Anforderungen an das Modell sowie auf dem in Kapitel 4.2 geschaffenen System- und Modellverständnis dieser Arbeit auf. Das Lösungsmodell ist in fünf Bestandteile unterteilt, welche in Abbildung 4-4 dargestellt sind und im Anschluss kurz erläutert werden. Im weiteren Verlauf dieses Kapitels erfolgt die Beschreibung des erwarteten Erkenntnisgewinns für jeden der fünf Bestandteile sowie die begründete Herleitung der methodischen Vorgehensweise.

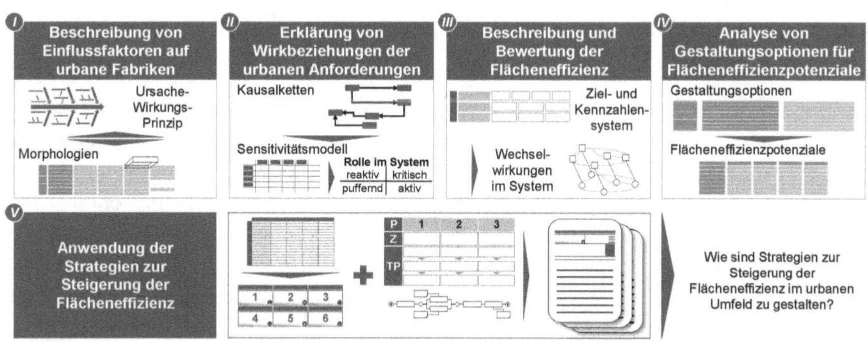

Abbildung 4-4: Konzept des Lösungsmodells

---

218 Vgl. Lentes et al. (2017), Competitive and sustainable manufacturing in ultra-efficient factories, S. 481 f.; Juraschek et al. (2016), Ecotones as Analogy for Sustainable Value Creation in Cities, S. 137.

Das Konzept der Strategien basiert auf der Analyse des urbanen Raumes und Identifikation der Einflussfaktoren auf urbane Fabriken. Dies ist der zentrale Baustein der Ableitung bestehender urbaner Rahmenbedingungen der Flächennutzung der Fabrik. In das Beschreibungsmodell fließen insbesondere diejenigen Einflüsse ein, die eine direkte Wirkung auf die Flächennutzung in den Domänen Infrastruktur, Prozesse und Technologie aufweisen. Zur merkmalbasierten Beschreibung der Einflussfaktoren werden morphologische Matrizen entwickelt. Die Morphologie ermöglicht eine spezifische Einordnung der Fabrik im Anwendungszusammenhang (Kapitel 4.3.1).

Anschließend werden auf Grundlage der identifizierten Einflussfaktoren dezidierte Anforderungen an die Flächennutzung und -entstehung in direkten Wertschöpfungsbereichen der Fabrik abgeleitet. Mittels Kausalketten werden die gegenseitigen Wirkbeziehungen der Anforderungen qualitativ in einem Wechselwirkungsnetz modelliert. Anschließend werden sie in ein Sensitivitätsmodell überführt. Die Sensitivitätsanalyse ermöglicht die Entwicklung komplexer Anforderungsbereiche auf die Flächennutzung der urbanen Fabrik. Die Anforderungsbereiche dienen der Charakterisierung der urbanen Fabrik. Hieraus erfolgt die Auswahl einer Strategie zur Steigerung der Flächeneffizienz (Kapitel 4.3.2).

Zur systematischen Steigerung der Flächeneffizienz ist zunächst deren Beschreibung und Bewertung notwendig. Im dritten Schritt wird daher ein Ziel- und Kennzahlensystem für die Steigerung der Flächeneffizienz entwickelt. Der erste Teil des Bewertungsmodells definiert die hierarchische Struktur der Ziele sowie die gegenseitigen Zielbeziehungen. Der zweite Teil fokussiert Berechnungskomponenten und definiert spezifische Kennzahlen. Ziel ist die Operationalisierung generischer Gestaltungsoptionen bzw. Maßnahmen zur Steigerung der Flächeneffizienz (Kapitel 4.3.3).

Im vierten Bestandteil erfolgt die detaillierte Analyse der generischen Gestaltungsoptionen zur Steigerung der Flächeneffizienz. Die Zusammenhänge zwischen den urbanen, domänenspezifischen Flächenanforderungen und den bewerteten Gestaltungsoptionen ermöglicht eine Zuordnung der Gestaltungsoptionen zu den im zweiten Schritt abgeleiteten Anforderungsbereichen. Die Analyse der Wirkbeziehungen ermöglicht zudem die Identifikation derjenigen Gestaltungsoptionen, die im urbanen Raum den größten Einfluss auf die Zielerreichung zur Steigerung der Flächeneffizienz aufweisen. Dies ist Voraussetzung für die Priorisierung der Gestaltungsoptionen und die Ableitung von Flächeneffizienzpotenzialen im urbanen Umfeld. Ziel ist die Ausgestaltung der Handlungsstrategie in jedem Anforderungsbereich zur systematischen Steigerung der Flächeneffizienz (Kapitel 4.3.4).

Abschließend wird mithilfe der identifizierten Flächeneffizienzpotenziale ein Vorgehensmodell entwickelt, welches die Ergebnisse der vorangegangenen Bestandteile integriert. Anhand der im zweiten Schritt entwickelten Anforderungsbereiche wird zunächst die relevante Strategie zur Steigerung der Flächeneffizienz ausgewählt. Zur Anwendung der Strategien werden unterschiedliche Prozessvarianten mit unterschiedlichen Ergebnissen und Zielen erstellt. Die Teilprozesse können im Vorgehensmodell situativ konfiguriert werden (Kapitel 4.3.5).

Die fünf Bestandteile des Lösungsmodells werden in den nachfolgenden Kapiteln näher beschrieben. Dabei wird insbesondere auf den Erkenntnisgewinn innerhalb der einzelnen Bestandteile eingegangen und die methodische Vorgehensweise in den Gesamtkontext des Lösungsmodells eingeordnet.

4.3.1 Merkmalbasierte Beschreibung von Einflussfaktoren auf Fabriken im urbanen Umfeld

Das durch den Ordnungsrahmen in Kapitel 4.2 definierte System ist durch die Interdependenzen zwischen der urbanen Fabrik und dem urbanen Umfeld charakterisiert. Innerhalb der Systemgrenzen wird das Systemverhalten in den drei Domänen Infrastruktur, Prozesse und Technologie analysiert. Ziel des ersten Lösungsbestandteils ist die Entwicklung eines Modells zur Beschreibung des Spannungsfeldes urbaner Fabriken unter Berücksichtigung relevanter Einflussfaktoren aus dem urbanen Umfeld auf das Urbanisierungspotenzial und die Flächennutzung von Fabriken. Mithilfe des Modells ist eine merkmalbasierte Beschreibung der relevanten Aspekte möglich, welche einen Einfluss auf den Flächenbedarf urbaner Fabriken ausüben. Das Vorgehen zur merkmalbasierten Beschreibung von Einflussfaktoren ist in Abbildung 4-5 dargestellt.

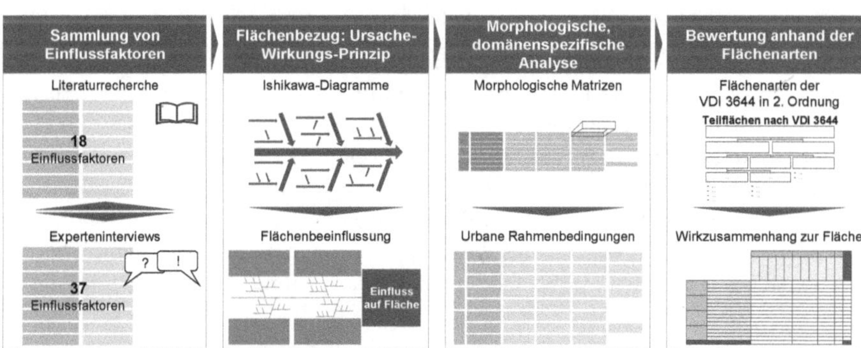

Abbildung 4-5: Merkmalbasierte Beschreibung von Einflussfaktoren

4.3.1.1 Erwarteter Erkenntnisgewinn und praktischer Nutzen

Die Untersuchung der urbanen Beeinflussung der Fabrikflächen schafft Transparenz für die Ursachenbeschreibung der Flächennutzung. Die Einordnung in die morphologische Matrix spiegelt den Einfluss des direkten Umfelds der urbanen Fabrik wider. Die dabei gewählten Ausprägungen der identifizierten Merkmale beschreiben ferner die urbanen Rahmenbedingungen der Flächennutzung der Fabrik. Die charakteristische Auswahl definiert zudem Schwerpunkte in den identifizierten Handlungsfeldern. Es wird ersichtlich, ob Urbanisierungspotenziale der Fabrik vermehrt aus ökologisch-rechtlichen, sozio-technischen, baulich-wirtschaftlichen oder logistisch-infrastrukturellen Aspekten bestehen. Auch eine Kombination mehrerer Handlungsfelder und Merkmale ist denkbar. Dies ermöglicht eine zielgerichtete und systematische Entwicklung einer Strategie zur Steigerung der Flächeneffizienz. Die Analyse und Bewertung der Relevanz der Einflussfaktoren hinsichtlich der Flächenarten ermöglicht zudem die Operationalisierung und Gewichtung von unterscheidbaren Einflussfaktoren in den Domänen Infrastruktur, Prozesse und Technologie.

4.3.1.2 Methodische Vorgehensweise

Zunächst werden Merkmale generischer Einflussfaktoren auf Fabriken im urbanen Umfeld auf Basis einer Analyse der bestehenden, wissenschaftlichen Literatur identifiziert und relevanten Handlungsfeldern zugeordnet. Die Ergebnisse der Literaturrecherche werden ebenfalls zur Ausarbeitung eines Leitfadens für halbstrukturierte Tiefeninterviews mit Experten aus der produzierenden Industrie genutzt. Beide Erkenntnisstränge dienen der Sammlung von möglichen Einflussfaktoren und werden anschließend konsolidiert, indem inhaltlich gleiche Einflussfaktoren zusammengefasst und für die Flächennutzung irrelevante Einflussfaktoren ausgeblendet werden. Die Gesamtheit aller Einflussfaktoren wird in der folgenden Analyse integriert betrachtet.

Im Anschluss daran werden die konsolidierten Einflussfaktoren hinsichtlich ihres Bezuges zur Fläche bzw. zur Flächennutzung mithilfe des Ursache-Wirkungs-Prinzips bewertet. Auf diese Weise werden diejenigen Einflussfaktoren separiert, die einen Flächenbezug und mithin einen Einfluss auf die Flächennutzung, Flächenverfügbarkeit oder Flächenveränderung von Fabriken im urbanen Umfeld aufweisen. Zur Erarbeitung und Dokumentation der Ergebnisse werden Ishikawa-Diagramme nach NAKASHIMA[219] genutzt. Das Ergebnis dieses Schrittes ist eine Liste mit konsolidierten und domänenspezifischen Einflussfaktoren auf urbane Fabriken mit Flächenbezug.

[219] Vgl. Nakajima (1988), Introduction to TPM.

Die Beschreibung der konsolidierten Einflussfaktoren erfolgt mithilfe der morphologischen Analyse nach ZWICKY[220]. Die morphologische Analyse ermöglicht die Einbeziehung mehrerer Merkmale, bei der die Untersuchungsobjekte bzw. die Einflussfaktoren zusätzlich klassifiziert werden[221]. Anhand der Zerlegung in einzelne Merkmale ist eine geordnete Analyse der Untersuchungsobjekte möglich[222]. Die Ausprägungen der Merkmale müssen dabei vollständig, eindeutig, gleichrangig und einheitlich sein[223]. Die Einflussfaktoren werden zusätzlich den drei Domänen Infrastruktur, Prozesse und Technologie zugeordnet. Das Ergebnis ist ein morphologischer Kasten, welcher alle Einflussfaktoren mit Flächenbezug als Merkmale mit entsprechenden Ausprägungen darstellt.

Abschließend erfolgt die Bewertung der Relevanz der Einflussfaktoren. Der Betrachtungsbereich dieser Arbeit wurde auf bestimmte, für die Zielerreichung relevante Flächenarten reduziert[224], um die Bewertung der Einflussfaktoren auf wertschöpfende Produktionsbereiche zu beschränken. Die identifizierten Zusammenhänge werden mittels einer Einflussmatrix visualisiert und deren Einflussstärke bewertet. Es resultiert eine Übersicht über die Stärke bestimmter Faktoren auf direkt wertschöpfende Flächen einer Fabrik im urbanen Umfeld, aus denen in einem späteren Schritt die Relevanz für die Steigerung der Flächeneffizienz abgeleitet werden kann.

4.3.2 Erklärung von Wirkbeziehungen zwischen urbanen Anforderungen

Im zweiten Lösungsbaustein werden konkrete Anforderungen an Fabriken im urbanen Umfeld abgeleitet. Diese Anforderungen beschreiben das Urbanisierungspotenzial einer Fabrik hinsichtlich der Integrationsfähigkeit in das urbane Umfeld. Hierzu werden die im ersten Lösungsbestandteil identifizierten Einflussfaktoren des urbanen Raumes mit einbezogen. Das Ziel ist die Entwicklung eines Sensitivitätsmodells zur Erklärung von Wechselwirkungen zwischen den urbanen Anforderungen des direkten, urbanen Umfelds an die Fabrik im Rahmen einer Systemmodellierung, um daraus entsprechende Anforderungsbereiche urbaner Fabriken ableiten zu können. Das Vorgehen zur Entwicklung des Modells ist in Abbildung 4-6 dargestellt und wird in den folgenden Abschnitten erläutert.

---

220 Vgl. Zwicky (1966), Entdecken, Erfinden, Forschen im morphologischen Weltbild.

221 Vgl. Ropohl (1975), Systemtechnik: Grundlagen und Anwendung, S. 163.

222 Vgl. Zwicky (1967), The Morphological Approach, S. 284 ff.

223 Vgl. Ropohl (2012), Allgemeine Systemtheorie, S. 131.

224 Siehe hierzu auch Kapitel 2.2.

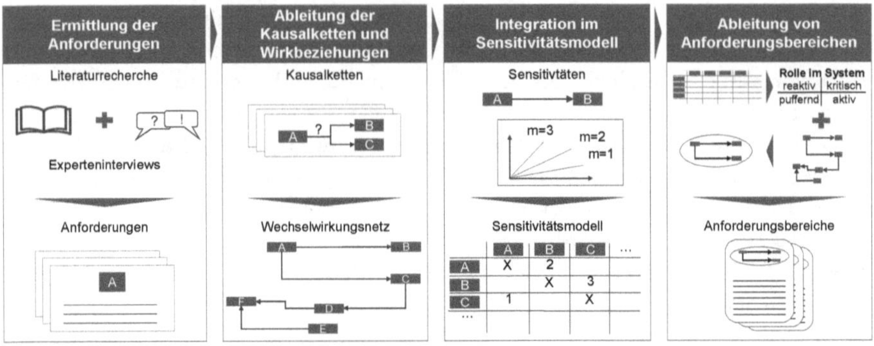

Abbildung 4-6: Entwicklungsschritte für das Sensitivitätsmodell

4.3.2.1 *Erwarteter Erkenntnisgewinn und praktischer Nutzen*

Das zentrale Ergebnis des zweiten Lösungsbestandteils ist die Übersetzung der urbanen Rahmenbedingungen in konkrete Anforderungen an die urbane Fabrik. Durch die Beschreibung der im urbanen Raum notwendigen Eigenschaften einer Fabrik können charakteristische Attribute zugeordnet werden. Dies ermöglicht einen Rückschluss der urbanen Rahmenbedingungen im morphologischen Kasten auf die urbanen Anforderungen. Die Erklärung der Anforderungen an die urbane Fabrik sowie deren gegenseitigen Wirkbeziehungen im Sensitivitätsmodell ist die Basis für das grundlegende Verständnis der Gestaltungsparameter für Fabriken im urbanen Umfeld. Die Sensitivitätsanalyse ermöglicht zudem die Entwicklung von typisierenden Anforderungsbereichen. Die Anforderungsbereiche werden über die kausalen und gegenseitigen Wirkbeziehungen der Anforderungen im Sensitivitätsmodell zusammengefasst. Sie sind zudem für die Entwicklung der Strategien zur Steigerung der Flächeneffizienz entscheidend. Jedem Anforderungsbereich wird im weiteren Verlauf dieser Arbeit eine Normstrategie zur Steigerung der Flächeneffizienz zugeordnet, sodass nach der Bestimmung eines Anforderungsbereiches die Auswahl der relevanten Strategie erfolgen kann.

4.3.2.2 *Methodische Vorgehensweise*

Das Vorgehen der Anforderungsanalyse orientiert sich am Anforderungsmanagementprozess des IEEE[225]. In der ersten Phase der Anforderungsermittlung werden halbstrukturierte Tiefeninterviews mit Experten aus Wissenschaft, Wirtschaft sowie Ver-

[225] Vgl. Bourque und Fairley (2014), Guide to the software engineering body of knowledge, 3-1 bis 6-4. Siehe hierzu auch Kapitel 2.3.2.

tretern aus der Politik durchgeführt. Der Leitfaden der Interviews basiert auf den Erkenntnissen des ersten Lösungsbausteins. Die qualitative Auswertung und Inhaltsanalyse der Interviews folgt dem Vorgehen nach MAYRING, bei dem eine Strukturierung gewährleistet wird und welches umfangreicher als eine reine Datenauswertung ist[226]. Das Ergebnis wird mithilfe einer ausführlichen Literaturanalyse validiert. Die relevanten Schritte des inhaltsanalytischen Ablaufes sind die Auswahl der Kategorienbildung, die Auswahl der Analysetechnik, die Durchführung der Analyse sowie die Anwendung der inhaltsanalytischen Gütekriterien[227].

In der Phase der Anforderungsanalyse werden Kausalketten zwischen den Anforderungen abgeleitet, um deren Wirkbeziehungen zu identifizieren. Das im Ordnungsrahmen modellierte System weist eine Vielzahl an inhaltlich und zeitlich variablen Interdependenzen auf und ist daher als komplexes System zu beschreiben. Lineare Untersuchungsmethoden können daher nur unzureichend eingesetzt werden[228]. Aus diesem Grund werden die identifizierten Wirkzusammenhänge in einem Sensitivitätsmodell dargestellt, um die Wechselwirkungen zwischen den Anforderungen domänenübergreifend und im Systemzusammenhang zu analysieren. Das gewählte Vorgehen zur Integration der Ergebnisse orientiert sich an der qualitativen Sensitivitätsanalyse und -modellierung nach VESTER[229]. Dabei wird zunächst die Existenz einer Wechselwirkung erfasst und anschließend die Polarität und Stärke der Wechselwirkung auf einer Skala zwischen „-2“ und „+2“ festgelegt[230]. Hierbei ist der Unterschied zwischen beeinflussender und beeinflusster Anforderung, also die Differenzierung der Beziehungsrichtung, von besonderer Bedeutung[231]. Die Untersuchungsergebnisse werden in Form von Einflussmatrizen dargestellt, deren Elemente durch die identifizierten Anforderungen dargestellt und die jeweiligen Einflüsse durch die Wechselwirkungen im System vorgegeben werden.

Im letzten Schritt der Analyse der flächenbezogenen Anforderungen sowie deren gegenseitigen Wirkbeziehungen werden definierte Anforderungsbereiche der Ergebnisse diskutiert. Analog zu den von VESTER definierten Rollen im System wird das Systemverhalten der Elemente in aktive, passive, kritische und puffernde Rollen auf Basis

226 Vgl. Mayring (2015), Qualitative Inhaltsanalyse, S. 54 ff.
227 Vgl. Mayring (2016), Einführung in die qualitative Sozialforschung, S. 144 f.
228 Vgl. Vester (2015), Die Kunst vernetzt zu denken, S. 18.
229 Vgl. Vester (2015), Die Kunst vernetzt zu denken, S. 187 ff.
230 Vgl. Vester (2015), Die Kunst vernetzt zu denken, S. 227. VESTER verwendet ursprünglich eine -3/+3-Skala.
231 Vgl. Probst und Gomez (1991), Die Methodik des vernetzten Denkens, S. 11.

der Aktiv- und Passivsumme in der Einflussmatrix unterteilt[232]. Mithilfe des Wechselwirkungsnetzes und den Rollen im System lassen sich die Anforderungsbereiche bestimmen, die jeweils ähnliche Anforderungstypen aufweisen. Die Beschreibung der Anforderungsbereiche markiert den letzten Schritt im Anforderungsmanagementprozess dieser Arbeit.

4.3.3 Beschreibung und Bewertung der Flächeneffizienz

Zur systematischen Steigerung der Flächeneffizienz ist zunächst ihre Beschreibung und Bewertung notwendig. Hierfür wird an das entwickelte Verständnis aus Kapitel 2.2 sowie den Kapiteln 3.1 und 3.2.2 angeknüpft. Insbesondere sind die Wertschöpfung und der Flächenbedarf von Fabriken als determinierende Eingangs- und Ausgangsgrößen bei der Definition der Flächeneffizienz hinzuzuziehen. Das Ziel ist die Entwicklung eines Modells zur wertschöpfungsorientierten Beschreibung und Bewertung der Flächeneffizienz als Voraussetzung ihrer gezielten Steigerung. Die vier Entwicklungsschritte für das Ziel- und Kennzahlensystem sind in Abbildung 4-7 dargestellt.

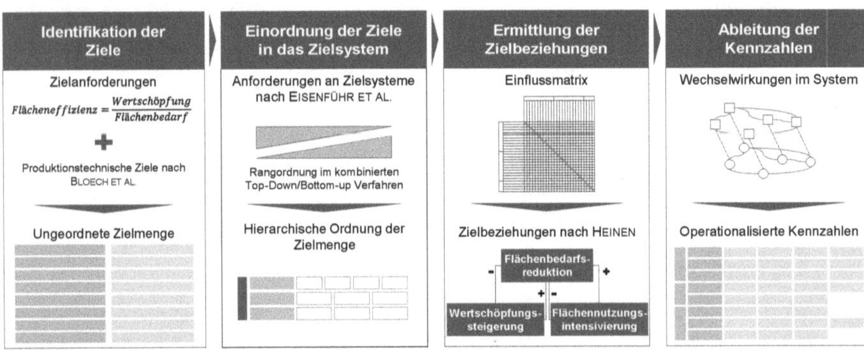

Abbildung 4-7: Entwicklungsschritte für das Ziel- und Kennzahlensystem

4.3.3.1 *Erwarteter Erkenntnisgewinn und praktischer Nutzen*

Die Beschreibung und Bewertung der Flächeneffizienz verfolgt zunächst einen reinen Selbstzweck. Als Definition im Sinne der vorliegenden Arbeit wird die Flächeneffizienz als Wertschöpfungsbeitrag pro Flächenbedarf beschrieben. Eine Steigerung der Flächeneffizienz ist folglich durch eine Erhöhung der Wertschöpfung bei gleichblei-

[232] Vgl. Vester (2015), Die Kunst vernetzt zu denken, S. 227 ff.

bendem Flächenbedarf, durch eine Reduzierung des Flächenbedarfs bei gleichbleibender Wertschöpfung oder durch eine steigende Wertschöpfung bei gleichzeitig sinkendem Flächenbedarf realisierbar. Das hierarchische Zielsystem schafft zudem Transparenz über die notwendigen, aber auch über die möglichen Gestaltungsparameter zur Steigerung der Flächeneffizienz. Konkret dient das Zielsystem der Operationalisierung und Bewertung des Zielerfüllungsgrades der generischen Gestaltungsoptionen, die in der urbanen Fabrik umgesetzt werden können. Eine hohe Zielbeeinflussung einer Gestaltungsoption signalisiert ein hohes Potenzial zur Steigerung der Flächeneffizienz. Diese Bewertung wird später zur Sortierung der Gestaltungsoptionen innerhalb einer Strategie genutzt. Die Definition von Kennzahlen ermöglicht darüber hinaus eine bessere Kontrolle und Quantifizierung in der Umsetzung der ausgewählten Strategie zur Steigerung der Flächeneffizienz.

4.3.3.2 Methodische Vorgehensweise

Die Identifikation der Ziele zur Steigerung der Flächeneffizienz erfolgt analytisch-deduktiv aus der entsprechenden Fachliteratur. Darüber hinaus werden die produktionswirtschaftlich relevanten Zielgrößen nach BLOECH ET AL.[233] berücksichtigt. Aus der ungeordneten Zielmenge lassen sich weder eine Mittel-Zweck- oder Zielbeziehung noch eine hierarchische Struktur der Ziele ableiten.

Zur Einordnung der Ziele in das Zielsystem existieren als hierarchische Unterteilung sowohl die Top-Down-Methode als auch das Bottom-Up-Verfahren[234]. Die Top-Down-Methode definiert, ausgehend von Oberzielen, einen immer größer werdenden Detaillierungsgrad, bis der gewünschte Zielzustand erreicht ist[235]. Der Zielzustand ist durch eine klare Zielhierarchie gekennzeichnet und mit zunehmendem Detaillierungsgrad in Zwischen- und Unterziele unterteilt[236]. Auf der anderen Seite wird im Bottom-Up-Verfahren zunächst eine Grundgesamtheit an Zielen gesammelt, bevor sie danach schrittweise zu einem komplexer werdenden Gesamtsystem zusammengefasst wird[237]. Die Zusammenfassung erfolgt zunächst in Zwischenziele und anschließend in Oberziele[238]. Die Entwicklung der Rangordnung der Ziele erfolgt in dieser Arbeit

[233] Vgl. Bloech et al. (2014), Einführung in die Produktion, S. 9.

[234] Vgl. Heinen (1976), Grundlagen betriebswirtschaftlicher Entscheidungen, S. 85; Die Unterteilung nach Beziehungstypen oder in Haupt- und Nebenziele wird vom Autor als nicht zielführend erachtet und im weiteren Verlauf der Arbeit nicht weiter betrachtet. Für weitere Informationen siehe Heinen (1976), Grundlagen betriebswirtschaftlicher Entscheidungen, S. 89 ff.

[235] Vgl. Schenk et al. (2014), Fabrikplanung und Fabrikbetrieb, S. 221.

[236] Vgl. Eisenführ et al. (2010), Rationales Entscheiden, S. 70.

[237] Vgl. Schenk et al. (2014), Fabrikplanung und Fabrikbetrieb, S. 221.

[238] Vgl. Eisenführ et al. (2010), Rationales Entscheiden, S. 71.

durch das kombinierte Top-Down- und Bottom-Up-Verfahren nach EISENFÜHR ET AL.[239].

Als nächster Schritt folgt die Ermittlung der Zielbeziehungen. Die Zielbeziehungen beschreiben die Wirkzusammenhänge einzelner Unterziele und deren gegenseitige Beeinflussung. Die Analyse der Zielbeziehungen erfolgt gemäß dem Verständnis der Zielbeziehungstypen nach HEINEN, bei dem auch das Verhältnis der Zielerfüllungsgrade beschrieben wird. Hierbei wird die Zielmenge in komplementäre, konkurrierende und indifferente Zielbeziehungen unterteilt.[240] Eine Unterteilung oder Einordnung der Ziele anhand ihrer Beziehungstypen ist aufgrund der mangelnden Übersichtlichkeit in dieser Arbeit nicht zielführend.

Als vierter und letzter Schritt erfolgt die Ableitung von Kennzahlen und Berechnungskomponenten zur Bewertung der Flächeneffizienz. Nach STAEHLE dient ein Kennzahlensystem der Kommunikation bzw. Information von Entscheidern, der Kontrolle von Zielzuständen sowie der Bewertung von Handlungsalternativen[241]. Nach diesem Verständnis dient die Kennzahlensystemarchitektur in der vorliegenden Arbeit folglich der formelbasierten Bewertung und Priorisierung von Gestaltungsoptionen zur Steigerung der Flächeneffizienz. Durch die Mittel-Zweck-Beziehung der Ziele können die Beziehungstypen der Unterziele auf die Kennzahlen übertragen werden.

4.3.4 Analyse von Gestaltungsoptionen zur Ableitung von Effizienzpotenzialen

Der vierte Lösungsbestandteil integriert als zentraler Baustein dieser Arbeit die bisherigen Erkenntnisse in ein Gesamtmodell. Einerseits werden die flächenbezogenen Anforderungen aus dem urbanen Umfeld hinzugezogen, um den externen Einfluss und die Interdependenzen zwischen dem urbanen Umfeld und der Fabrik zu berücksichtigen. Andererseits ist das Ziel- und Kennzahlensystem hinsichtlich der Analyse und Bewertung von möglichen Gestaltungsoptionen zur Steigerung der Flächeneffizienz von Relevanz. Das Ziel ist die Ausgestaltung der Strategien zur Steigerung der Flächeneffizienz durch die Entwicklung eines Modells zur Bewertung und Priorisierung von Gestaltungsoptionen. Dabei werden urbane Anforderungen berücksichtigt, die einen Einfluss auf die Flächenentstehung von Fabriken aufweisen. Das Vorgehen gliedert sich in drei Teilschritte und ist in Abbildung 4-8 aufgeführt.

---

239 Vgl. Eisenführ et al. (2010), Rationales Entscheiden, S. 70 f.

240 Vgl. Heinen (1976), Grundlagen betriebswirtschaftlicher Entscheidungen, S. 94 f.

241 Vgl. Staehle (1969), Kennzahlen und Kennzahlensysteme als Mittel der Organisation, S. 115 f.

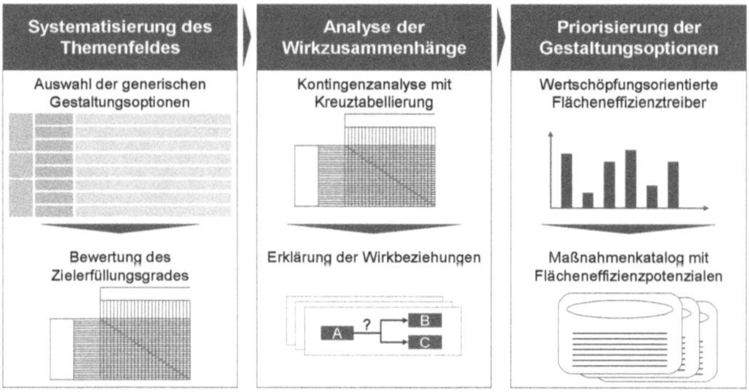

Abbildung 4-8: Entwicklungsschritte zur Bestimmung der Flächeneffizienzpotenziale

4.3.4.1 Erwarteter Erkenntnisgewinn und praktischer Nutzen

Die Bewertung des Zielerfüllungsgrades einer Gestaltungsoption ermöglicht eine Aussage über die Effektivität der Steigerung der Flächeneffizienz. Die Systematisierung des Themenfeldes ist jedoch nicht nur im Kontext urbaner Fabriken anwendbar, sondern ist als generische Liste von Gestaltungsoptionen zu verstehen. Der Bezug zum urbanen Umfeld erfolgt daher nicht über spezifische Maßnahmen, die ausschließlich im urbanen Umfeld anwendbar sind. Vielmehr gelten die Zusammenhänge bzw. die Wirkbeziehungen zwischen den im zweiten Baustein identifizierten Anforderungen an urbane Fabriken und den generischen Gestaltungsoptionen als Kernerkenntnis dieses Lösungsbestandteils. Die Stärke der Wirkbeziehungen ist die inhaltliche Grundlage für die Priorisierung der Gestaltungsoptionen innerhalb einer Strategie. Dies ermöglicht zudem die Ableitung von wertschöpfungsorientierten Flächeneffizienztreibern, wenn bestimmte Anforderungen besonders positiv von den Gestaltungsoptionen beeinflusst werden. Das Ergebnis dieses Lösungsbausteins ist je ein Maßnahmenkatalog mit spezifischen Gestaltungsoptionen zur Steigerung der Flächeneffizienz in jeder einem Anforderungsbereich zugeordneten Strategie. Jede Normstrategie besitzt folglich einen vorab definierten Maßnahmenkatalog, der im Anwendungskontext situativ konfiguriert werden kann.

4.3.4.2 Methodische Vorgehensweise

Im ersten Schritt wird das Themenfeld der Steigerung der Flächeneffizienz systematisiert und abgegrenzt, indem generische Gestaltungsoptionen zur Steigerung der Flächeneffizienz in Handlungsfelder eingeordnet bzw. den drei Domänen Infrastruktur, Prozesse und Technologie zugeordnet werden. Gestaltungsoptionen, die keiner der drei Domänen zugeordnet werden können oder nicht im Betrachtungsbereich dieser

Arbeit liegen, werden im weiteren Verlauf nicht weiter betrachtet. Die Gestaltungsoptionen werden auf Grundlage kausallogischer Wirkzusammenhänge identifiziert, die zum einen aus der Tiefenanalyse der einschlägigen, wissenschaftlichen Literatur und zum anderen aus den fundierten Ergebnissen der Expertengespräche sowie der Expertise des Autors aus dem Anwendungszusammenhang in der industriellen Praxis sowie aus Forschungsprojekten abgeleitet werden.

Im zweiten Schritt erfolgt die Erklärung der Wirkzusammenhänge zwischen den bewerteten Gestaltungsoptionen und den flächenbezogenen Anforderungen aus dem zweiten Lösungsbestandteil. Durch die Identifikation der Wirkzusammenhänge wird die inhaltliche Grundlage für die Priorisierung der Gestaltungsoptionen unter Berücksichtigung der externen Anforderungen aus dem urbanen Raum gelegt. Die Ergebnisse der Analyse werden unter Anwendung einer Kontingenzanalyse durchgeführt und in Form einer Kreuztabellierung dokumentiert. Die Methode ist ein strukturenprüfendes und multivariates Verfahren zur Untersuchung der Abhängigkeiten von mehreren Variablen[242]. Die Zusammenhänge werden dabei gemäß ihrer Stärke und Polarität aufgenommen. Hinzu kommen grundsätzliche, sachlogische Erkenntnisse des Autors, um alternative Ergebnisse für die Ursache eines Zusammenhangs mit diesem Verfahren ausschließen zu können[243]. Im Kontext dieser Arbeit wird dieses Vorgehen auf die Bewertung der Abhängigkeit bzw. Unabhängigkeit zwischen den Gestaltungsoptionen zur Steigerung der Flächeneffizienz und den flächenbezogenen Anforderungen übertragen.

Anschließend werden die Gestaltungsoptionen anhand ihrer Abhängigkeit zu den urbanen Flächenanforderungen priorisiert. Die zu entwickelnde Priorisierungslogik umfasst sowohl die im vorherigen Schritt identifizierten Wirkzusammenhänge gemäß Stärke und Polarität als auch, zweitrangig, den Zielerfüllungsgrad zur Steigerung der Flächeneffizienz. Das Ziel dieses Schrittes ist die Ableitung von Flächeneffizienzpotenzialen für die Bewertung in direkten Wertschöpfungsbereichen zur Auswahl der wertschöpfungsorientierten Flächeneffizienztreiber. Diese werden durch diejenigen Anforderungen bestimmt, welche besonders positiv von den ausgewählten Gestaltungsoptionen beeinflusst werden[244].

[242] Vgl. Barg (2018), Kontextbezogene Auslegung von Produktbaukästen, S. 115; Backhaus et al. (2018), Multivariate Analysemethoden, S. 15.

[243] Vgl. Backhaus et al. (2018), Multivariate Analysemethoden, S. 15.

[244] Der Beeinflussungsgrad drückt sich in der Passivsumme der Kontingenzanalyse in Anhang A.13 aus.

4.3.5 Anwendung von Strategien zur Steigerung der Flächeneffizienz

Der fünfte Bestandteil unterstützt die praktische Anwendung des Modells und verknüpft die vorangegangenen Arbeiten sowohl inhaltlich als auch methodisch. Neben der Auswahl von Strategien zur Steigerung der Flächeneffizienz ist die Anwendung gemäß eines zu entwickelnden Vorgehensmodells Ziel dieses Lösungsbausteins. Die Entwicklung der Methodik zur Identifikation von Strategien für die systematische Steigerung der Flächeneffizienz von Fabriken im urbanen Umfeld gliedert sich in drei Teilschritte, welche in Abbildung 4-9 dargestellt sind.

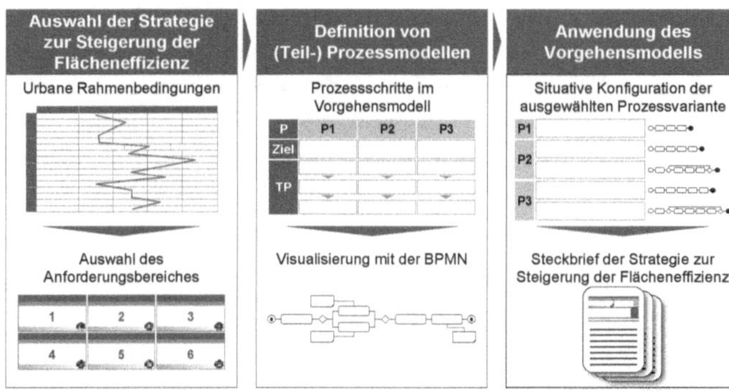

Abbildung 4-9: Entwicklungsschritte für die Anwendung des Vorgehensmodells

4.3.5.1 Erwarteter Erkenntnisgewinn und praktischer Nutzen

Die Zuordnung des Anforderungsbereiches zu den vorab definierten urbanen Rahmenbedingungen erleichtert die spätere Auswahl der Strategie zur Steigerung der Flächeneffizienz. Die im Vorgehensmodell hinterlegten Prozessschritte beschreiben mittels der „Business Process Model and Notation" (BPMN) sehr anwendungsorientiert jeden einzelnen Vorgang inklusive der benötigten oder erzeugten Informationen und Dokumente. Abschließend kann je nach Anwendungskontext eine beliebige Prozessvariante ausgewählt werden. Neben der Beschreibung des Umfelds und der urbanen Rahmenbedingungen kann die Strategie zur Steigerung der Flächeneffizienz entweder einmalig gestaltet oder kontinuierlich angepasst werden. Abschließend können die identifizierten Flächeneffizienzpotenziale entweder einmalig durchgeführt oder kontinuierlich kontrolliert werden. Das Ergebnis dieses Lösungsbausteins ist eine Methodik zur spezifischen Auswahl und Anwendung der Strategie zur Steigerung der Flächeneffizienz von Fabriken im urbanen Umfeld sowie zur systematischen Identifizierung von Flächeneffizienzpotenzialen.

4.3.5.2 Methodische Vorgehensweise

Zunächst werden die Strategien zur Steigerung der Flächeneffizienz anhand der Anforderungsbereiche aus dem zweiten Teilmodell sowie den priorisierten Gestaltungsoptionen aus dem vierten Teilmodell abgeleitet. Hierfür werden jedem Anforderungsbereich diejenigen Gestaltungsoptionen zur Steigerung der Flächeneffizienz zugeordnet, die einen nachgewiesenen Wirkzusammenhang mit der jeweiligen Anforderung aufweisen. Hieraus resultiert analog zur Gesamtheit der Anforderungsbereiche eine determinierte Anzahl an Gestaltungsoptionen zur Steigerung der Flächeneffizienz.

Im zweiten Teilschritt erfolgt die Strukturierung und Definition der grundlegenden (Teil-) Prozessvarianten im Anwendungszusammenhang. Die Segmentierung der einzelnen Teilprozessmodelle sowie die Identifikation von Input- und Outputinformationen ermöglicht eine situative und auf das Anwendungsszenario angepasste Auswahl der geeigneten Strategie. Die Flussdiagramme werden in einer angepassten Variante der Modellierungssprache „Business Process Model and Notation“ (BMPN) für Geschäftsprozesse dokumentiert.

Der dritte Schritt fokussiert die Entwicklung der Möglichkeiten einer situativen Konfiguration und Kombination des Modells in Abhängigkeit des jeweiligen Anwendungsszenarios. Abschließend erfolgt die Dokumentation der Strategien in Form eines Steckbriefes zur Sicherstellung der einfachen Anwendbarkeit und der Ergebnisvisualisierung.

4.4 Zwischenfazit und Lösungshypothese

Das Ziel dieses Kapitels war die Herleitung des Lösungskonzeptes für die Entwicklung von Strategien zur Steigerung der Flächeneffizienz von Fabriken im urbanen Umfeld.

Das Erklärungs- und Gestaltungsbedürfnis aus dem Praxis- und Theoriezusammenhang resultierte in inhaltlichen und formalen Anforderungen an das Modell (Kapitel 4.1). Es wurde deutlich, dass die Einbeziehung des urbanen Raums in die Erklärung der Urbanisierungspotenziale sowie die Berücksichtigung der Wertschöpfung bei der Bewertung der Zielerreichung und Steigerung der Flächeneffizienz Grundlage für die Ableitung von Flächeneffizienzpotenzialen und konkreten Handlungsstrategien sind. Ein systematischer, auf die Wertschöpfung eines Unternehmens fokussierter Ansatz zur Bewertung der Flächeneffizienz von Fabriken im urbanen Umfeld ist ein wesentlicher Gestaltungsparameter des Lösungsmodells.

Anschließend erfolgte die Gliederung des Erklärungs- und Gestaltungsbereiches durch die Ableitung des Ordnungsrahmens der vorliegenden Arbeit (Kapitel 4.2). Die urbane Fabrik wurde aus systemischer Sicht als sozio-technisches System verstanden, sodass bei der Analyse und Modellierung dieses Systems als Bestandteil des urbanen Ökosystems ebenfalls der Faktor Mensch eine entscheidende Rolle spielt. Die flächenbezogenen Anforderungen des urbanen Ökosystems an das Fabriksystem können dabei durch die Schnittstellen bzw. Interdependenzen beider Systeme erklärt werden. Das Fabriksystem lässt sich darüber hinaus in die Domänen Infrastruktur, Prozesse und Technologie einteilen. In diesen drei Domänen erfolgt die Analyse der Anforderungen an die Flächennutzung eines urbanen Produktionsstandortes.

Die Entwicklung des Konzeptes für die Strategien zur Steigerung der Flächeneffizienz war Gegenstand von Kapitel 4.3. Das Konzept des Lösungsmodells gliedert sich in fünf Bestandteile. Zunächst erfolgt die morphologische Beschreibung urbaner Einflussfaktoren in den vorgestellten Domänen Infrastruktur, Prozesse und Technologie. Dabei wird die Frage geklärt, wie sich das urbane Umfeld auf das Urbanisierungspotenzial einer Fabrik und die Flächennutzung auswirkt und welche urbanen Rahmenbedingungen die Flächennutzung am stärksten beeinflussen. Im Anschluss daran werden die relevanten Rahmenbedingungen auf direkte Wertschöpfungsbereiche analysiert, um urbane Anforderungen und deren Wirkbeziehungen abzuleiten und in ein Sensitivitätsmodell zu integrieren. Dadurch wird erklärt, welche urbanen und flächenbezogenen Anforderungen an die Fabrik gestellt werden und wie das Urbanisierungspotenzial genutzt wird. Die Anforderungen werden abschließend in determinierende Anforderungsbereiche aufgeteilt. Im dritten Baustein wird die Flächeneffizienz in einem Ziel- und Kennzahlensystem unter Berücksichtigung von unternehmerischen Zielgrößen beschrieben, um generische Gestaltungsoptionen zur Steigerung der Flächeneffizienz hinsichtlich ihres Einflusses auf den Zielerfüllungsgrad zu bewerten. Hierbei sind die Zielbeziehungen für die hierarchische Struktur des Zielsystems maßgebend, auf deren Basis ebenfalls die Beziehungstypen der Kennzahlen abgeleitet werden können. Es folgt die Systematisierung des Themenfeldes im Kontext der Gestaltungsoptionen zur Steigerung der Flächeneffizienz. Durch die Erklärung der Wirkbeziehungen zwischen den identifizierten Flächenanforderungen und den bewerteten Gestaltungsoptionen können Flächeneffizienzpotenziale abgeleitet und die ausgewählten Gestaltungsoptionen priorisiert werden. Zudem werden hierdurch die Auswirkungen der Flächenanforderungen auf die Bewertung der Flächeneffizienz verdeutlicht. Abschließend werden die Strategien zur Steigerung der Flächeneffizienz von Fabriken im urbanen Umfeld aus den vorher definierten Anforderungsbereichen sowie den Wirkbeziehungen zwischen den Anforderungen und den Gestaltungsoptionen abgeleitet. Dazu wird ein

Vorgehensmodell zur Auswahl und Anwendung entwickelt, um die praktische Anwendbarkeit durch definierte Prozessmodelle zu verbessern. Zudem wird erläutert, wie das Modell im unternehmerischen Kontext angewendet und Handlungsstrategien abgeleitet werden können.

Beiden Forschungssträngen, also die Erklärung urbaner Anforderungen sowie die Bewertung der Zielerreichung der generischen Gestaltungsoptionen, können verschiedene, den Verwendungszweck betreffende Modelle zugeordnet werden. Den bisherigen Erläuterungen folgend ist zur Zielerreichung die Entwicklung von Teilmodellen notwendig. Das Konzept der Strategien zur Steigerung der Flächeneffizienz unterteilt sich in fünf Partialmodelle, welche in Abbildung 4-10 dargestellt werden.

Abbildung 4-10: Teilmodelle für die Entwicklung und Anwendung der Strategien zur Steigerung der Flächeneffizienz

Die **Lösungshypothese der vorliegenden Arbeit** bezieht sich auf die Analyse urbaner Einflussfaktoren und die Ableitung von Flächenanforderungen. Durch die wertschöpfungsorientierte Bewertung von generischen Gestaltungsoptionen können spezifische Flächeneffizienzpotenziale abgeleitet und eine systematische Steigerung der Flächeneffizienz von Fabriken im urbanen Umfeld erzielt werden:

Das urbane Umfeld beeinflusst die Flächennutzung von Fabriken. Die Beschreibung und Bewertung dieser Einflüsse und Anforderungen kann das Urbanisierungspotenzial der Fabrik erklären (I). Die wertschöpfungsorientierte Bewertung generischer Gestaltungsoptionen ermöglicht die Operationalisierung und Priorisierung zur Steigerung der Flächeneffizienz (II). Durch die Erklärung der Wirkbeziehungen und Synthese beider Zwischenergebnisse (I und II) lassen sich spezifische Flächeneffizienzpotenziale ableiten. Das Vorgehen zur Steigerung der Flächeneffizienz von Fabriken im urbanen Umfeld lässt sich durch konkrete Handlungsstrategien abbilden.

5 Ausgestaltung der Strategien zur Steigerung der Flächeneffizienz

»Für die Vision einer urbanen Fabrik mit positivem Einfluss besteht die Notwendigkeit für technische Weiterentwicklungen und neue Planungsmethoden.«[245]

Das fünfte Kapitel beschreibt die Ausgestaltung der Strategien zur Steigerung der Flächeneffizienz von Fabriken im urbanen Umfeld. Die Grundlage für die Ausgestaltung sowie die Struktur der Teilmodelle bildet das Konzept aus Kapitel 4.3. Die jeweiligen Teilmodelle und dazugehörigen Fragestellungen zeigt Abbildung 5-1.

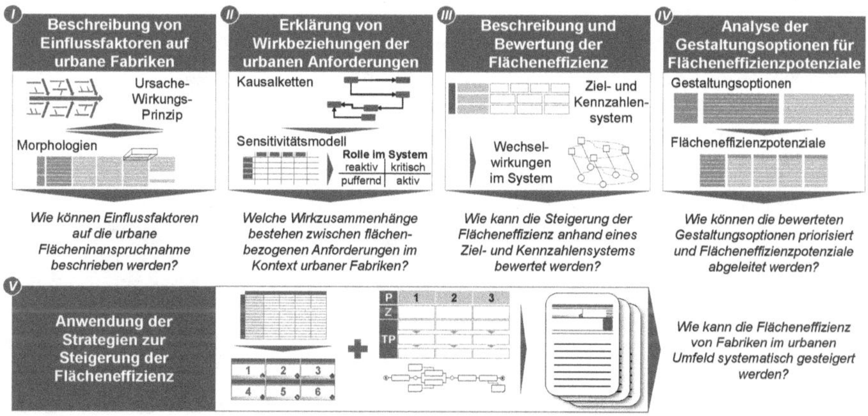

Abbildung 5-1: Struktur des Lösungsmodells und dazugehörige Forschungsfragen

Zunächst werden die Einflussfaktoren auf urbane Fabriken in den drei Domänen Infrastruktur, Prozesse und Technologie anhand einer morphologischen Analyse systematisch beschrieben (Kapitel 5.1). Die daraus abgeleiteten, flächenbezogenen Anforderungen werden in Kapitel 5.2 analysiert und deren Wirkzusammenhänge im Sensi-

[245] Herrmann et al. (2015), The Positive Impact Factory, S. 26.

tivitätsmodell erklärt sowie determinierende Anforderungsbereiche abgeleitet. In Kapitel 5.3 wird ein Modell zur Beschreibung und Bewertung der Flächeneffizienz entwickelt. In Kapitel 5.4 erfolgt die Bewertung und Priorisierung der Gestaltungsoptionen zur Steigerung der Flächeneffizienz im Kontext ihres Einflusses auf die flächenbezogenen Anforderungen sowie des Einflusses auf den Zielerfüllungsgrad. Abschließend werden in Kapitel 5.5 die Zwischenergebnisse konsolidiert, indem Strategien zur Steigerung der Flächeneffizienz abgeleitet und ein Vorgehensmodell zu deren Auswahl und Anwendung entwickelt werden.

5.1 Systematische Beschreibung der Einflussfaktoren in der Infrastruktur-, Prozess-, und der Technologiedomäne

Die urbane Fabrik befindet sich in einem sich stetig wandelnden Umfeld. Das urbane Umfeld definiert einerseits die Rahmenbedingungen für Wertschöpfung in der Stadt und schafft andererseits die Voraussetzungen für symbiotische und katalytische Interdependenzen zwischen Stadt und Fabrik[246]. Die Wechselwirkungen zwischen der Stadt und der urbanen Fabrik werden bereits in einigen wissenschaftlichen Ansätzen beschrieben. Dabei liegt der Fokus vornehmlich auf materiellen und immateriellen Stoffströmen, aber weniger auf den Auswirkungen, welche die Einflüsse des urbanen Umfelds auf die Fabrik auslösen. Das Ziel der Identifizierung und Beschreibung von Einflussfaktoren ist die systematische Charakterisierung der Wirkzusammenhänge einzelner Einflussfaktoren auf die urbane Fabrik, um bestehende Rahmenbedingungen für die Flächennutzung, -verfügbarkeit oder -bedarf von Fabriken zu identifizieren.

Das vorliegende Kapitel dient, in Anbetracht der Bewertung vorgestellter Ansätze zur Beschreibung urbaner Einflüsse auf die Flächennutzung von Fabriken, der Entwicklung eines Beschreibungsmodells zur systematischen Charakterisierung von Einflussfaktoren des urbanen Umfelds, welche eine flächenbezogene Wechselwirkung aufweisen. Darüber hinaus können mehrere Einflussfaktoren durch das Modell miteinander verglichen werden. Die Einflussfaktoren werden gemäß dem entwickelten Ordnungsrahmen in die drei Domänen Infrastruktur, Prozesse und Technologie eingeordnet.

Zur Analyse der Einflussfaktoren lehnt sich das Vorgehen zur Entwicklung des Beschreibungsmodells an die morphologische Analyse nach ZWICKY an[247]. Dabei wird auf

[246] Vgl. Juraschek et al. (2018), Urbane Produktion - Potenziale und Herausforderungen, S. 1114.
[247] Vgl. Zwicky (1966), Entdecken, Erfinden, Forschen im morphologischen Weltbild.

die Vorgehensschritte nach ROPOHL zurückgegriffen[248]. Zunächst wird das Themenfeld abstrahiert und beschrieben. Diese Voraussetzung ist durch den Entwurf des Ordnungsrahmens in Kapitel 4.2 bereits erfolgt. Anschließend folgt die Identifikation beeinflussender Umstände auf das System sowie die Eingrenzung derjenigen Faktoren mit Flächenbezug (Kapitel 5.1.1). Den resultierenden Einflussfaktoren bzw. Merkmalen werden in Kapitel 5.1.2 charakterisierende Ausprägungen auf Basis der morphologischen, domänenspezifischen Analyse zugeordnet. Die Ausprägungen werden in Kapitel 5.1.3 analysiert und in morphologischen Matrizen dargestellt. Abschließend erfolgt in Kapitel 5.1.4 zur Bewertung der Relevanz der Einflussfaktoren die Zuordnung zu den Flächenarten direkter Wertschöpfungsbereiche. Die Schritte nach ROPOHL werden dem Vorgehen in der vorliegenden Arbeit in Abbildung 5-2 gegenübergestellt.

Abbildung 5-2: Detaillierte Entwicklungsschritte des Beschreibungsmodells

5.1.1 Beeinflussende Umstände auf Fabrikflächen in den Domänen Infrastruktur, Prozesse und Technologie

Der erste Schritt in der Beschreibung der externen Einflüsse auf die urbane Fabrik ist die Identifikation möglicher Einflussfaktoren. Bei der initialen Identifikation der Einflussfaktoren auf urbane Fabriken werden sowohl Einflüsse mit als auch diejenigen ohne Flächenbezug einbezogen. Hierfür werden zuerst mögliche Einflussfaktoren

[248] Vgl. Ropohl (1975), Systemtechnik: Grundlagen und Anwendung, S. 163.

durch die Analyse der einschlägigen Literatur gewonnen (Kapitel 5.1.1.1). Die Ergebnisse der Literaturanalyse dienen ebenfalls der Vorbereitung der Experteninterviews, deren Ergebnisse in Kapitel 5.1.1.2 vorgestellt werden. In weiteren Verlauf der Analyse werden die Einflussfaktoren beider Verfahren konsolidiert, indem Duplikate entfernt und ähnliche Faktoren mit Flächenbezug zusammengefasst werden.

5.1.1.1 Beeinflussende Umstände aus der Literatur

Dem Verständnis von Kapitel 2.1 folgend lassen sich die Einflussfaktoren in sechs thematisch unterschiedliche Handlungsfelder einteilen. Die Einteilung der Lösungsraums in Handlungsfelder hat nach GAUSEMEIER ET AL. das Ziel, dass jedes Handlungsfeld als eigenes Teilsystem und damit alle Einflussfaktoren mit Relevanz für die Analyse betrachtet werden[249]. Im Verlauf der Recherche wurde ersichtlich, dass nicht immer eine klare Trennung zwischen den Handlungsfeldern möglich ist[250]. Anhand der Ähnlichkeit auftretender Faktoren wurden die Handlungsfelder subsumiert. Der Betrachtungsbereich der Literaturanalyse gliedert sich folglich in die Bereiche ökologisch-rechtliche, sozio-technische, baulich-wirtschaftliche und logistisch-infrastrukturelle Aspekte. Eine Gesamtübersicht befindet sich in Anhang A.2.

Im ersten Themenbereich werden **ökologisch-rechtliche Aspekte** betrachtet. Dabei sind rechtliche Rahmenbedingungen für urban produzierende Unternehmen als wichtigster externer Faktor zu nennen. Die Rahmenbedingungen werden maßgeblich durch die Kommunen festgelegt, zu denen beispielweise Steuerbelastungen oder Emissions- und Schadstoffgrenzwerte zählen[251]. Darüber hinaus verfolgen verschiedenste Interessensgemeinschaften wie Vereine, Parteien, Verbände oder soziale Einrichtungen unterschiedliche Ziele, wodurch insbesondere die Genehmigungslage beeinflusst werden kann[252]. Insbesondere bei der Integration von Produktion in den urbanen Raum kommt es zudem bei gemischten Eigentümerverhältnissen zu hohem Gesprächspotenzial[253]. In kleinteiligen Strukturen ist dieser Gesprächsbedarf tendenziell höher, jedoch fördert eine heterogene Eigentümerstruktur Nutzungsmischung und infolgedessen Vielfalt im urbanen Quartier[254].

---

[249] Vgl. Gausemeier et al. (1996), Szenario-Management, S. 174.

[250] Siehe hierzu insbesondere die Ausführungen in den Kapiteln 2.1.2 und 2.1.3.

[251] Siehe unter anderem Mühl et al. (2019), Urbane Produktion: Dynamisierung stadtregionaler Arbeitsmärkte, S. 61; Stiehm (2017), (Re-)Integration von Produktion in den urbanen Raum, S. 64.

[252] Vgl. Mühl et al. (2019), Urbane Produktion: Dynamisierung stadtregionaler Arbeitsmärkte, S. 50; Juraschek et al. (2016), Ecotones as Analogy for Sustainable Value Creation in Cities, S. 136.

[253] Vgl. Klanten und Schmitt (2019), Nutzungen mischen - Produktion integrieren, S. 24 f.

[254] Vgl. MBWSV (2015), Nutzungsmischung und soziale Vielfalt im Stadtquartier, S. 29 f.; BMVBS/BBR (2000), Nutzungsmischung im Städtebau, S. 43 ff.

Im nächsten Schritt werden **sozio-technische Aspekte** beleuchtet. Das Arbeitskräfteangebot und die -qualifizierung ist für die Wettbewerbsfähigkeit eines Unternehmens von großer Bedeutung, insbesondere um die notwendige Anzahl an Fachkräften zu decken[255]. In Anbetracht eigener Ausbildungszentren bieten Einrichtungen für (Weiter-) Bildungsangebote weitere auftretende Einflüsse, da die Qualifizierung der Mitarbeiter sonst ausschließlich in den Einflussbereich des Unternehmens fällt. Darüber hinaus ist das Image des Standortes wichtig, da es die Akquise und Fluktuation von Mitarbeitern beeinflusst[256]. Ebenfalls sind F&E-Einrichtungen und Technologiezentren als Sicherung der Innovationsfähigkeit und Forschungskooperationen zu nennen[257]. Hohe Gehälterstrukturen der Mitarbeiter weisen ebenfalls einen signifikanten Einfluss auf den Produktionsstandort auf.

Im Themenbereich **baulich-wirtschaftlicher Aspekte** sind insbesondere baurechtliche Regulierungen von Bedeutung. Hierbei werden die Anforderungen an das Fabrikgebäude und dessen Ausführung oder der Bestandsschutz geregelt. Darüber hinaus sind stadtplanerische Instanzen und der Strukturwandel für die Revitalisierung bzw. die Planung des Stadtbilds von Bedeutung[258]. Die bestehende Gebäudestruktur ist ein weiterer Einfluss, da die Gestaltungsoptionen hinsichtlich der Wandlungsfähigkeit und Erweiterung bzw. des Umbaus von Fabriken eingeschränkt werden[259]. Bodenpreise und die Flächenverfügbarkeit im urbanen Raum sind wirtschaftliche Kenngrößen, die ebenfalls einen Einfluss auf urbane Fabriken ausüben[260].

Abschließend wird auf **logistisch-infrastrukturelle Aspekte** eingegangen. Die in der Stadt hergestellten Produktionsmittel und das lokale Wertschöpfungsnetz bieten Möglichkeiten zur symbiotischen Nutzung von Logistikressourcen, um bspw. Neben- oder Abfallprodukte untereinander auszutauschen[261]. Die Wechselwirkungen zeigen auch im Ressourcenbedarf ein deutliches Risiko der Versorgungsknappheit. Die Verkehrsinfrastruktur ist eine signifikante Grundlage für effiziente Logistikprozesse, und damit einhergehend auch für effiziente Produktionsprozesse. Eine gute logistische oder infrastrukturelle Anbindung ist heutzutage ein „harter" Standortfaktor[262].

---

[255] Vgl. Dombrowski und Riechel (2014), Die Urbane Fabrik, S. 13.

[256] Vgl. Matt et al. (2020), Urban Production - A Socially Sustainable Factory Concept, S. 7.

[257] Vgl. Stiehm (2017), (Re-)Integration von Produktion in den urbanen Raum, S. 73.

[258] Vgl. Stiehm (2017), (Re-)Integration von Produktion in den urbanen Raum, S. 71.

[259] Dombrowski und Riechel (2014), Die Urbane Fabrik, S. 14.

[260] Vgl. Erbstößer (2016), Produktion in der Stadt, S. 49; MBWSV (2015), Nutzungsmischung und soziale Vielfalt im Stadtquartier, S. 21 f.; Läpple (2016), Produktion zurück in die Stadt, S. 28.

[261] Vgl. Dombrowski und Riechel (2014), Die Urbane Fabrik, S. 14.

[262] Vgl. Mühl et al. (2019), Urbane Produktion: Dynamisierung stadtregionaler Arbeitsmärkte, S. 51.

5.1.1.2 Beeinflussende Umstände aus Experteninterviews

Die Erkenntnisse aus der Literaturanalyse sind die Basis für den Aufbau des Leitfadens für die halb-strukturierten Tiefeninterviews mit Experten aus der produzierenden Industrie. Der Leitfaden wurde nach dem SPSS-Prinzip nach HELFFERICH erstellt (Sammeln, Prüfen, Sortieren, Subsumieren)[263]. Zunächst werden mögliche Fragen mit der Brainstorming-Methode gesammelt, da in kurzer Zeit eine hohe Anzahl an Fragen generiert werden kann[264]. Anschließend erfolgt die inhaltliche Prüfung der Fragen anhand ihres Mehrwerts für den Betrachtungs- und Zielbereich dieser Arbeit. Einen Mehrwert bieten Fragen zu allgemeinen Einflussfaktoren, dem urbanen Umfeld, zur Flächennutzung und zu den Wechselwirkungen mit der urbanen Fabrik. Bei der thematischen und inhaltlichen Sortierung der Fragen wird die Reihenfolge anhand der oben genannten Handlungsfelder berücksichtigt. Weitere Kategorien zielen auf die konkrete Nennung von Gestaltungsoptionen zur Steigerung der Flächeneffizienz oder bestehende Lösungen zum Umgang mit der Flächenknappheit ab. Abschließend werden bei der Subsumierung die geprüften und sortierten Fragen im Kontext des Leitfadens ein- und untergeordnet. Insgesamt wurden acht Experteninterviews durchgeführt. Die Auswahl der Experten muss dabei so gewählt werden, dass den Personen einerseits Informationen zu bestimmten Entscheidungsprozessen und andererseits Verantwortung für eine Problemlösung vorliegt[265]. Darüber hinaus müssen die Experten so gewählt werden, dass eine hohe fachliche Diversität bei gleichbleibend hohem Bezug zum Betrachtungsbereich dieser Arbeit gewährleistet ist. Das Ergebnis der Interviews sind 37 allgemeine Einflussfaktoren auf Fabriken (siehe Anhang A.3) und 19 urbane Einflussfaktoren auf Fabriken (siehe Abbildung 5-3). Die Ergebnisse sind nach Anzahl der Nennung in den Interviews sortiert. Die hervorgehobenen Einflussfaktoren wurden von mehr als 70% der befragten Experten genannt und weisen folglich eine besonders hohe Wichtigkeit für die Industrie auf.

Ökologisch-rechtlich	Sozio-technisch	Baulich-wirtschaftlich	Logistisch
• **Auflagen für Emissionen** • **Auflagen für Schallschutz** • Auflagen für Arbeitssicherheit • Interessen der öffentlichen Träger • Politische Unsicherheitsrisiko • Risiken in direkter Umgebung	• Fachkräfteverfügbarkeit • Infrastruktur für Mobilität • Nachbarschaftsverhältnis • Qualifikation des Personals	• **Vorhandene Bausubstanz** • **Behördliche Regularien** • Potenzielle Ausgleichs- und Erweiterungsflächen • Bestands- und Denkmalschutz	• **Vorhandene Infrastruktur** • **Vorhandene Energie- und Medienversorgung** • Mögliche Logistikprozesse • Mögliche Medienspeicherung • Versorgungstruktur der Lieferkette

Abbildung 5-3: Ergebnis der Experteninterviews zu bestehenden urbanen Einflüssen

[263] Vgl. Helfferich (2011), Die Qualität qualitativer Daten, S. 182 ff.

[264] Vgl. Schawel und Billing (2014), Top 100 Management Tools, S. 57.

[265] Vgl. Meuser und Nagel (1991), ExpertInneninterviews, S. 443

5.1.2 Identifikation der Merkmale zur morphologischen Analyse

Der zweite Schritt bei der systematischen Beschreibung der Einflussfaktoren ist die Bestimmung von Merkmalen für die Ursachenklassen mit Flächenbezug. In diesem Schritt erfolgt ebenfalls die Zuordnung der Einflüsse zu den Domänen Infrastruktur, Prozesse und Technologie. Die Zuordnung bedeutet nicht zwangsläufig eine eindeutige Einteilung in eine Domäne. Ein Einflussfaktor kann auch mehrere Domänen tangieren.

Die Ergebnisse aus der Literaturanalyse und den Experteninterviews werden mithilfe von adaptierten Ishikawa-Diagrammen konsolidiert. Dieses praxisorientierte Werkzeug stammt aus der japanischen Qualitätskontrolle und stellt die Ursachen für ein bestimmtes Problem durch gegenseitige Abhängigkeiten dar. Dabei wird zwischen Einzel- und Nebenursachen unterschieden.[266] Ziel ist die Ursache-Wirkungs-Analyse und Identifikation derjenigen Einflussfaktoren, die einen Bezug zur Flächennutzung, -verfügbarkeit oder -bedarf aufweisen. Abbildung 5-4 zeigt die Vorgehensweise bei der Analyse von Ursache-Wirkungs-Ketten sowie die Adaption des Ishikawa-Diagramms im Kontext dieser Arbeit.

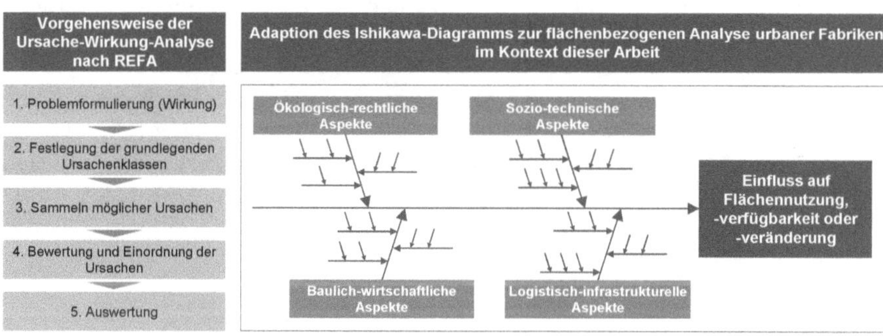

Abbildung 5-4: Adaption der Ishikawa-Diagramme zur Ursache-Wirkungs-Analyse urbaner Fabriken[267]

In den nächsten Abschnitten werden die vier Teilbereiche der Analyse vorgestellt. Hierbei beschränkt sich die Analyse zu Gunsten der Übersichtlichkeit auf die vier wichtigsten Ursachenklassen. Die Festlegung der grundlegenden Ursachenklassen basiert auf den Erkenntnissen von sowohl der Literaturanalyse als auch den Experteninterviews. Die Nennung möglicher Ursachen in den einzelnen Ursachenklassen erfolgt

[266] Vgl. Brunner (2011), Japanische Erfolgskonzepte, S. 16.
[267] I.A.a. REFA-Verband (2015), Industrial Engineering, S. 83 f.

anhand der in den Experteninterviews genannten Antworten und basierend auf der Praxiserfahrung des Autors. Dabei muss gewährleistet werden, dass die Anzahl der Ursachen eine repräsentative Grundgesamtheit erreicht. Dem liegt die Annahme zugrunde, dass im Laufe der Analyse keine grundlegend neuen Einflüsse identifiziert werden, da sich diese den bestehenden Einflüssen zuordnen lassen[268].

5.1.2.1 Ökologisch-rechtliche Aspekte

Die Wirkung der ökologisch-rechtlichen Aspekte liegt in bestimmten Vorgaben zur Flächennutzung, die ebenfalls einen Einfluss auf den Flächenbedarf einer Fabrik im urbanen Umfeld aufweisen. Die erste Ursachenklasse respektive der erste Einflussfaktor in diesem Bereich sind die Auflagen für Arbeitssicherheit. Die Ursachen für eine beeinflusste Flächennutzung liegen bspw. in Vorgaben für die Werksfeuerwehr (z.B. Umfahrung des Geländes) oder für Fluchtwege (z.B. maximale Fluchtweglänge, Gebäudefluchtung, etc.). Hier ergeben sich rechtliche Vorgaben, die den Flächenbedarf der Fabrik oder des Werksgeländes deutlich erhöhen können. Die zweite Ursachenklasse sind die Interessen der öffentlichen Träger, wobei die Priorisierung bei der Flächenzuteilung oder beim Grundstücksverkauf die Nutzung möglicher Erweiterungsflächen beschränken kann. Ebenfalls wirkt die Grundsteuer auf die unternehmerische Flächennutzung ein. Darüber hinaus sind sowohl Emissionsauflagen als auch notwendige Maßnahmen für Schallschutz flächenbeeinflussend, da zusätzliche Anlagen für die Dämmung von Lärm, Staub oder Abgasen sowie Schallschutzwände oder andere schalldämmende Maßnahmen zur Erhöhung des Flächenbedarfes einer Fabrik beitragen. Abbildung 5-5 zeigt die Ursacheklassen und Ursachen der ökologisch-rechtlichen Aspekte.

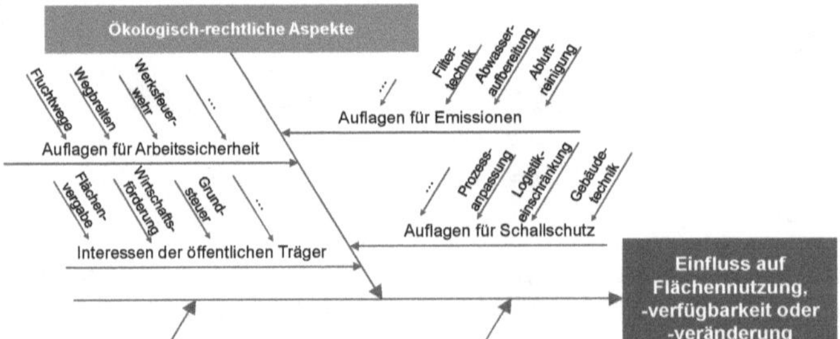

Abbildung 5-5: Beeinflussung der Fläche durch ökologisch-rechtliche Aspekte

[268] Der Autor erhebt bei den genannten Ursachen keinen Anspruch auf Vollständigkeit, obgleich die Ableitung der urbanen Rahmenbedingungen auf der Konsolidierung der Einflussfaktoren basiert.

5.1.2.2 Sozio-technische Aspekte

Im Teilbereich der sozio-technischen Aspekte trägt einerseits die notwendige Fachkräfteverfügbarkeit und -qualifikation zum Einfluss auf die Flächennutzung bei. Sofern interne Innovationen entwickelt, Personal aufgrund komplexem Technologieeinsatz weitergebildet werden soll, sind zusätzliche Flächen notwendig, um die erforderlichen Funktionalitäten zu integrieren. Der gleiche Einfluss geht von der Verfügbarkeit von Einrichtungen für Bildungsangebote aus. Externe Ausbildungszentren reduzieren den fabrikinternen Flächenbedarf. Bezogen auf die Forschung und Technologieentwicklung können Synergien ebenfalls durch Technologiezentren oder Hochschulkooperationen realisiert werden. Die letzte Ursachenklasse ist die Mobilität der Mitarbeiter. Eine gute Anbindung des öffentlichen Nahverkehrs oder eine gute Anbindung alternativer Verkehrsmittel reduziert den sonst durchaus hohen Flächenbedarf in Form von Parkplätzen, Parkhäusern oder Parkpaletten. Abbildung 5-6 zeigt die beeinflussenden Faktoren durch sozio-technische Aspekte auf.

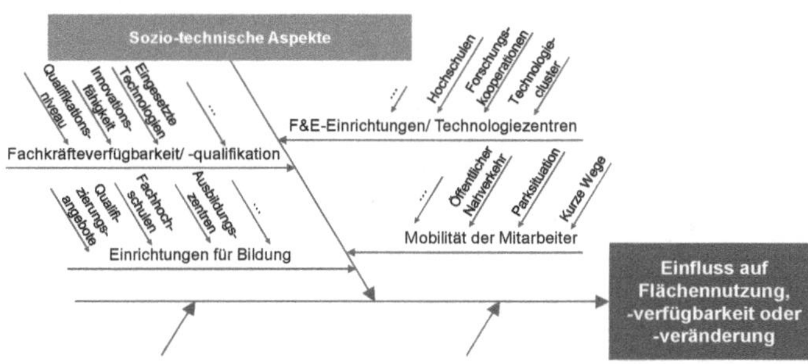

Abbildung 5-6: Beeinflussung der Fläche durch sozio-technische Aspekte

5.1.2.3 Baulich-wirtschaftliche Aspekte

Im Bereich der baulich-wirtschaftlichen Aspekte ist die erste Ursachenklasse die baurechtlichen Regularien. Im Flächennutzungsplan ist die stadtplanerische Entwicklung der Flächennutzung hinsichtlich der Wohn-, Gewerbeflächen und anderer Flächenarten geregelt. Flächennutzungsänderungen sind demnach nicht frei wählbar, sondern bedingen einer baurechtlichen Genehmigung. Im Bebauungsplan werden die gebäudetechnischen Vorgaben zur Ausführung festgelegt, wie bspw. die Geschossflächenzahl, notwendige Verkehrs- oder Bauverbotsflächen. Die Baunutzungsverordnung (BauNVO) legt zudem die Art der baulichen Nutzung fest. Insbesondere im urbanen Raum ist die Fassadengestaltung oft durch die Ortsüblichkeit definiert und ein wichtiger Punkt für die Flächenverfügbarkeit. Die ist ebenfalls eine der Ursachen für die Ursachenklasse Bestands- und Denkmalschutz. Darüber hinaus sind hierbei notwendige Nutzungsänderungen, Brandschutzkonzepte sowie die Pflege und der Erhalt der Gebäude beeinflussende Aspekte für die Flächennutzung und -verfügbarkeit auf dem Fabrikgelände. Dazu stellt die vorhandene Bausubstanz insbesondere die Flächenveränderung vor Herausforderungen. Die bestehende Architektur sowie die Tragwerks- und Statik-Struktur der Gebäude beeinflussen zukünftige Nutzungen stark. Notwendige Instandhaltungskonzepte im Bestand sind eine weitere Ursache, weswegen die vorhandene Bausubstanz einen Einfluss auf die Flächennutzung ausübt. Abschließend wird die Ursachenklasse Ausgleichs- und Erweiterungsflächen genannt. Hierzu zählen notwendige Frei- und Abstandsflächen sowie Möglichkeiten der Versickerung und Begrünung auf dem Werksgelände. Abbildung 5-7 stellt die Beeinflussung durch baulich-wirtschaftliche Aspekte dar.

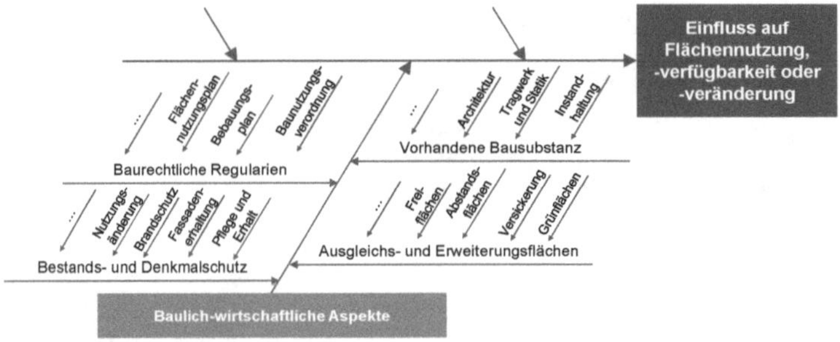

Abbildung 5-7: Beeinflussung der Fläche durch baulich-wirtschaftliche Aspekte

5.1.2.4 Logistisch-infrastrukturelle Aspekte

Die logistisch-infrastrukturellen Aspekte gliedern sich ebenfalls in vier Ursachenklassen. Die erste Ursachenklasse beschreibt die vorhandene Infrastruktur im urbanen Raum. So beeinflussen vorhandene Straßen, Wasserwege oder das Schienennetz die Flächennutzung und indirekt das Versorgungskonzept der Fabrik. Wenn die logistische Infrastruktur des urbanen Raums gut ausgebaut ist, können flexible und effiziente Logistikprozesse etabliert und die Flächennutzung der Fabrik positiv beeinflusst werden. Darüber hinaus wird die Versorgungsstruktur der Lieferkette vom Verpackungs- und Wiederverwertungskonzept der Fabrik beeinflusst. So können hierüber Logistik- und Lagerflächen dimensioniert oder sogar wertvolle Ressourcen eingespart werden. Falls eine Medienspeicherung auf dem Werksgelände notwendig ist, betrifft dies vornehmlich die Bevorratung von flüssigen Rohstoffen oder Hilfsgütern wie bspw. Treibstoff oder Erdgas sowie, je nach Brandschutzvorgaben, eine Löschwasserbevorratung.

Dies wirkt sich teils negativ auf den Flächenbedarf der Fabrik aus. Darüber hinaus zahlen vorhandene Strom- oder andere Energiequellen auf die Flächenverfügbarkeit der Fabrik ein. Als vierte Ursachenklasse werden die Möglichkeiten verschiedener Logistikprozesse angesehen. Lieferkonzepte wie Just-in-Time oder die Vorkommissionierung von Ressourcen reduzieren signifikant den internen Lagerflächenbedarf. Darüber hinaus können logistische Serviceprovider den Flächenbedarf des Fabrikgeländes weiter senken, indem Lagerflächen ausgelagert werden. Bestimmte Lagerarten und insbesondere die Vertikalisierung von Lagerfläche wirkt sich ebenfalls positiv auf die effiziente Flächennutzung aus. Abbildung 5-8 zeigt die Übersicht über die beeinflussenden, logistisch-infrastrukturellen Aspekte.

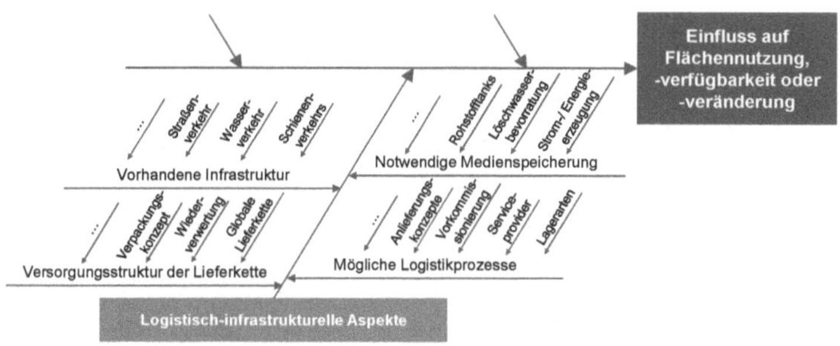

Abbildung 5-8: Beeinflussung der Fläche durch logistisch-infrastrukturelle Aspekte

5.1.2.5 Domänenspezifische Zuordnung der Einflussfaktoren

Im Rahmen der Auswertung der Ergebnisse konnten Einflüsse auf alle drei Domänen identifiziert werden. So sind bei **Einflussfaktoren auf die Infrastruktur** bspw. Fluchtwege oder die Werksfeuerwehr zu nennen, die in puncto Arbeitssicherheit die infrastrukturelle Auslegung der Fabrik beeinflussen. Um Auflagen hinsichtlich Emissionen oder dem Schallschutz einzuhalten, greifen bei urbanen Fabriken infrastrukturelle Maßnahmen wie die Freiflächeneinhaltung, notwendige Dämmung, Schallschutzwände oder ähnliche Maßnahmen in die Flächennutzung der Fabrik ein. Darüber hinaus kann die Einsparung von Parkfläche die Ausweitung der wertschöpfenden Tätigkeiten auf dem Werksgelände ermöglichen. Die baulichen Regularien können die Freiheitsgrade für die Ausgestaltung der Infrastruktur einschränken, wodurch sie nicht optimal für die Produktionsabläufe gestaltet werden kann. Dies führt zu weiterer Ineffizienz in der wirtschaftlichen Flächennutzung. Für eine notwendige Medienspeicherung wird ebenfalls zusätzliche Fläche benötigt.

Die **Einflussfaktoren auf die Prozesse** der Fabrik umfassen ebenfalls arbeitsrechtliche Bereiche, sodass Produktions- und Logistikabläufe bspw. bei Feuerwehrzufahrten freigehalten oder umfahren werden müssen. Die Einhaltung bestimmter Auflagen kann ebenfalls zu angepassten Prozessen oder Prozesszeiten führen, so etwa Nachtfahrverbote oder solche Fertigungsverfahren, bei denen die notwendig eingesetzte Filtertechnik das Verfahren unwirtschaftlich machen würde. Die Fachkräfteverfügbarkeit und -qualifikation wirkt sich ebenfalls auf die Produktionsprozesse aus. Logistische Einflüsse wie die Struktur der Lieferkette, die vorhandene Infrastruktur und weitere Möglichkeiten für Logistikprozesse beeinflussen die An- und Ablieferungs- sowie Wertschöpfungsprozesse. Bspw. könnten Produktionsschritte bei Lieferanten vorgelagert oder bei einem (Logistik-) Dienstleister ausgelagert werden.

Im Themenfeld der **Einflussfaktoren auf die Technologie** sind insbesondere die Einflüsse aufgrund von Auflagen für Emissionen, den Schallschutz oder die Arbeitssicherheit zu nennen, welche sich auf die Flächennutzung, -verfügbarkeit oder -bedarf auswirken. Darüber hinaus können Technologiezentren oder ein hochqualifiziertes Personal den Einsatz bestimmter Fertigungsverfahren erst ermöglichen, was sich sowohl positiv als auch negativ auf den Flächenbedarf der Fabrik auswirken kann. Im Bereich der baulichen Aspekte wirkt insbesondere die architektonische Bausubstanz wie bspw. zulässige Bodenlasten, Säulenraster, die Entfluchtung oder Zuwegung beeinflussend auf den Flächenbedarf der Fabrik.

In Abbildung 5-9 sind diejenigen Einflussfaktoren gekennzeichnet, die einen Einfluss auf die dazugehörige Domäne aufweisen. Eine detaillierte Darstellung der Einflüsse auf die jeweilige Domäne ist in Anhang A.4 dargestellt.

		Infrastruktur	Prozesse	Technologie
Ökologisch-rechtliche Aspekte	Auflagen für Arbeitssicherheit	X	X	X
	Interessen der öffentlicher Träger	X	X	
	Auflagen für Emissionen	X	X	X
	Auflagen für Schallschutz	X	X	X
Sozio-technische Aspekte	Fachkräfteverfügbarkeit/ -qualifikation		X	X
	Einrichtungen für Bildung	X		
	F&E-Einrichtungen/ Technologiezentren	X	X	X
	Mobilität der Mitarbeiter	X		
Baulich-wirtschaftliche Aspekte	Baurechtliche Regularien	X	X	X
	Bestands- und Denkmalschutz	X	X	X
	Vorhandene Bausubstanz	X	X	X
	Ausgleichs- und Erweiterungsflächen	X	X	X
Logistisch-infrastrukturelle Aspekte	Logistische Infrastruktur	X	X	
	Versorgungsstruktur der Lieferkette	X	X	
	Notwendige Medienspeicherung	X		X
	Mögliche Logistikprozesse		X	X

Abbildung 5-9: Domänenspezifische Übersicht über die Einflussfaktoren

Zusammenfassend beeinflussen die meisten Einflussfaktoren die Domänen Infrastruktur und Prozesse, da insbesondere Auflagen für Emissionen, den Schallschutz oder die Arbeitssicherheit bzw. die vorhandene Bausubstanz eine Anpassung der industriellen Flächennutzung notwendig machen. Viele identifizierte Faktoren haben jedoch wenig bis keinen Einfluss auf die Flächennutzung bzw. den Flächenbedarf von Fabriken, sodass eine weitere Eingrenzung der Einflussfaktoren notwendig wird. Darüber hinaus wird die Flächennutzung ebenfalls stark von „internen“ Faktoren beeinflusst, so etwa Produkt-, Prozess- und Produktionscharakteristika, die nicht aus dem urbanen Umfeld stammen. Diese Faktoren liegen nicht im Betrachtungsbereich dieser Arbeit und werden nicht weiter berücksichtigt. Im nächsten Schritt werden die relevanten Einflussfaktoren analysiert und mit ihren Ausprägungen morphologische Matrizen erstellt.

5.1.3 Analyse enthaltender Lösungen in morphologischen Matrizen

Die Identifikation der Merkmale zur morphologischen Analyse in den vier Teilbereichen ist die Grundlage für die Untersuchung der enthaltenden Lösungen. Hierbei werden morphologische Matrizen erstellt, indem die Ausprägungen der identifizierten Merkmale festgelegt und dokumentiert werden. Wichtig ist die Beschreibung von vollständigen, eindeutigen, gleichrangigen und einheitlichen Ausprägungen[269]. Durch die Berücksichtigung verschiedener Merkmale im Rahmen der morphologischen Analyse können komplexe Probleme beschrieben werden[270].

In den vorherigen Kapiteln wurden bereits die Einflussbereiche des urbanen Umfelds analysiert sowie Merkmalkategorien nach der Top-Down-Vorgehensweise abgeleitet. Es folgt der abschließende Schritt der Konstruktion morphologischer Matrizen. Diese müssen vollständig und überschneidungsfrei sein, um den Betrachtungsbereich hinreichend genau darzustellen. Dazu wurden die Merkmale durch eine Literaturanalyse sowie mittels Expertengesprächen nach der Bottom-Up-Vorgehensweise identifiziert und hinsichtlich ihres Einflusses auf die Flächennutzung konsolidiert. Die Bottom-up ermittelten Merkmale wurden den top-down definierten Kategorien zugeordnet, sodass diese im letzten Schritt durch das Aufstellen der morphologischen Matrizen operationalisiert werden.

Die Operationalisierung erfolgt anhand von Skalen nach KOHN. Dabei werden überwiegend Merkmalsausprägungen in einer (qualitativen) Ordinalskala verwendet, da die Datenverfügbarkeit in den meisten Fällen unzureichend ist. In Ordinalskalen wird eine diskrete Ausprägungsordnung nach qualitativen Merkmalen verwendet, die einen

[269] Vgl. Ropohl (2012), Allgemeine Systemtheorie, S. 131.
[270] Vgl. Ropohl (2012), Allgemeine Systemtheorie, S. 128.

komparativen, also vergleichenden Charakter aufweisen. Nominalskalen mit klassifizierenden Merkmalen werden vereinzelt und Kardinalskalen mit metrischen Merkmalen überhaupt nicht verwendet.[271] Das dazugehörige Vorgehen ist in Abbildung 5-10 dargestellt.

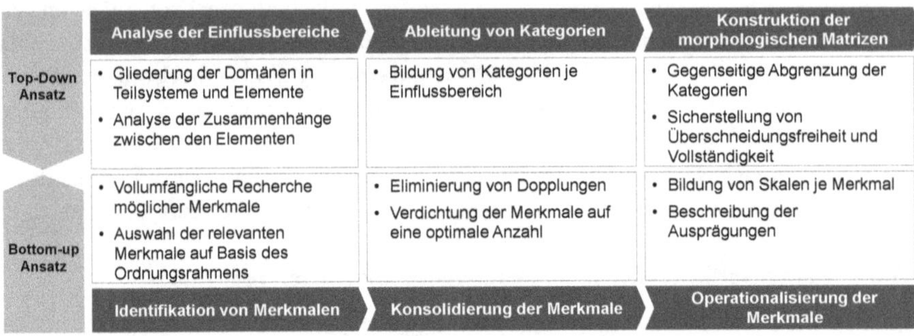

Abbildung 5-10: Identifikation von Merkmalen für die morphologischen Matrizen[272]

Bei der Beschreibung der Ausprägungen in Skalen können nach BAUM darüber hinaus in punktuelle Merkmale oder Intervallmerkmale eingeteilt werden. Punktuelle Merkmale werden durch eine diskrete Ausprägungsmenge charakterisiert, in der alternative oder kombinative Ausprägungen enthalten sein können. Intervallmerkmale bilden ihre Ausprägungen in einer disjunkten Teilmenge ab und weisen nur alternative Ausprägungen auf.[273] Bei der Konstruktion der morphologischen Matrizen im Rahmen dieser Arbeit wurden ausschließlich Intervallmerkmale genutzt, da die Ausprägungsmengen ausschließlich alternative Ausprägungen enthalten. Dazu wurden jeweils eine minimale und maximale Ausprägung für jedes Merkmal definiert und anschließend eine individuelle Abstufung mit drei bis vier Stufen gewählt, sodass keine mittlere Ausprägung entsteht. Die morphologischen Matrizen mit allen Merkmalen und entwickelten Ausprägungen sowie die dazugehörigen Definitionen werden in Anhang A.5 erläutert.

5.1.4 Bewertung der Relevanz der Einflussfaktoren

Im letzten Schritt erfolgt eine Einschätzung der Relevanz der Einflussfaktoren für die Steigerung der Flächeneffizienz von Fabriken im urbanen Umfeld. Die qualitative Bewertung erfolgt auf Basis der bisher erzielten Ergebnisse und wurde von zwei Experten

---

[271] Vgl. Kohn (2005), Statistik, S. 13.

[272] I.A.a. Mattern (2018), Steigerung der Kollaborationsproduktivität, S. 125.

[273] Vgl. Baum (2011), Morphologie der Kooperation als Grundlage, S. 57 f.

in Interviews validiert. Zur Bewertung wurde der Wirkzusammenhang zwischen dem jeweiligen Einflussfaktor und den Flächenarten der VDI 3644 in 2. Ordnung ermittelt. Das Ziel der Bewertung ist die Identifikation der Zusammenhänge von Einflüssen auf wertschöpfende Bereiche und eine Indikation über sowohl besonders relevante Einflussfaktoren als auch besonders beeinflusste Flächenarten zu erlangen. Diese Einschätzung schafft das notwendige Verständnis für die Ermittlung der flächenbezogenen Anforderungen im nachfolgenden Kapitel.

Zur Visualisierung und Dokumentation der Wirkzusammenhänge wird eine Einflussmatrix verwendet. Hierbei werden zwei Faktoren miteinander verglichen. Die beeinflussende Größe sind die identifizierten Einflussfaktoren. Die beeinflusste Größe sind die Flächenarten. Anhand der jeweiligen Zeilen- und Spaltensumme können besonders starke Einflüsse und stark beeinflusste Zielgrößen ermittelt werden[274]. Für die Analyse der Wirkzusammenhänge wird eine dreistufige Skala verwendet, bei der zwischen keinem, schwachem und starkem Wirkzusammenhang unterschieden wird.

Die Ergebnisse der Analyse sind in Abbildung 5-11 dargestellt. Im Folgenden wird auf besonders starke Einflüsse und stark beeinflusste Flächenarten eingegangen.

2: Starker Wirkzusammenhang
1: Schwacher Wirkzusammenhang
-- : Kein Wirkzusammenhang

		Produktionsflächen					Lagerflächen			Verkehrsflächen		Sonderflächen	
		Fertigungsflächen	Zwischenlagerflächen	Prüffeldflächen	Laborflächen	Fertigungsnahe Büros	Wareneingang	Lagerflächen	Warenausgang	Verkehrsweglänge	Verkehrswegbreite	Sonderflächen	Summe
Ökologisch-rechtliche Aspekte	Auflagen für Arbeitssicherheit	--	--	--	--	--	--	--	--	--	--	2	**2**
	Interessen der öffentlicher Träger	--	--	--	--	--	--	--	--	--	--	--	**--**
	Auflagen für Emissionen	2	--	--	--	--	1	--	1	--	--	--	**4**
	Auflagen für Schallschutz	2	2	--	--	--	1	2	1	1	--	--	**9**
Sozio-technische Aspekte	Fachkräfteverfügbarkeit/ -qualifikation	2	1	1	--	--	--	1	--	--	--	--	**5**
	Einrichtungen für Bildung	--	--	--	--	--	--	--	--	--	--	1	**1**
	F&E-Einrichtungen/ Technologiezentren	1	--	--	1	--	--	--	--	--	--	--	**2**
	Mobilität der Mitarbeiter	--	--	--	--	--	--	--	--	--	--	2	**2**
Baulich-wirtschaftliche Aspekte	Baurechtliche Regularien	1	--	--	--	--	1	1	1	--	--	--	**4**
	Bestands- und Denkmalschutz	2	2	--	--	--	--	1	--	2	--	--	**7**
	Vorhandene Bausubstanz	2	1	1	1	1	--	1	--	1	--	--	**8**
	Ausgleichs- und Erweiterungsflächen	--	--	--	--	--	--	--	--	--	--	--	**--**
Logistisch-infrastrukturelle Aspekte	Logistische Infrastruktur	--	1	--	--	--	1	2	1	--	--	--	**5**
	Versorgungsstruktur der Lieferkette	1	1	--	--	--	1	1	1	--	--	--	**5**
	Notwendige Medienspeicherung	--	1	--	--	--	--	1	--	--	--	--	**2**
	Mögliche Logistikprozesse	1	2	--	--	--	--	2	--	--	--	--	**5**
Summe		**14**	**11**	**2**	**2**	**1**	**5**	**12**	**5**	**4**	**--**	**5**	

Abbildung 5-11: Wirkzusammenhänge der Einflussfaktoren auf die Flächenarten

[274] Vgl. Brunner (2011), Japanische Erfolgskonzepte, S. 13.

Im Bereich der **ökologisch-rechtlichen Aspekte** sind es besonders die Auflagen für Schallschutz, welche die Flächennutzung urbaner Fabriken beeinflussen. Hierbei werden bspw. An- und Ablieferprozesse eingeschränkt, wenn Nachtfahrverbote oder Einschränkungen am Wochenende für den Materialtransport auf und zum Werksgelände bestehen. Insbesondere Lager- und Zwischenlagerflächen werden mit einem höheren Flächenbedarf belegt, wenn die Produktion ohne Stillstand weiterlaufen soll. Ebenfalls besteht Einfluss auf die Flächen des Warenein- und -ausgangs, wenn die Ausrichtung der Gebäude oder schallhemmende Bauteile verbaut werden müssen. Prozessuale und technologische Maßnahmen für den Schallschutz beeinflussen zudem die Nutzung der Fertigungsflächen leicht. Unter den **baulich-wirtschaftlichen Aspekten** befinden sich der Bestands- und Denkmalschutz sowie die vorhandene Bausubstanz unter den stärksten Einflüssen. Sofern Produktionsanlagen in die bestehende (Infra-) Struktur integriert und dadurch angepasst werden, muss teilweise eine ineffiziente Flächennutzung in Kauf genommen werden. Zum Ausgleich werden größere Lagerflächen notwendig, die Verkehrsweglänge wird erweitert und andere Flächenarten werden indirekt beeinflusst. In ähnlichem Maße wirkt sich der Bestands- und Denkmalschutz auf die Fertigungsflächen aus. Unveränderbare Strukturen und Monumente können nicht dahingehend angepasst werden eine optimale und mithin flächeneffiziente Produktion aufzubauen. Zum Transport der Werkstücke können längere Verkehrswege entstehen, wodurch wiederum größere Zwischenlagerkapazitäten induziert werden. Ein schwacher Einfluss besteht bei den Lagerflächen, da sie nicht so stark von den bestehenden Strukturen abhängig sind. Die **logistisch-infrastrukturellen Aspekte** weisen in Summe einen ähnlich hohen Einfluss auf die Flächennutzung auf. Sowohl die bestehende, logistische Infrastruktur als auch die Versorgungstruktur der Lieferkette haben hauptsächlich Einfluss auf die Lager- und Zwischenlagerflächen der urbanen Fabrik. Ein besserer Ausbau und eine höhere Verfügbarkeit von logistischen Strukturen erleichtert sowohl den Prozess als auch die Flächennutzung auf dem urbanen Fabrikgelände. Die theoretisch möglichen Logistikprozesse erweitern die flächeneffizienzsteigernden Möglichkeiten für die Zwischenlager- und Lagerflächen, so wie bspw. eine Just-in-Time Anlieferung oder die Möglichkeit einer Vorkommissionierung, um sich optimal an das Produktionssystem anzupassen. Insbesondere werden **Fertigungsflächen, Zwischenlagerflächen und Lagerflächen** von urbanen Einflussfaktoren beeinflusst. Fast alle urbanen Einflüssen wirken sich auf die Flächennutzung in der Produktion aus. Hier sind ausdrücklich die Auflagen für Emissionen und Schallschutz, die vorhandene Bausubstanz und der Bestands- und Denkmalschutz zu nennen. Lagerflächen werden besonders von logistisch-infrastrukturellen Aspekten beeinflusst. Zwischenlagerflächen sind als produktionsnahe Lagerflächen von mehreren Einflüssen betroffen.

5.2 Erklärung der Wirkbeziehungen zwischen den urbanen Anforderungen

Ausgehend von der morphologischen Beschreibung der Einflussfaktoren anhand von Merkmalen und ihren Ausprägungen werden in Kapitel 5.2 die urbanen Anforderungen sowie deren gegenseitigen Wirkbeziehungen erklärt. Eine urbane und flächenbezogene Anforderung ist im Sinne dieser Arbeit eine Bedingung oder Fähigkeit, welche die Fabrik im urbanen Umfeld erfüllen muss bzw. charakterisiert und die einen direkten Einfluss auf die Flächennutzung der Fabrik aufweist (siehe Kapitel 2.3.2). Dabei wird deutlich, dass ein strukturierter Anforderungsmanagementprozess für die Erklärung des komplexen urbanen Umfeldes notwendig ist. Die Wechselwirkungen zwischen den Anforderungen werden berücksichtigt, um eine multidimensionale Untersuchung der Anforderungen zu ermöglichen. Grundlage für die Identifikation und Modellierung der Wechselwirkungen ist die Sensitivitätsanalyse nach VESTER[275]. Das Ziel des vorliegenden Kapitels ist mithin die Erstellung der Anforderungsmatrix und Erklärung von Wirkbeziehungen der flächenbezogenen Anforderungen in den Domänen der urbanen Fabrik sowie deren gegenseitigen Wirkbeziehungen im Sensitivitätsmodell. Das Vorgehen der Sensitivitätsanalyse nach VESTER ist dem Vorgehen in diesem Teilmodell in Abbildung 5-12 gegenübergestellt.

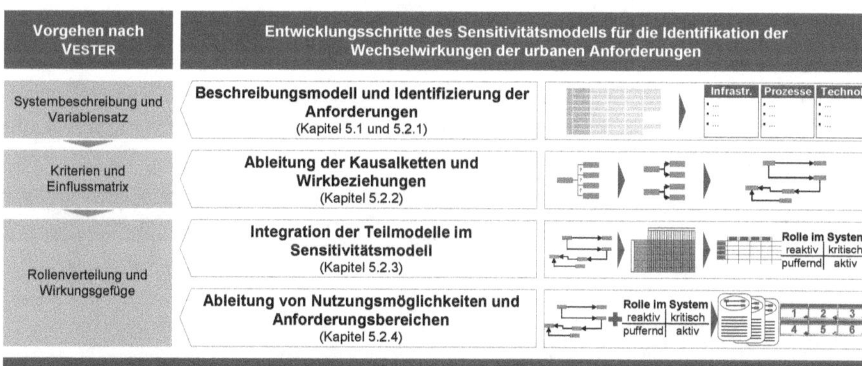

Abbildung 5-12: Detaillierte Entwicklungsschritte des Sensitivitätsmodells

[275] Vgl. Vester (2015), Die Kunst vernetzt zu denken.

Zur Identifikation der Anforderungen wird in Kapitel 5.2.1 erneut ein kombiniertes Verfahren zwischen Literaturanalyse und Experteninterviews als Methode der Anforderungsermittlung verwendet. Das für die Literaturrecherche entwickelte Suchbegriffsdiagramm dient ebenfalls als Grundlage für den Leitfaden der Interviews. Die Ergebnisse werden aufbauend auf dem Beschreibungsmodell aus Kapitel 5.1 konsolidiert und gemäß der Systembeschreibung und dem Variablensatz in der Sensitivitätsanalyse nach VESTER in Form von flächenbezogenen Anforderungen in den drei Domänen synthetisiert. Anschließend werden die Wirkzusammenhänge der flächenbezogenen Anforderungen in Anlehnung an die Kriterien- und Einflussmatrizen mittels Kausalketten abgeleitet und zur Verdeutlichung des Wirkgefüges in einem Wechselwirkungsnetz dargestellt (Kapitel 5.2.2). In Kapitel 5.2.3 erfolgt die Integration des Wirkungsgefüges in das Sensitivitätsmodell. In diesem Schritt wird ebenfalls die Stärke und Polarität der Wirkbeziehungen bestimmt. Die entstehende Anforderungsmatrix unterstützt die Analyse der Einflüsse des urbanen Umfelds durch die Darstellung flächenbezogener Anforderungen. Im letzten Schritt wird die Rollenverteilung der einzelnen Anforderungen aus dem Sensitivitätsmodell abgeleitet und aus dem Analyseinstrument dezidierte Anforderungsbereiche abgeleitet. Die Anforderungsbereiche eröffnen neue Nutzungsmöglichkeiten für den weiteren Verlauf dieser Arbeit.

5.2.1 Darstellung der Anforderungen und Systembeschreibung

Die Erstellung eines Leitfadens für Experteninterviews dient einerseits der Entwicklung strukturierter Fragestellung und offeriert andererseits eine gewisse Offenheit im Gespräch. Die resultierende Ergebnisoffenheit ermöglicht flexible Gesprächsverläufe mit den Experten.

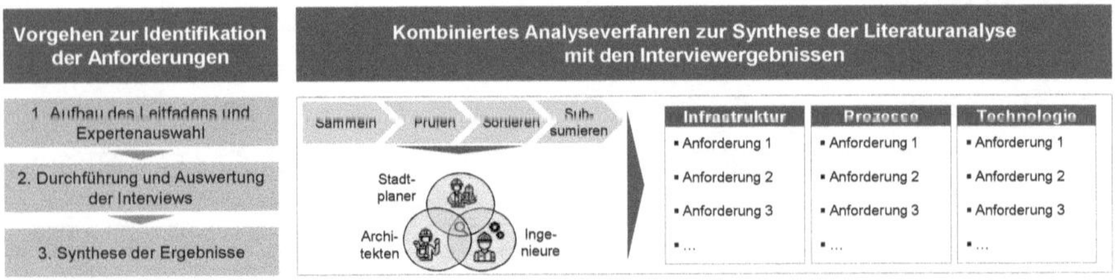

Abbildung 5-13: Vorgehen zur Identifikation der Flächenanforderungen

Die Auswahl der Experten muss unterschiedliche Aspekte und Perspektiven auf den Analysegegenstand gewährleisten (Kapitel 5.2.1.1). Die Durchführung und Auswertung der Interviews ist Gegenstand von Kapitel 5.2.1.2. Hierbei wird die Ergebnisqualität durch halb-strukturierte Interviews sowie Ermittlung der Anforderungen durch eine deduktive Kategorienanwendung sichergestellt. In Kapitel 5.2.1.3 erfolgt ein Abgleich zwischen den Ergebnissen der Interviews sowie der Literaturanalyse. Folglich vervollständigt die Literaturrecherche die im Praxisstrang gewonnenen Erkenntnisse, mit denen die Flächenanforderungen abschließend validiert werden.

5.2.1.1 Aufbau des Leitfadens und Expertenauswahl

Grundlage für den Aufbau des Leitfadens für die Experteninterviews ist das SPSS-Prinzip nach HELFFERICH (Sammeln, Prüfen, Sortieren, Subsumieren)[276]. Mögliche Fragestellungen werden im ersten Schritt durch die Brainstorming-Methode gesammelt, da auf Basis der Erfahrungen des Autors in vergleichsweise geringer Zeit eine Vielzahl an Fragestellungen ermittelt werden können[277]. Die Überprüfung der Eignung der Fragen erfolgt anhand des Mehrwerts für das gewünschte Ergebnis der Befragung. Der Mehrwert besteht im Wesentlichen in den Anforderungen aus dem urbanen Umfeld sowie der Wirkung auf die dadurch beeinflussten Flächenarten. Ebenfalls sind Wirkbeziehungen zwischen den Anforderungen für das später zu entwickelnde Wechselwirkungsnetz von Interesse. Die Kategorisierung innerhalb des Leitfadens bezieht sich auf Einflüsse aus dem urbanen Umfeld, die Einordnung in die drei Domänen Infrastruktur, Prozesse und Technologie, das Wechselwirkungsnetz sowie den Stand der Technik aus Wissenschaft und Wirtschaft hinsichtlich bestehender Maßnahmen zur Steigerung der Flächeneffizienz. Die letzte Kategorie ermöglicht einen nachträglichen Rückschluss auf potenzielle Anforderungen aus dem urbanen Raum. Die Fragen werden gemäß der genannten Reihenfolge der Kategorien sortiert. In einem vorab durchgeführten Test wurde der Leitfaden auf Verständlichkeit überprüft, um Schwierigkeiten in der Durchführung zu antizipieren und zu vermeiden[278]. Quantitative Gütekriterien wie bspw. Objektivität, Reliabilität oder Validität werden aufgrund der Kontextabhängigkeit der Interviewergebnisse und den dadurch entstehenden, aber gewünschten Abweichungen zwischen einzelnen Ergebnissen als unpassend bewertet[279]. Der Leitfaden für die Experteninterviews befindet sich in Anhang A.6.

Für die Interviews wurden insgesamt zwölf Experten ausgewählt. Die Auswahl folgt dem Verständnis von MEUSER UND NAGEL, bei dem ein Experte als Teil des Handlungsfeldes „über einen privilegierten Zugang zu Informationen über [...] Entscheidungsprozesse verfügt“[280]. Im Kontext von Fabriken im urbanen Umfeld werden Experten

[276] Vgl. Helfferich (2011), Die Qualität qualitativer Daten, S. 182 ff.

[277] Vgl. Schawel und Billing (2014), Top 100 Management Tools, S. 57.

[278] Vgl. Häder (2019), Empirische Sozialforschung: Eine Einführung, S. 412.

[279] Vgl. Helfferich (2011), Die Qualität qualitativer Daten, S. 154 f.

[280] Meuser und Nagel (1991), ExpertInneninterviews, S. 443.

aus dem stadtplanerischen, architektonischen und ingenieurwissenschaftlichen Bereich ausgewählt. Die Diversität in der Stichprobenauswahl wird anhand typischer Anwendungsfälle in der Praxis sichergestellt, durch die jeder Experte einen Bezug zur urbanen Produktion aufweist[281].

5.2.1.2 Durchführung und Auswertung der Interviews

Zur Vorbereitung der Interviews wurden jedem Experten eine Auswahl an Fragen vorab zugesendet, um einen ersten Überblick der behandelten Thematik zu geben. So läuft das Interviews produktiver ab und es werden qualitativere Ergebnisse erzielt. Das halb-strukturierte Tiefeninterview gibt darüber hinaus keinen starre Frage-Antwort-Struktur vor, sondern lediglich Vorschläge für den Interviewer[282]. Der entwickelte Leitfaden ist eine solche Orientierungshilfe, sodass die gewünschten Abweichungen im Gesprächsverlauf eine große Diversität an Daten erzeugen[283]. Zu Beginn der Interviews wird in einer kurzen Einführung der entwickelte Ordnungsrahmen zur Begriffsklärung erläutert und im Anschluss die Fragenkategorien sukzessive durchlaufen.

Die Auswertung der Interviews erfolgt anhand der qualitativen Inhaltsanalyse nach Mayring und orientiert sich an zwei der drei Grundformen des Interpretierens: Strukturieren und Zusammenfassen. Hierbei werden die Anforderungen einerseits gemäß der vorab definierten Domänen Infrastruktur, Prozesse und Technologie als Hauptkategoriensystem durch eine deduktive Kategorienanwendung abgeleitet und strukturiert. Andererseits wird auf die wesentlichen Inhalte reduziert und diese zusammengefasst.[284] Bei der Auswertung der Interviews wird insbesondere auf kontextbezogene Informationen fokussiert, um ähnliche Beschreibungen zu einer Anforderung zusammenzufassen und verschiedene Beschreibungen voneinander abzugrenzen. Die Auswertung der Experteninterviews befindet sich in Anhang A.7. Die Validierung der Ergebnisse anhand inhaltsanalytischer Gütekriterien erfolgt in Kapitel 6.

5.2.1.3 Synthese der Ergebnisse

Die Synthese der Ergebnisse erfolgt durch einen Abgleich der Interviews mit den Ergebnissen der Literaturanalyse. Insbesondere werden Dopplungen vermieden. Danach werden die synthetisierten Anforderungen den drei Domänen Infrastruktur, Prozesse und Technologie zugeordnet. Bei der Synthese der Ergebnisse werden insbesondere

[281] Vgl. Häder (2019), Empirische Sozialforschung: Eine Einführung, S. 70.
[282] Vgl. Gläser und Laudel (2009), Experteninterviews und qualitative Inhaltsanalyse, S. 41.
[283] Vgl. Gläser und Laudel (2009), Experteninterviews und qualitative Inhaltsanalyse, S. 42 u. 142 ff.
[284] Vgl. Mayring (2015), Qualitative Inhaltsanalyse, S. 68.

kontextbezogene Informationen aus den Experteninterviews durch die Ergebnisse der Literaturanalyse verifiziert.

Die Unterteilung von Anforderungen kann in Muss-, Soll- und Kann-Anforderungen erfolgen. Die Verwendung von Muss-Anforderungen bedeutet eine zwangsweise Bedingung und wird als nicht geeignet klassifiziert. Ebenso wenig finden Kann-Anforderungen Anwendung, da eine optionale Bedingung signalisiert wird und keine ausreichend große Wichtigkeit beigemessen wird. Daher werden alle Anforderungen als Soll-Anforderungen formuliert. Hierfür wird eine Satzschablone genutzt, um eine konsistente und prüfbare Formulierung zu erfüllen[285]. Darüber hinaus führt eine einheitliche Benennung der Anforderungen zu einer besseren Übersichtlichkeit, wohingegen sich die Wirkungen der jeweiligen Anforderungen je nach Formulierung unterscheiden können. Dies hat insbesondere Einfluss auf die Wirkbeziehungen zwischen den Anforderungen in Kapitel 5.2.2. Die Anforderungen werden wie folgt benannt:

„Die urbane Fabrik soll einen hohen Grad an [Anforderung] aufweisen."

Die identifizierten 23 Anforderungen sind in Abbildung 5-14 je nach zugeordneter Domäne aufgelistet und werden in den folgenden Abschnitten beschrieben. Bei der Beschreibung wird ebenfalls eine erste Indikation darüber gegeben, welche Flächenart von der jeweiligen Anforderung beeinflusst wird.

Infrastruktur	Prozesse	Technologie
Grad grundstückbezogener Aspekte	Grad der lokalen Beschaffung und des lokalen Absatzes	Grad der Automatisierung
Grad der Verkehrsanbindungsqualität	Grad der Prozessorganisation bei der An- und Ablieferung	Grad der Flexibilisierung der Anlage
Maß der baulichen Nutzung	Grad der Entsorgungsprozesse	Grad der Technologierobustheit
Grad der Sozialflächen	Grad des Materialtransports auf dem Gelände	Grad der Technologiebesonderheit
Grad an zusätzlichen Dienstleistungen	Grad der Kreislaufwirtschaft	Grad des Flächenbedarfs der Lagerart
Grad der Akzeptanz am Standort	Grad der Maschinenanordnung	
Grad an Nutzungsmischung	Grad der räumlichen Optimierung bei Transport- und Bearbeitungsprozessen	
Grad des Immissionsschutzes	Grad flächensparender Verkehrsführung innerhalb der Fabrik	
Grad der wirtschaftlichen Unabhängigkeit des Standortes vom Unternehmen		
Grad der sicherheitsrechtlichen Bestimmungen		

Abbildung 5-14: Übersicht der domänenspezifischen Zuordnung der Flächenanforderungen

Es folgt die domänenspezifische Beschreibung der identifizierten, flächenbezogenen Anforderungen an die urbane Fabrik.

[285] Vgl. Pohl und Rupp (2015), Basiswissen Requirements Engineering, S. 59 f.

Domäne „Infrastruktur"

Grad grundstückbezogener Aspekte

Ein Beispiel für grundstücksbezogene Aspekte ist die Geometrie des Grundstücks. So kann eine geschwungene, langgezogene, runde oder anderweitig unvorteilhafte Grundstücksgeometrie zu Einschränkungen in der flächenoptimierten Aufstellung im Werkslayout führen. Darüber hinaus schränken geographische Anforderungen wie bspw. angrenzende Flüsse, Seen oder andere beengende Topographien aus dem urbanen Umfeld die Flächennutzung ein, wenn bspw. Versickerungsflächen oder Vorhaltebecken vorzusehen sind oder eine Kellernutzung ausgeschlossen werden muss[286]. Insbesondere werden die Gebäudestruktur für Lager- und Produktionsflächen sowie die Verkehrsflächen auf dem Grundstück beeinflusst.

Grad der Verkehrsanbindungsqualität

Der Grad der Verkehrsanbindungsqualität wird hauptsächlich durch die verkehrstechnische Erreichbarkeit des Unternehmens durch Autobahnen, Wasserstraßen oder die Schiene bestimmt[287]. Wenn die Mitarbeiter im urbanen Raum vermehrt öffentliche Verkehrsmittel nutzen können, um zum Unternehmen zu gelangen, dann können Parkplatzflächen anders dimensioniert und die Fläche für Erweiterungen der Produktions- und Lagerflächen sowie neue Verkehrsflächen genutzt werden.

Maß der baulichen Nutzung

Das Maß der baulichen Nutzung wird ausdrücklich in der BauNVO durch verschiedene Kennzahlen geregelt. Insbesondere werden durch den Bebauungsplan im urbanen Raum Kennzahlen wie die zulässige Geschossanzahl von Gebäuden, die zulässige Gebäudehöhe oder die zulässige Überbauung auf dem Grundstück vorgegeben. Auch kann die zulässige Baumasse pro Quadratmeter vorgegeben werden.[288] Hierdurch werden alle Flächenarten beeinflusst.

Grad der Sozialflächen

Anforderungen an die Flächennutzung im urbanen Raum entstehen ebenfalls durch den Grad der Sozialflächen. Hierzu zählen bspw. Aufenthaltsräume, Sanitärflächen, Kantinen oder Pausen- und Freizeitflächen. Sozialflächen tragen zu einer erhöhten

---

286 Vgl. Claussen (2012), Die Fabrik als soziales System, S. 236; Experteninterviews „Anforderungen an urbane Fabriken" (2020): Nr. 1.

287 Vgl. Experteninterviews „Anforderungen an urbane Fabriken" (2020): Nr. 12.

288 Vgl. Bundesamt für Justiz (2017), BauNVO; Experteninterviews „Anforderungen an urbane Fabriken" (2020): Nr. 12.

Mitarbeiterzufriedenheit bei, reduzieren jedoch die Flächenverfügbarkeit für direkt wertschöpfende Tätigkeiten bzw. Lager- und Verkehrsflächen.[289]

Grad an zusätzlichen Dienstleistungen

Für ein Unternehmen im urbanen Umfeld ergeben sich Möglichkeiten, zusätzliche Dienstleistungen wie bspw. einen Werksverkauf auf dem Fabrikgelände zu integrieren[290]. Neben gesteigerten Umsatzmöglichkeiten durch die Nähe zu einer größeren Kundschaft oder aus Imagegründen können diese Dienstleistungen auch notwendigerweise von der Stadt eingefordert werden.

Grad der Akzeptanz am Standort

Über den Grad der Akzeptanz am Standort werden insbesondere solche Anforderungen aufgenommen, die in der unmittelbaren und mittelbaren Wahrnehmung der urbanen Umgebung liegen. In direkter Nachbarschaft zum Unternehmen liegen eine Vielzahl an Konfliktpotenzialen, die durch Lärm oder andere Emissionen hervorgerufen werden können[291]. Wenn die Akzeptanz am Standort gesteigert werden soll, werden bspw. einzuhaltende Abstandsflächen gegebenenfalls auch über das juristisch notwendige Maß hinaus dimensioniert.

Grad an Nutzungsmischung

Der Grad an Nutzungsmischung beschreibt das Vorhandensein verschiedener Funktionen im unmittelbaren, urbanen Umfeld. Durch eine Mitnutzung urbaner Einrichtungen, wie bspw. Parkflächen, Gastronomie, soziale Einrichtungen oder anderen Faktoren, können fabrikeigene Flächen eingespart werden. Sie sind somit wichtig für die urbane Fabrik.[292] Hier können ebenfalls wertschöpfende und logistische Flächenbedarfe beeinflusst werden.

[289] Vgl. Wiendahl et al. (2009), Handbuch Fabrikplanung, S. 300 f.; Bucherer et al. (2019), Maßnahmenkatalog zur Anpassung von urbanen Fabriken, OR-8 u. OR-9; Experteninterviews „Anforderungen an urbane Fabriken" (2020): Nr. 3.

[290] Vgl. Bucherer et al. (2019), Maßnahmenkatalog zur Anpassung von urbanen Fabriken, OR-5; Experteninterviews „Anforderungen an urbane Fabriken" (2020): Nr. 11.

[291] Vgl. Bucherer et al. (2019), Maßnahmenkatalog zur Anpassung von urbanen Fabriken, PA-48; Experteninterviews „Anforderungen an urbane Fabriken" (2020): Nr. 8.

[292] Vgl. Experteninterviews „Anforderungen an urbane Fabriken" (2020): Nr. 2.

Grad des Immissionsschutzes

Ein Unternehmen ist je nach Art und Intensität seiner Emissionen zur Einhaltung bestimmter Grenzwerte verpflichtet, um die Verträglichkeit mit seinem Umfeld zu gewährleisten. Im urbanen Umfeld wird dieser Anforderung eine besondere Bedeutung beigemessen. Dazu zählt im Verständnis dieser Arbeit auch der Boden- und Gewässerschutz, um alle umweltschädigenden Emissionen zu berücksichtigen. Vorschriften hinsichtlich des Immissionsschutzes umfassen sowohl Anlagentechnik als auch verkehrsbezogene und andere Prozesse. Bspw. muss eine gewisse Abwasserqualität bei Ableitung in die Kanalisation sichergestellt sein, wodurch sich ein erhöhter Flächenbedarf für die Wasseraufbereitung ergibt. Auch andere Vorgaben wie die schon genannten Abstandsflächen zu Nachbargrundstücken als Pufferflächen schränken die Flächenverfügbarkeit für Produktions-, Lager- und Verkehrsflächen ein.[293]

Grad der wirtschaftlichen Unabhängigkeit des Standortes vom Unternehmen

Der Grad der wirtschaftlichen Unabhängigkeit des Standortes vom Unternehmen beschreibt das wirtschaftliche Verhältnis zwischen den Akteuren im urbanen Umfeld. Das Unternehmen kann einen signifikanten Beitrag zur wirtschaftlichen Situation der Stadt beitragen und das Interesse der Standorterhaltung erhöhen[294]. Sofern ein großes Interesse seitens der Stadt besteht, das Unternehmen am Standort zu halten, können Ausnahmeregelungen oder -genehmigungen vereinbart werden, die eine Produktion im urbanen Umfeld vereinfachen. Wenn bspw. Nachtfahr- oder Feiertagsverbote aufgehoben werden, ergeben sich geringere Flächenbedarfe im Bereich der Lagerflächen[295].

Grad der sicherheitsrechtlichen Bestimmungen

Weitere Anforderungen an die urbane Fabrik werden durch den Grad der sicherheitsrechtlichen Bestimmungen gestellt. So gelten technische Regeln für Arbeitsstätten (ASR) bzw. die Arbeitsstättenverordnung für produzierende Unternehmen. Erhöhte Flächenbedarfe durch sicherheitsrelevante Anforderungen sind bspw. eine Feuerwehrumfahrung des Geländes, ausreichend große Abstandsflächen zu Nachbargrundstücken, Brandabschnittsflächen, Flächen für Wassertanks oder Mindestbreiten für Verkehrswege[296]. Ohne geeignete Maßnahmen gelten Einschränken, sodass Anlagen

[293] Vgl. Experteninterviews „Anforderungen an urbane Fabriken“ (2020): Nr. 6.

[294] Vgl. Claussen (2012), Die Fabrik als soziales System, S. 175.

[295] Vgl. Experteninterviews „Anforderungen an urbane Fabriken“ (2020): Nr. 7.

[296] Vgl. Wiendahl et al. (2009), Handbuch Fabrikplanung, S. 305 f.; Experteninterviews „Anforderungen an urbane Fabriken“ (2020): Nr. 1.

eingezäunt oder Lagerhöhen beschränkt werden müssen. Es werden alle betrachteten Flächenarten durch sicherheitsrechtliche Bestimmungen beeinflusst.

Domäne „Prozesse"

Grad der lokalen Beschaffung und des lokalen Absatzes

Der Grad der lokalen Beschaffung und des lokalen Absatzes wird maßgeblich durch die Nähe zum Kunden und zu Lieferanten im direkten Umfeld bestimmt. Durch geringe Transportwege werden hochfrequente An- und Ablieferungen vereinfacht, sodass die entsprechend transportierten Losgrößen sinken und der Flächenbedarf positiv beeinflusst wird[297]. Dadurch lässt sich der Bedarf für Lagerfläche im Sicherheitsbestand reduzieren, das Versorgungsrisiko sinkt und Fehlmengenkosten werden verringert, sodass neben Bestandskosten auch Transportkosten eingespart werden können[298]. Andere Flächenarten werden dadurch nicht beeinflusst.

Grad der Prozessorganisation bei der An- und Ablieferung

Der Grad der Prozessorganisation zielt auf die logistischen Prozesse bei der Warenannahme und beim Fertigwarenversand ab. Die Bedarfe für Logistik- und Bereitstellungsflächen werden dadurch reduziert, dass von organisatorischer Seite aus Logistikprozesse angepasst werden[299]. So können bspw. sowohl die Zwischenlagerung im Rohmateriallager durch Just-in-Time Lieferungen umgangen als auch die Lagerung von Fertigwaren durch einen direkten Versand vermieden werden.[300] Diese Flexibilität in logistischen Prozessen benötigt eine weitestgehend lokale Nähe[301]. Beeinflusst werden durch diese Anforderung sowohl Verkehrs- als auch Lagerflächen.

Grad der Entsorgungsprozesse

Die Entsorgung von unterschiedlichsten Nebenprodukten und Abfällen ist mit Aufwand und Flächenbedarf verbunden. Einerseits sind am Ort der Entstehung entsprechende Flächen vorzuhalten. Andererseits sind Sammelbehälter, Lagerflächen oder

---

[297] Vgl. Experteninterviews „Anforderungen an urbane Fabriken" (2020): Nr. 10.

[298] Vgl. Heß (2008), Supply-Strategien in Einkauf und Beschaffung, S. 199.

[299] Vgl. Experteninterviews „Anforderungen an urbane Fabriken" (2020): Nr. 1, so bspw. die Anzahl an Verladedocks.

[300] Vgl. Schuh et al. (2013), Konzepte des Supply-Chain-Managements, S. 221 f.

[301] Vgl. Heß (2008), Supply-Strategien in Einkauf und Beschaffung, S. 201.

Weiterverarbeitungsanlagen in der Fabrik zu verorten.[302] Die notwendigen Nachbehandlungsprozesse von entsorgungspflichtigen Abfällen, wie bspw. eine thermische Nachverbrennung für Lacke oder Farben sowie eine Fettabscheider- oder Wasseraufbereitungsanlage zur Ausleitung des Prozesswassers in die Kanalisation werden zu dieser Anforderung hinzugezählt[303].

Grad des Materialtransports auf dem Gelände

Der Materialfluss zwischen Produktionsschritten sowie für die An- und Ablieferung der Rohstoffe und Waren findet in der Regel auf dem Werksgelände statt. Hierdurch wird ein Bedarf an Verkehrsflächen induziert. Dieser Bedarf ist beispielsweise vom verwendeten Flurförderzeug, vom eingesetzten Behälter oder Ladungsträger, aber auch von der Anzahl der Transporte abhängig. Auch hier gelten klare Vorschriften seitens der Arbeitsstättenrichtlinie. Der Grad des Materialtransports auf dem Gelände beeinflusst daher maßgeblich die Verkehrsflächen. Durch vertikale Transporte oder eine Rohstoffversorgung über Rohrleitungen, bspw. bei Schüttgut oder flüssigen Rohstoffen, können diese Verkehrsflächen reduziert werden[304].

Grad der Kreislaufwirtschaft

Die oben erwähnten Nebenprodukte und Abfälle können entweder entsorgt oder aufbereitet und der Produktion wieder zugeführt werden[305]. Auch bei der Aufbereitung und Rückführung von bspw. Spänen oder Produkten mit Qualitätsmängeln fallen für die Lagerung und die eingesetzten Ressourcen für die Aufbereitung Flächenbedarfe an. Diese sind hauptsächlich in der Produktion zu finden. Die nachgelagerten Produktionsschritte der Aufbereitung und Rückführung sowie deren Flächenbedarf sind daher vom Grad der Kreislaufwirtschaft abhängig. Im urbanen Umfeld bietet sich im Sinne einer Positive Impact Factory ein hoher Grad der Kreislaufwirtschaft an[306].

Grad der Maschinenanordnung

Der Grad der Maschinenanordnung gibt Einblick über die Positionierung der Produktionsressourcen im Fabriklayout. Innerhalb von verketteten Prozessschritten finden überwiegend materialflussorientierte Layoutvarianten in der Produktion Anwendung.

---

302 Vgl. Bucherer et al. (2019), Maßnahmenkatalog zur Anpassung von urbanen Fabriken, PA-43.

303 Vgl. Experteninterviews „Anforderungen an urbane Fabriken“ (2020): Nr. 12; je nach Belastung des Wassers können bspw. mehrstufige Wasserbehandlungen notwendig werden.

304 Vgl. Experteninterviews „Anforderungen an urbane Fabriken“ (2020): Nr. 12.

305 Vgl. Experteninterviews „Anforderungen an urbane Fabriken“ (2020): Nr. 1.

306 Vgl. Experteninterviews „Anforderungen an urbane Fabriken“ (2020): Nr. 10; siehe hierzu auch Kapitel 3.2.1.1.

Die Anordnung der Produktionsressourcen und der dazugehörige Materialfluss beeinflussen den Flächenbedarf für Produktions- und Verkehrsflächen maßgeblich[307]. Bei einer geringen Flächenverfügbarkeit im urbanen Umfeld muss daher eine möglichst flächeneffiziente Maschinenanordnung gewählt werden.

Grad der räumlichen Optimierung bei Transport- und Bearbeitungsprozessen

Der Grad der räumlichen Optimierung bei Transport- und Bearbeitungsprozessen zielt weniger auf die zweidimensionale Fläche, sondern vielmehr auf die dritte Dimension von Transport- und Bearbeitungsprozessen ab. So können sonst flächenverbrauchende Fördersysteme bspw. unter der Decke angebracht[308], Anlagen oder die Produktführung vertikal angeordnet oder Ladungsträger auf diese Weise flächensparend ausgerichtet werden[309]. Je nach eingesetzter Optimierungsmaßnahme werden bei Transport- und Bearbeitungsprozessen Flächenbedarfe in der Produktion, im Lager oder auf Verkehrswegen beeinflusst.

Grad flächensparender Verkehrsführung innerhalb der Fabrik

Eine weitere logistisch-prozessuale Anforderung ist der Grad flächensparender Verkehrsführung innerhalb der Fabrik. Die intralogistischen Transportprozesse induzieren zwangsläufig einen Verkehrsflächenbedarf, welcher analog zum Grad des Materialtransports auf dem Gelände ebenfalls von der Arbeitsstättenrichtlinie beeinflusst wird. Mögliche Anpassungen der Verkehrsführung können flächensparend wirken, so etwa ein Einbahnstraßenverkehr für Flurförderzeuge wie Gabelstapler oder Routenzüge[310]. Die beeinflussten Flächen sind insbesondere Verkehrsflächen.

Domäne „Technologie“

Grad der Automatisierung

Der eingesetzte Grad der Automatisierung hat technologieseitig einen wesentlichen Einfluss auf die Flächennutzung von Produktions- und Logistikprozessen. Prinzipiell kann zwischen manuellen, teilautomatisierten und vollautomatisierten Prozessen un-

[307] Vgl. Experteninterviews „Anforderungen an urbane Fabriken“ (2020): Nr. 1.

[308] Vgl. Experteninterviews „Anforderungen an urbane Fabriken“ (2020): Nr. 1.

[309] Vgl. Wiendahl et al. (2009), Handbuch Fabrikplanung, S. 199.

[310] Vgl. Wiendahl et al. (2009), Handbuch Fabrikplanung, S. 483; Experteninterviews „Anforderungen an urbane Fabriken“ (2020): Nr. 1.

terschieden werden. Bei Produktionsschritten steigt mit zunehmendem Automatisierungsgrad der Flächenbedarf auf Seiten der Anlage.[311] Bedien- und Bewegungsflächen für den Werker werden jedoch reduziert. Logistiktechnologien und insbesondere Verkehrswege weisen bei zunehmender Automatisierung einen geringeren Flächenbedarf auf. Je nach Anwendungsszenario der Automatisierung werden demnach entweder Produktions-, Logistik- oder Verkehrsflächen beeinflusst.

Grad der Flexibilisierung der Anlagen

Die Fähigkeiten einer Produktionsanlage hinsichtlich ihres Funktionsumfangs und der darauf abbildbaren Produktvarianz sind proportional zu ihrem Flächenbedarf. So sind auf eine Produktvariante spezialisierte Maschinen und Anlagen meist hocheffizient und flächensparend, jedoch aus produktionstechnischer und flexibilitätsorientierter Sicht nicht immer sinnvoll. Steigende Produktkomplexitäten und -anforderungen lassen die notwendigen Fähigkeiten in der Produktion steigen. Ein höherer Grad an Flexibilisierung von produktionstechnischen Anlagen führt auf Maschinenebene zu einem gesteigerten Flächenbedarf in der Produktion[312]. Das Produktportfolio und das entsprechende Produktionskonzept müssen immer auf die Flexibilität der Produktionsressourcen hinsichtlich des Flächenbedarfes abgestimmt werden.

Grad der Technologierobustheit

Bei der Produktion von Gütern entsteht aufgrund der natürlichen Streuung der Maschinen- und Technologiepräzision Ausschuss. Dieser Ausschuss an mangelhaften Produkten lässt sich nur schwer vermeiden, indem alle Technologien einwandfrei beherrscht werden. Der Grad der Technologierobustheit gibt Aufschluss darüber, wie gut die in der Produktion verwendeten Technologien beherrscht werden. Bei einem größeren Anteil an Ausschuss könnten folglich größere Flächen für Nacharbeits- oder Entsorgungsprozesse benötigt werden. Auch können dadurch der Sicherheitsbestand und mithin der Bedarf an Lagerflächen ansteigen.[313] Folglich werden Produktions- und Lagerflächen beeinflusst.

Grad der Technologiebesonderheit

Monumente in der Produktion bestimmen maßgeblich das Layout und die Maschinenanordnung. Solche Monumente können bspw. durch besonders schwere oder nicht

---

[311] Vgl. Experteninterviews „Anforderungen an urbane Fabriken“ (2020): Nr. 3.

[312] Vgl. Experteninterviews „Anforderungen an urbane Fabriken“ (2020): Nr. 4.

[313] Vgl. Wiendahl et al. (2009), Handbuch Fabrikplanung, S. 360; Experteninterviews „Anforderungen an urbane Fabriken“ (2020): Nr. 10.

bewegbare Anlagen oder Sonderfundamente entstehen. Besondere Anforderungen an das Gebäude oder den Standort bestimmter Technologien wirken sich dadurch auch auf den Flächenbedarf aus. Eine örtliche Gebundenheit einer Technologie kann zu Abstrichen bei der Wertstromorientierung oder zu einer Unterbrechung des Materialflusses führen[314]. Der Grad der Technologiebesonderheit stellt diese Besonderheiten dar. Hierdurch werden vorwiegend Verkehrsflächen beeinflusst.

Grad des Flächenbedarfs der Lagerart

Als eine besondere Anforderung hinsichtlich technologischer Aspekte ist der Grad des Flächenbedarfs der Lagerart zu nennen. Jede Lagerart weist unterschiedliche Flächenbedarfe auf. Die Charakteristika der vertikalen Raumausnutzung oder der Verkehrsflächen zur Bestückung der Lagerbereiche sind bspw. bei einem Hochregallager oder einem Breitganglager ganz unterschiedlich ausgeprägt. So benötigt ein vollautomatisiertes Hochregallager wesentlich weniger Grundfläche. Auch der Einsatz eines Schmalgangstaplers kann Verkehrsflächen reduzieren, je nachdem welche logistischen Zielgrößen (bspw. Durchsatz, Reichweite oder Kapazität) erreicht werden sollen.[315] Es wird ein Einfluss auf Lager- und Verkehrsflächen festgestellt.

5.2.2 Wirkbeziehungen zwischen den Anforderungen

Im vorherigen Kapitel wurden die Anforderungen an Fabriken im urbanen Raum in Bezug auf deren Einfluss auf die Flächennutzung vorgestellt. Für die Analyse der Anforderungen ist eine einzelne Betrachtung der Anforderungen jedoch nicht hinreichend zielführend, da das Verständnis über die tatsächliche Beeinflussung der Flächennutzung zu eindimensional ist. Daher widmet sich das vorliegende Kapitel der Identifikation von möglichen, kausalen Zusammenhängen zwischen den urbanen Anforderungen, um ein Verständnis der gegenseitigen Abhängigkeiten zu entwickeln. Die Kausalketten sind Grundlage für die weitere Entwicklung des Sensitivitätsmodells und visualisieren die Wirkbeziehungen zwischen verschiedenen, die Flächennutzung beeinflussenden Anforderungen. Diese Wirkbeziehungen können dabei hinsichtlich ihrer Polarität und Stärke unterschieden werden (Kapitel 5.2.3).

[314] Vgl. Pawellek (2014), Ganzheitliche Fabrikplanung, S. 120; Experteninterviews „Anforderungen an urbane Fabriken“ (2020): Nr. 10.

[315] Vgl. Experteninterviews „Anforderungen an urbane Fabriken“ (2020): Nr. 9.

Das Ziel dieses Kapitels ist die Integration der kausalen Wirkungsketten in ein ganzheitliches Wechselwirkungsnetz. Im weiteren Verlauf dieses Kapitels wird das Wechselwirkungsnetz ebenfalls zur Ableitung von Subsystemen[316] in Form von Anforderungsbereichen genutzt (Kapitel 5.2.4). Abbildung 5-15 skizziert das Vorgehen zur Entwicklung des Wechselwirkungsnetzes.

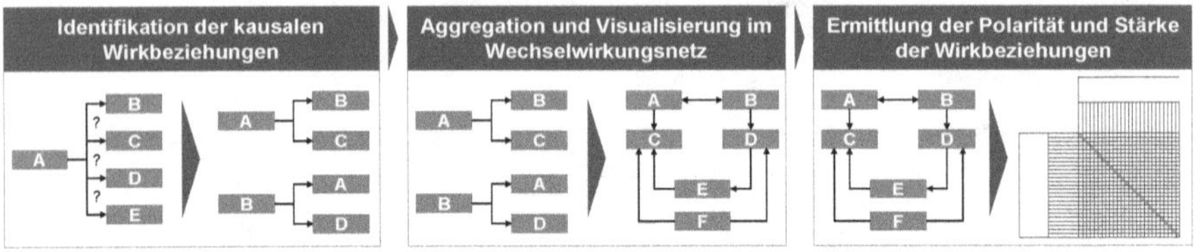

Abbildung 5-15: Vorgehen bei der Entwicklung des Wechselwirkungsnetzes

Insgesamt lassen sich 30 Wirkbeziehungen identifizieren, welche sich aus den Erkenntnissen der Experteninterviews, der Erfahrungen des Autors aus einer Vielzahl an Industrieberatungsprojekten sowie der Literaturanalyse ergeben haben. Dazu sei im Vorfeld gesagt, dass es sich beim Großteil der Wirkbeziehungen zwischen den Anforderungen um Intra-Domänen-Wirkbeziehungen handelt. Bei Intra-Domänen-Wirkbeziehungen handelt es sich um Wirkbeziehungen zwischen zwei Anforderungen aus der gleichen Domäne, während Inter-Domänen-Wirkbeziehungen den kausalen Zusammenhang zwischen zwei Anforderungen aus unterschiedlichen Domänen beschreiben[317]. Inter-Domänen-Wirkbeziehungen treten nur vereinzelt auf.

Die aggregierte Beschreibung der beiden vorgestellten Wirkbeziehungsarten sowie aller weiteren Wirkbeziehungsarten sind in Abbildung 5-16 dargestellt. So beschreiben die identifizierten Kausalzusammenhänge innerhalb der Domäne „Infrastruktur“ die Gestaltung der Fabrikinfrastruktur im Zusammenhang mit den Interdependenzen des urbanen Umfelds. Die Wirkzusammenhänge in den Domänen Technologie und Prozesse beschreiben die Gestaltung der Produktions- und Logistikprozesse im Hinblick auf die Auswahl und den Einsatz der Technologien. Die abgebildete Matrix ist nicht achsensymmetrisch, da wechselseitige Wirkbeziehungen eine im umgekehrten Sinne andere Wirkung aufweisen können.

[316] Innerhalb von Subsystemen besteht eine Vielzahl an Wechselwirkungen, aber eine geringe Anzahl an Vernetzungen zu Elementen, die außerhalb der (Sub-) Systemgrenze liegen.

[317] Vgl. Mattern (2018), Steigerung der Kollaborationsproduktivität, S. 141.

Abbildung 5-16: Übersicht über die Wirkbeziehungen zwischen den Domänen[318]

Ausgewählte Wirkbeziehungen in den drei Domänen werden im Folgenden exemplarisch beschrieben, um das Verständnis über die Wechselwirkungen zwischen den Anforderungen zu erzielen.

5.2.2.1 Wirkbeziehungen von Anforderungen in der Domäne „Infrastruktur"

Auf der einen Seite weist der Grad grundstücksbezogener Aspekte einen kausalen Zusammenhang zum Grad der Verkehrsanbindungsqualität auf, da geographische Gegebenheiten wie bspw. die Lage oder Zentralität des Werksgrundstücks Einfluss auf die Erreichbarkeit und Verkehrsanbindungsqualität der Fabrik nehmen. Darunter zählt unter anderem der Anteil an Mitarbeitern, die mit dem eigenen Fahrzeug zum Arbeitsplatz kommen, sodass der Flächenbedarf des Mitarbeiterparkplatzes beeinflusst wird. Auf der anderen Seite wirkt sich der Grad der Verkehrsanbindungsqualität auf den Grad der Prozessorganisation bei der An- und Ablieferung aus, da organisatorische oder prozessuale Schwierigkeiten bei Verkehrsstörungen oder andere, die Verkehrsanbindungsqualität betreffende, Hürden auftreten können.[319] Eine von einer Vielzahl anderer Aspekte beeinflusste Anforderung ist der Grad der Akzeptanz am Standort. So erfährt das Unternehmen durch ansprechende Sozialflächen wie bspw. Sportanlagen eine höhere Akzeptanz, die durch einen öffentlichen Zugang für urbane Akteure weiter gesteigert werden kann[320]. Auch der Grad an zusätzlichen Dienstleistungen und der Grad an Nutzungsmischung wirken sich auf die Akzeptanz am Standort aus, da das urbane Umfeld beispielsweise von einem Werksverkauf oder Serviceleistungen profitiert und aufgewertet wird. Dazu zählen außerdem vorhandene Pausen-, Aufenthalts-

[318] I.A.a. Mattern (2018), Steigerung der Kollaborationsproduktivität, S. 141.

[319] Vgl. Experteninterviews „Anforderungen an urbane Fabriken" (2020): Nr. 12.

[320] Vgl. Mamonova und Fromhold-Eisebith (2019), Akzeptanz urbaner Produktion, S. 21.

und Versorgungsmöglichkeiten, die neben dem Grad der Akzeptanz am Standort auch den Grad an Sozialflächen positiv beeinflussen[321]. Als letztes Beispiel ist das Maß der baulichen Nutzung zu nennen, das maßgeblich auf die Flächennutzung der urbanen Fabrik einwirkt. So sind sicherheitsrechtliche Bestimmungen (bspw. Sicherheitsabstände für Gefahrstoffe) oder der Grad des Immissionsschutzes (bspw. Lärmschutz) relevante Einflüsse, die die Flächennutzung urban produzierender Unternehmen wesentlich beeinflussen[322]. Außerdem können durch eine Verringerung der ausgestoßenen Emissionen die möglicherweise überdimensionierten Abstandsflächen verringert werden, ohne die Akzeptanz am Standort zu verschlechtern[323].

5.2.2.2 Wirkbeziehungen von Anforderungen in der Domäne „Prozesse"

Die logistischen Abläufe werden insbesondere bei der An- und Ablieferung von flächenbezogenen Anforderungen des urbanen Umfelds beeinflusst. Wenn bspw. ein Nachtfahr- und Wochenendfahrverbot vorherrscht, sind entsprechende Lagerkapazitäten und damit verbundene Flächenbedarfe zu erweitern[324]. Ähnlich verbunden ist damit der Grad der lokalen Beschaffung, welcher sich sowohl auf die Prozessorganisation bei der An- und Ablieferung als auch auf den Grad des Flächenbedarfs der Lagerart auswirkt. Aufgrund verkürzter Transportwege können Sicherheitsbestände abgebaut und mithin Lagerflächenbedarfe reduziert werden[325]. Darüber hinaus können durch bspw. die Einführung einer Just-in-Time Lieferung Bereitstellungs-, Lager- und Distributionsflächen reduziert werden, was wiederum durch den Grad des Materialtransports auf dem Gelände beeinflusst wird, da komplexe oder große Logistikaufwände die Einführung erschweren[326]. Dieser steht in Abhängigkeit mit dem Grad der räumlichen Optimierung bei Transport und Bearbeitungsprozessen, wenn die Anzahl notwendiger Materialtransporte auf dem Gelände durch eine raumoptimierte Anordnung reduziert werden kann. Dazu wirkt sich der Grad der Maschinenanordnung positiv auf den Grad flächensparender Verkehrsführung aus, sofern flächenreduzierende Maßnahmen und Verkehrskonzepte durch die Anordnung von Maschinen und Anlagen begünstigt werden. Darüber hinaus beeinflussen die aus dem Immissionsschutzgesetz hervorgehenden Bestimmungen zur Luft- und Wasserreinigung den Grad der Entsorgungsprozesse,

[321] Vgl. Experteninterviews „Anforderungen an urbane Fabriken" (2020): Nr. 3.
[322] Vgl. Wiendahl et al. (2009), Handbuch Fabrikplanung, S. 248 f.
[323] Vgl. Experteninterviews „Anforderungen an urbane Fabriken" (2020): Nr. 8.
[324] Vgl. Experteninterviews „Anforderungen an urbane Fabriken" (2020): Nr. 7.
[325] Vgl. Heß (2008), Supply-Strategien in Einkauf und Beschaffung, S. 201.
[326] Vgl. Experteninterviews „Anforderungen an urbane Fabriken" (2020): Nr. 1.

wenn entsprechender Abfall und Nebenprodukte fachgerecht entsorgt werden müssen. Auf der anderen Seite korreliert der Grad der Kreislaufwirtschaft mit der Anzahl an Materialrückführungen und mit dem Grad der Entsorgungsprozesse positiv.

5.2.2.3 Wirkbeziehungen von Anforderungen in der Domäne „Technologie"

Die technologische Flexibilität einer Produktionsanlage wirkt sich aufgrund der damit verbundenen Anzahl an Maschinen auf den Grad der Maschinenanordnung aus. Zudem sind, ebenso wie beim Grad der Automatisierung, wirtschaftliche Aspekte des Unternehmens zu berücksichtigen. Die Technologiearchitektur eines Unternehmens unter Berücksichtigung der beiden genannten Aspekte beeinflusst auch die Mitarbeiterqualifikation und -bedarf, was prozessuale oder infrastrukturelle Auswirkungen haben kann. Darüber hinaus beeinflusst der Grad der Technologiebesonderheit, welcher möglicherweise hohe Anforderungen an die Fabrikinfrastruktur stellt, den Grad der Maschinenanordnung, da nur ausgewiesene Flächen für den Betrieb diverse Technologien bestimmt werden können[327]. Zudem ist der Grad des Flächenbedarfs der Lagerart vom Grad der Automatisierung abhängig, da bestimmte Lagerarten nur durch einen speziellen Automatisierungsgrad realisiert werden können (bspw. Hochregallager)[328]. Abschließend sei auf den Grad der Technologierobustheit verwiesen, welcher einen positiven Einfluss auf den Grad der Entsorgungsprozesse, aufgrund weniger Ausschussteiler und qualitativ mangelhafte Produkte, sowie auf den Grad des Flächenbedarfs der Lagerart ausübt[329].

Abbildung 5-17 zeigt das Wechselwirkungsnetz mit allen identifizierten, kausalen Zusammenhängen der flächenbeeinflussenden Anforderungen in den drei Domänen Infrastruktur, Prozesse und Technologie.

[327] Vgl. Experteninterviews „Anforderungen an urbane Fabriken" (2020): Nr. 10.

[328] Vgl. Experteninterviews „Anforderungen an urbane Fabriken" (2020): Nr. 3.

[329] Vgl. Experteninterviews „Anforderungen an urbane Fabriken" (2020): Nr. 10.

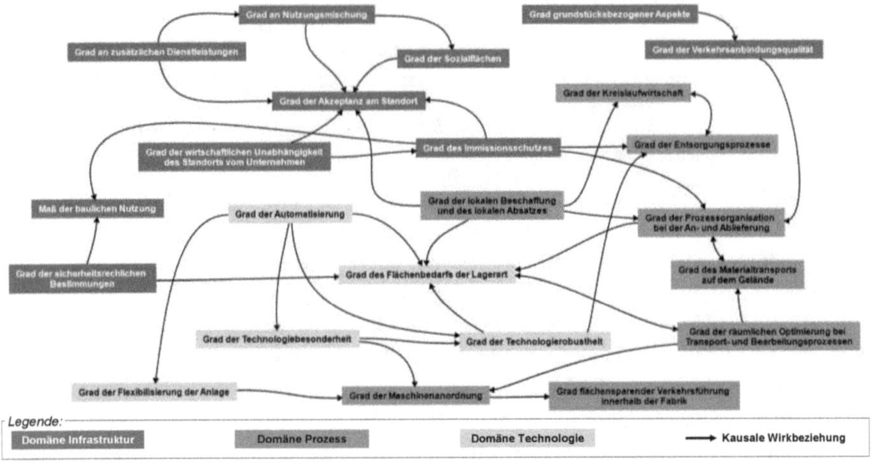

Abbildung 5-17: Wechselwirkungsnetz der urbanen Anforderungen

Im folgenden Kapitel wird das Wirkungsgefüge durch die Polarität und Stärke der Einflüsse ergänzt, in eine Matrix überführt und anschließend in das Sensitivitätsmodell integriert.

5.2.3 Integration des Wirkungsgefüges im Sensitivitätsmodell

Im vorliegenden Kapitel werden die identifizierten Wirkbeziehungen innerhalb und zwischen den drei Domänen in das Sensitivitätsmodell überführt. Hierzu wird eine Einflussmatrix verwendet, in der die Stärke der Wirkbeziehungen der Anforderungen direktional quantifiziert werden kann. Die Sensitivität beschreibt in diesem Fall die Empfindlichkeit einer Anforderung in Abhängigkeit der Änderung einer anderen Anforderung. Durch diese Visualisierung der Wirkbeziehungen wird die Erkenntnis über die direkte und indirekte Beeinflussung der Flächennutzung im urbanen Raum transparent. Die Wirkbeziehungen werden infolgedessen hinsichtlich Polarität und Stärke beschrieben. Dieser Lösungsbaustein bildet die Grundlage für die Ableitung relevanter Anforderungen auf die Flächennutzung von Fabriken im urbanen Raum sowie die spätere Ableitung der Anforderungsbereiche (Kapitel 5.2.4).

Die Skalierung der Einflussmatrix erfolgt im ursprünglichen Ansatz von VESTER in einer Skala von „0“ bis „3“. Dabei unterstreicht der Wert „3“ eine starke, überproportionale Wirkung, wohingegen eine „0“ keine oder eine kaum vorhandene Wirkung beschreibt.[330] Im vorliegenden Anwendungsfall werden darüber hinaus auch negative Einflüsse beschrieben. Dementsprechend wir der Skala eine negative Polarität hinzugefügt. Zur Komplexitätsreduzierung wird die Einflussmatrix in der vorliegenden Arbeit mit einer Skala von „-2“ bis „+2“ bewertet (siehe Abbildung 5-18).

Wert	Beschreibung	Beispiel
-2	Erhöht sich die Bewertung von Anforderung A wenig, so reduziert sich die Bewertung von Anforderung B stark	Auswirkung der lokalen Beschaffung und des lokalen Absatzes auf den Flächenbedarf der Lagerart
-1	Erhöht sich die Bewertung von Anforderung A, so reduziert sich die Bewertung von Anforderung B vergleichbar	Auswirkung der Technologierobustheit auf den Grad der Entsorgungsprozesse
0	Verändert sich die Bewertung von Anforderung A, so verändert sich die Bewertung von Anforderung B kaum	Auswirkung der Maschinenanordnung auf den Grad der Kreislaufwirtschaft
+1	Erhöht sich die Bewertung von Anforderung A wenig, so erhöht sich die Bewertung von Anforderung B vergleichbar	Auswirkung der zusätzlich angebotenen Dienstleistungen auf die Akzeptanz am Standort
+2	Erhöht sich die Bewertung von Anforderung A wenig, so erhöht sich die Bewertung von Anforderung B stark	Auswirkung der Verkehrsanbindungsqualität auf die Prozessorganisation bei der An- und Ablieferung

Abbildung 5-18: Skalierung der Wirkbeziehungen im Sensitivitätsmodell[331]

Anhand dieser Skalierung werden Polarität und Stärke der gegenseitigen Wechselwirkungen festgelegt. Für den Fall, dass einzelne Wirkzusammenhänge nicht durch eine gegenseitige Beziehung beschrieben werden, wurden diese durch sachlogische Ergänzungen zweckmäßig gekennzeichnet. Die Bewertung der Wirkbeziehungen zwischen den Anforderungen in den drei Domänen sind in Anhang A.8 dargestellt. In der Einflussmatrix sind ebenfalls die Aktiv- und Passivsummen dargestellt. Da negative Einflüsse bestehen, werden diese betragsmäßig addiert. So wird neben den positiven und negativen Einflüssen ebenfalls der Gesamteinfluss quantifiziert. Eine hohe Aktivsumme beschreibt bspw. die Einflussgrößen derjenigen Anforderungen, die andere Anforderungen stark beeinflussen.

Im Zuge der Analyse wird ersichtlich, dass infrastrukturelle Anforderungen den in Summe größten positiven Einfluss auf andere Anforderungen ausüben. Den größten negativen Einfluss weisen aufsummiert die Anforderungen der Domäne „Prozesse“ auf. Die technologischen Anforderungen dahingegen zeigen im relativen Vergleich, also gemessen an der Anzahl der Anforderungen, einen vergleichbaren positiven Einfluss wie infrastrukturelle Anforderungen und leicht negativeren Einfluss auf andere Anforderungen wie die Anforderungen in der Domäne „Prozesse“.

Die Auswertung der Analyse aller Aktivsummen ist in Abbildung 5-19 dargestellt.

[330] Vgl. Vester (2015), Die Kunst vernetzt zu denken, S. 227.
[331] I.A.a. Mattern (2018), Steigerung der Kollaborationsproduktivität, S. 168.

Infrastruktur			
Anforderung	**P**	**N**	**B**
Grad grundstückbez. Aspekte	1	0	1
Grad der Verkehrsanbindungsqual.	2	0	2
Maß der baulichen Nutzung	0	0	0
Grad der Sozialflächen	1	0	1
Grad an zus. Dienstleistungen	2	0	2
Grad der Akzeptanz am Standort	0	0	0
Grad an Nutzungsmischung	1	-2	3
Grad des Immissionsschutzes	3	-2	5
Grad der wirtschaftl. Unabhängigkeit	1	-2	3
Grad der sicherheitsrechtl. Bestimm.	1	-1	2
Summe	**12**	**-7**	**19**

Prozesse			
Anforderung	**P**	**N**	**B**
Grad der lok. Beschaffung/ Absatzes	3	-2	5
Grad der Prozessorganisation An/Ab	1	-2	3
Grad der Entsorgungsprozesse	0	-2	2
Grad des Materialtransports/Geländ.	0	-2	2
Grad der Kreislaufwirtschaft	0	-2	2
Grad der Maschinenanordnung	1	0	1
Grad der räumlichen Optimierung	1	-2	3
Grad flächenspar. Verkehrsführung	0	0	0
Summe	**6**	**-12**	**18**

Technologie			
Anforderung	**P**	**N**	**B**
Grad der Automatisierung	4	-1	5
Grad der Flexibilisierung der Anlage	0	-2	2
Grad der Technologierobustheit	0	-2	2
Grad der Technologiebesonderheit	0	-3	3
Grad des Flächenbed. der Lagerart	1	0	1
Summe	**5**	**-8**	**13**

Legende:
P: Zeilensumme der positiven Einträge
N: Zeilensumme der negativen Einträge
B: Zeilensumme der Beträge

Abbildung 5-19: Übersicht über die gegenseitige Beeinflussung der Anforderungen

In der Domäne „Infrastruktur" ist es insbesondere der „Grad des Immissionsschutzes", welcher andere Anforderungen maßgeblich beeinflusst, da er die höchste Aktivsumme aufweist. Dies lässt sich insbesondere auf den Zusammenhang mit notwendigen prozessualen oder baurechtlichen Anforderungen zurückführen. Ebenso wirkt sich der „Grad der lokalen Beschaffung und des lokalen Absatzes" stark auf andere Anforderungen in der Domäne „Prozesse" auf, weil logistische Abhängigkeiten aufgrund der geographischen Nähe vereinfacht und besonders im Lagerbereich Flächenbedarfe reduziert werden können. In der Domäne „Technologie" ist der „Grad der Automatisierung" als am meisten beeinflussende Anforderung zu nennen. Jedoch wirkt sich diese Anforderung ausschließlich auf andere Anforderungen in der Domäne „Technologie" aus, was für eine Abgrenzung der Einflüsse aus der Domäne „Technologie" spricht. Weist eine Anforderung einen hohen Betrag als Zeilensumme auf, so bedeutet dies eine hohe Vernetzung bzw. große Wechselwirkung im Gesamtsystem. Im vorliegenden Sensitivitätsmodell sind dies ebenfalls diejenigen Anforderungen, welche bereits eine hohe positive Aktivsumme aufweisen. Dies verdeutlicht erneut die starke Wirkung der Interdependenzen zwischen den Anforderungen an die Flächennutzung von Fabriken im urbanen Umfeld.

Die in der Einflussmatrix vorgenommene Bewertung der Anforderungen an die Flächennutzung von Fabriken im urbanen Umfeld ist Grundlage für die Rollenverteilung der Variablen im System. VESTER unterscheidet in seinem Sensitivitätsmodell zwischen kritischen, puffernden, aktiven und reaktiven Variablen[332]. Als kritische Variable werden Anforderungen bezeichnet, die sowohl eine hohe Aktiv- als auch Passivsumme und demnach einen hohen Vernetzungsgrad im Gesamtsystem aufweisen. Geringe Aktiv- und Passivsummen sind puffernden Variablen zuzuschreiben, die wenig bis keine Interdependenzen aufzeigen. Aktive und reaktive Variablen deuten auf eine entweder

[332] Vgl. Vester (2015), Die Kunst vernetzt zu denken, S. 234.

hohe Aktivsumme oder eine hohe Passivsumme hin[333]. Die Zuteilung der Systemvariablen zu den einzelnen Rollen wird in Abbildung 5-20 dargestellt. Dabei erfolgt die systemindividuelle Unterteilung anhand von spezifischen Linien, welche entweder durch das Produkt (Interaktions-Index) oder den Quotienten (Aktivitäts-Index) von Aktiv- und Passivsumme gebildet werden[334].

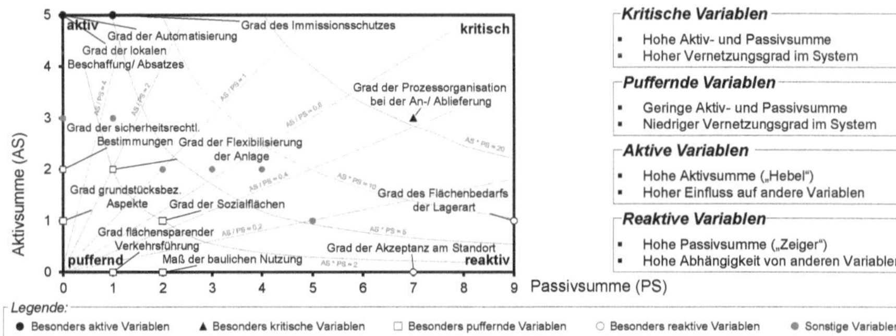

Abbildung 5-20: Visualisierung der Rollenverteilung der Anforderungen im Sensitivitätsmodell[335]

Auffällig ist die gestreute Verteilung der Variablen. **Kritische Variablen** sind nur durch die Anforderung des Grads der Prozessorganisation bei der An- und Ablieferung vertreten, da sie den mit Abstand höchsten Interaktions-Index aufweist. **Puffernde Variablen** treten insbesondere in der Domäne „Infrastruktur" auf, sodass diese Variablen durch eine geringe Vernetzung im System bzw. einen niedrigen Interaktions-Index beschrieben werden. Besonders **aktive Variablen** sind mit einer Anforderung in allen drei Domänen vertreten und deuten auf ein großes Steuerungspotenzial im System hin. Sie weisen aber ebenso wie die **reaktiven Variablen** nur eine geringe Anzahl an Anforderungen auf. Die reaktiven Variablen werden durch eine hohe Abhängigkeit von anderen Variablen charakterisiert und sind mit einer Anforderung sowohl in der Infrastruktur- als auch Technologiedomäne vertreten. Insgesamt ist der Grad der Abhängigkeit einzelner Variablen im System als niedrig zu bewerten.

[333] Aktive Variablen werden häufig als „Hebel" und reaktive Variablen als „Zeiger" bezeichnet. Im Folgenden sind besonders aktive und kritische Variablen von Bedeutung, da sie das System maßgeblich beeinflussen.

[334] Vgl. Mattern (2018), Steigerung der Kollaborationsproduktivität, S. 170.

[335] I.A.a. Mattern (2018), Steigerung der Kollaborationsproduktivität, S. 170.

Zusammenfassend lassen sich die folgenden Punkte als Kernerkenntnisse der Sensitivitätsanalyse formulieren:

- Anforderungen der **Domäne „Infrastruktur“** sind größtenteils durch eine geringe Vernetzung im System gekennzeichnet. Sie weisen nur vereinzelt hohe aktive oder passive Wechselwirkungen auf, die sich selten auf andere Domänen beziehen. Die Domäne „Infrastruktur“ zeigt jedoch in Summe die größte positive Wirkung auf andere Anforderungen
- Die **Domäne „Prozesse“** enthält die größte negative Wirkung auf andere Anforderungen und gleichzeitig die höchste relative Passivsumme im System. Dies deutet auf stark negative, indirekte Interdependenzen im System hin. Auch hier bestehen hauptsächlich Inter-Domänen-Wirkbeziehungen.
- In der **Domäne „Technologie“** treten Wechselwirkungen zwischen den Anforderungen aus den Domänen Prozesse und Technologie auf. Variablen dieser Domäne besitzen die größte relative Aktivsumme im System. Mit dem Grad des Flächenbedarfs der Lagerart ist zudem die am stärken beeinflusste Anforderung in dieser Domäne vertreten.
- Als **größte Hebelwirkung im System** ist der Grad des Immissionsschutzes (Infrastruktur) gemeinsam mit dem Grad der lokalen Beschaffung (Prozesse) und dem Grad der Automatisierung (Technologie) zu benennen.
- Die **größte Abhängigkeit von anderen Anforderungen** zeigen der Grad der Akzeptanz am Standort (Infrastruktur), der Grad bei der Prozessorganisation bei der An- und Ablieferung (Prozesse) und der Grad des Flächenbedarfs der Lagerart (Technologie).
- Insgesamt ist der **Grad der Abhängigkeit** zwischen den Variablen im System als eher gering zu bewerten und fokussiert hauptsächlich auf Inter-Domänen-Wirkbeziehungen.

5.2.4 Ableitung von Anforderungsbereichen

Das entwickelte Sensitivitätsmodell bietet verschiedene Analysemöglichkeiten für die Beschreibung der Flächeneffizienz von Fabriken im urbanen Umfeld. Einerseits kann das Modell im Zusammenspiel mit dem Beschreibungsmodell aus Kapitel 5.1 für eine deskriptive Nutzung verwendet werden. Die Interdependenzen der Anforderungen an die Flächennutzung von Fabriken im urbanen Umfeld können durch das Nachvollziehen der Wechselwirkungen im Wechselwirkungsnetz erklärt werden. Dieses Verständnis unterstützt bei der Charakterisierung der Einflüsse im unternehmensspezifischen Kontext.

Daneben bietet das Beschreibungsmodell der Einflussfaktoren die Möglichkeit, die determinierenden Einflüsse auf die Flächennutzung im konkreten Anwendungsszenario durch die Anwendung der morphologischen Analyse zu identifizieren. Hierbei unterstützt die Rollenverteilung der Variablen im System, um besonders beeinflussende oder beeinflusste Anforderungen für den eigenen Anwendungsfall zu isolieren. Dabei können erste Potenziale zur Steigerung der Flächeneffizienz abgeleitet werden.

Andererseits kann eine präskriptive Nutzung des Modells die Bewertung der Steigerung der Flächeneffizienz unterstützen. Hierzu werden die Anforderungen sachdienlich und praxistauglich zu sogenannten Anforderungsbereichen konsolidiert. Durch die Aggregation von Subsystemen mithilfe der identifizierten Wechselwirkungen werden anwendungsbezogene Anforderungsbereiche definiert. Ein Subsystem weist viele Schnittstellen innerhalb der Systemgrenze und wenige Schnittstellen außerhalb der Systemgrenze auf. Das Wechselwirkungsnetz schafft durch die Visualisierung die notwendigen Voraussetzungen für die Identifikation der Subsysteme. Die Zuordnung entsprechender Gestaltungsoptionen zur Steigerung der Flächeneffizienz zu bestimmten Anforderungen und mithin Anforderungsbereichen ist die Grundlage für die Ausgestaltung der Strategien zur Steigerung der Flächeneffizienz und erfolgt in Kapitel 5.4. Durch die Ergänzung des in Kapitel 5.3 zu entwickelnden Bewertungsmodells der Flächeneffizienz bietet sich ein Verfahren zur gezielten Steigerung der Flächeneffizienz von Fabriken im urbanen Umfeld. Die identifizierten Anforderungsbereiche sind in Abbildung 5-21 dargestellt. Im Folgenden werden die sechs Anforderungsbereiche näher beschrieben. Die Anforderungsbereiche werden ebenfalls als Soll-Anforderung formuliert, da keine Zwangsbedingungen für die urbane Fabrik resultieren[336].

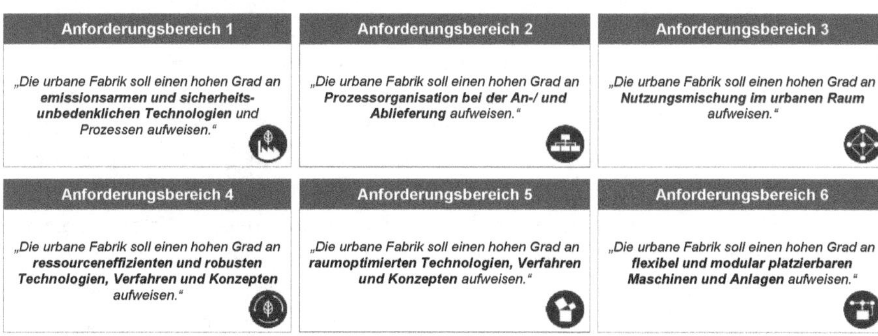

Abbildung 5-21: Übersicht über die identifizierten Anforderungsbereiche

[336] Siehe auch Kapitel 5.2.1.3.

5.2.4.1 Anforderungsbereich 1: Emissionsarme und sicherheitsunbedenkliche Technologien und Prozessen

Der erste Anforderungsbereich bezieht sich primär auf die vielfältigen Wirkbeziehungen des Immissionsschutzes und der sicherheitsrechtlichen Bestimmungen. Die Zusammenfassung beider Anforderungen ist durch die inhaltliche Ähnlichkeit bedingt. So kann durch emissionsarme und sicherheitsunbedenkliche Technologien und Prozesse sowohl die Akzeptanz der Fabrik erhöht als auch eine stadtverträglichere Produktion ermöglicht werden. Daraus resultieren bspw. geringere Abstandsflächen zu Nachbargrundstücken, weniger Prozessschritte zur Nachbehandlung von Produkten und Edukten sowie die Möglichkeit, durch emissionsarme Transportmittel mögliche Liefereinschränkungen wie Nachtfahrverbote zu umgehen. Auf der einen Seite kann aufgrund dessen die industrielle Flächennutzung „wertschöpfungsorientierter" gestaltet werden, da das durch die oben genannten Anforderungen beeinflusste „Maß der baulichen Nutzung" besser genutzt und auf notwendige Aufbereitungsanlagen verzichtet werden kann. Auf der anderen Seite resultieren im Logistik- und Lagerbereich indirekte Flächeneffizienzpotenziale durch bspw. eine bessere Verkehrsanbindung und kleineren Lagerflächenbedarfen. Dieser Anforderungsbereich ist insbesondere für emissionsstarke oder sicherheitskritische Industrien relevant, wie bspw. die Chemieindustrie.

5.2.4.2 Anforderungsbereich 2: Prozessorganisation bei der An- und Ablieferung

Der zweite Anforderungsbereich fokussiert die Wechselwirkungen der Anforderungen des „Grads der Verkehrsanbindungsqualität" und des „Grads der Prozessorganisation bei der An- und Ablieferung". Die Prozessorganisation wird am stärksten von der Verkehrsanbindungsqualität beeinflusst und wirkt sich wiederum stark auf den Flächenbedarf der Lagerart aus. Dieser Anforderungsbereich zielt insbesondere darauf ab, den Logistik- und Lagerflächenbedarf zu reduzieren und freiwerdende Flächen für wertschöpfende Tätigkeiten nutzen zu können. Darüber hinaus wirkt sich der „Grad der lokalen Beschaffung und des lokalen Absatzes" als aktive Variable ebenfalls stark auf den Lagerflächenbedarf aus und wird daher in diesen Anforderungsbereich integriert. Diese Ursachen werden durch die Rollenverteilung der Variablen im System bestätigt, da der „Grad der Prozessorganisation bei der An- und Ablieferung" die einzige kritische Systemvariable ist und demnach den höchsten Vernetzungsgrad aufweist. Die Flächeneffizienzpotenziale dieses Anforderungsbereiches gelten insbesondere für Branchen mit einer hohen Variantenvielfalt oder einer Vielzahl an Zulieferteilen, wie beispielsweise der Automobilindustrie.

5.2.4.3 *Anforderungsbereich 3: Nutzungsmischung im urbanen Raum*

Der dritte Anforderungsbereich beschreibt Anforderungen rund um die Nutzungsmischung im urbanen Raum. Hierzu zählt ebenfalls der „Grad der Sozialflächen" und der „Grad an zusätzlichen Dienstleistungen", welche gemeinsam ein geschlossenes Subsystem bilden und sich auf den „Grad der Akzeptanz am Standort" als besonders reaktive Variable auswirken. Die Beeinflussung der Flächennutzung wird insbesondere durch gemeinschaftlich genutzte Sozialflächen wie bspw. Kantinen, Freizeitmöglichkeiten oder anderen sozialen Einrichtungen gekennzeichnet. Zudem ist die Reduzierung des Flächenbedarfes für den (Mitarbeiter-) Parkplatz eine weitere Möglichkeit der Flächenbeeinflussung. Zu berücksichtigen ist dieser Anforderungsbereich insbesondere von Unternehmen mit hoher Mitarbeiteranzahl, erhöhtem Fachkräftebedarf oder Branchen, welche auf ein attraktives Unternehmensumfeld angewiesen sind.

5.2.4.4 *Anforderungsbereich 4: Ressourceneffiziente und robuste Technologien, Verfahren und Konzepte*

Der vierte Anforderungsbereich wird aus dem Subsystem gebildet, welches aus dem „Grad der Technologierobustheit", dem „Grad der Entsorgungsprozesse" und dem „Grad der Kreislaufwirtschaft" besteht. Die Beeinflussung der Flächennutzung zielt erstens auf den Flächenbedarf von Nachbehandlungs- oder Entsorgungsprozessen ab, welcher maßgeblich auf Ausschuss, Qualitätsprobleme, Materialverschwendung, Nebenprodukte oder Abfälle zurückzuführen ist. Ein hoher „Grad der Kreislaufwirtschaft" verursacht ebenfalls Bedarfe für die Aufbereitung oder Rückführung von Ressourcen. Das Sensitivitätsmodell bestätigt dabei dem „Grad der Technologierobustheit" eine größere aktive Wirkung als dem „Grad der Entsorgungsprozesse". Dieser Anforderungsbereich ist besonders für Unternehmen relevant, die die Kundenbedürfnisse Nachhaltigkeit, Ressourceneffizienz und Qualitätsbewusstsein adressieren möchten.

5.2.4.5 *Anforderungsbereich 5: Raumoptimierte Technologien, Verfahren und Konzepte*

Der fünfte Anforderungsbereich ergibt sich aus dem „Grad der räumlichen Optimierung bei Transport- und Bearbeitungsprozessen" sowie dem „Grad des Flächenbedarfs der Lagerart". Sowohl die erstgenannte Anforderung als aktive Variable im System als auch die zweitgenannte Anforderung als reaktivste Variable im System zeigen im Sensitivitätsmodell vielfältige Auswirkungen auf die Flächennutzung von Fabriken im urbanen Umfeld. Dieser Anforderungsbereich fokussiert die Flächennutzung im Gebäuden und weniger das gesamte Grundstück. Insbesondere lassen sich Flächeneffizienzpotenziale bei Lager- und Verkehrsflächen durch raumoptimierte Lagertechnologien identifizieren. Darüber hinaus offeriert eine vertikale Bereitstellung von Produktionsmitteln und -ressourcen weitere Möglichkeiten zur Reduzierung des Flächenbedarfes für Produktion und Logistik. Das Anwendungsszenario dieses Anforderungsbereiches lässt sich durch Unternehmen charakterisieren, die generell einen hohen Flächenbedarf aufweisen. Dies kann bspw. durch große Produktdimensionen oder hohe Stückzahlen begründet sein.

5.2.4.6 Anforderungsbereich 6: Flexibel und modular platzierbare Maschinen und Anlagen

Der sechste Anforderungsbereich resultiert aus dem letzten Subsystem, bestehend aus dem „Grad der Maschinenanordnung“, dem „Grad der Technologiebesonderheit“, dem „Grad der Flexibilisierung der Anlagen“ sowie dem „Grad flächensparender Verkehrsführungskonzepte“. Das Ziel dieses Anforderungsbereiches ist, eine flexible und modulare Anordnung von Maschinen und Anlagen zu gewährleisten. Als Ausgangspunkt der Wechselwirkungen beeinflussen die Technologiebesonderheit sowie die Möglichkeiten zur Flexibilisierung der Anlage den „Grad der Maschinenanordnung“. Dieser Grad ist maßgeblich für die Möglichkeiten zur flächeneffizienten Maschinen- und Anlagenanordnung verantwortlich. Die Freiheitsgrade in der Anordnung beeinflussen wiederum den „Grad flächensparender Verkehrsführungskonzepte“ positiv, sodass neben Produktions- auch Verkehrsflächenbedarfe reduziert werden können. Im Anwendungskontext ist dieser Anforderungsbereich für Unternehmen bedeutsam, die mit kurzen Produktlebenszyklen oder hohen Produktvarianzen arbeiten und infolgedessen immer wieder eine neue Maschinen- und Anlagenanordnung vornehmen müssen.

Die vorgestellten Anforderungsbereiche zeigen mögliche Beispiele und Anwendungsszenarien für die Steigerung der Flächeneffizienz auf. An dieser Stelle sei darauf verwiesen, dass konkrete Gestaltungsoptionen zur Steigerung der Flächeneffizienz in den nächsten Kapiteln vorgestellt und anhand ihres Zielerfüllungsgrades bewertet werden.

5.3 Bewertung der Flächeneffizienz von Fabriken im urbanen Umfeld

Im bisherigen Verlauf des fünften Kapitels wurden Beschreibungsmodelle und Analysen für die Einflussfaktoren auf und Anforderungen an Fabriken im urbanen Umfeld vorgestellt. Auf Grundlage des Sensitivitätsmodells sind deskriptive und präskriptive Nutzungsmöglichkeiten erörtert worden. Die präskriptive Nutzung unterstützt die zielgerichtete Steigerung der Flächeneffizienz, indem geeignete Gestaltungsoptionen den Anforderungsbereichen zugeordnet werden. Bei der Bewertung und Einordnung der Gestaltungsoptionen hinsichtlich ihrer flächeneffizienzsteigernden Eigenschaften besteht der Bedarf nach der methodischen Beschreibung und Bewertung der Flächeneffizienz.

Im vorliegenden Kapitel erfolgt die Entwicklung des Ziel- und Kennzahlensystems zur Steigerung der Flächeneffizienz. Für eine gezielte Steigerung der Flächeneffizienz ist zunächst ihre Beschreibung und Bewertung notwendig. Zur Bewertung eigenen sich Kennzahlen, welche die Zielerfüllung einzelner Gestaltungsoptionen beschreiben. Ziel dieses Kapitels ist daher die Operationalisierung des Zielerfüllungsgrades der Flächeneffizienz von Fabriken im urbanen Umfeld durch Kennzahlen und entsprechende Berechnungsvorschriften. Hierfür werden in Kapitel 5.3.1 zunächst die Anforderungen an das Zielsystem zur Beschreibung der Flächeneffizienz definiert sowie die Struktur und Subsysteme des Zielsystems festgelegt. Hierbei wird das Zielsystem nach der Bottom-Up-Methode aufgebaut und verschiedene Zielhierarchien top-down beschrieben. Die Zielbeziehungen werden gemäß den Zielbeziehungstypen nach HEINEN erklärt, um gegenseitige Abhängigkeiten der Ziele zu erklären[337]. Im Anschluss daran werden die Bewertungskennzahlen identifiziert (Kapitel 5.3.2). Diese Kennzahlen operationalisieren den Zielerfüllungsgrad einzelner Gestaltungsoptionen zur Steigerung der Flächeneffizienz. Abschließend erfolgt in Analogie zu den Zielbeziehungen die Synthese der Bewertungsparameter in die Kennzahlensystemarchitektur (Kapitel 5.3.3). Das Vorgehen in Kapitel 5.3 ist in Abbildung 5-22 dargestellt.

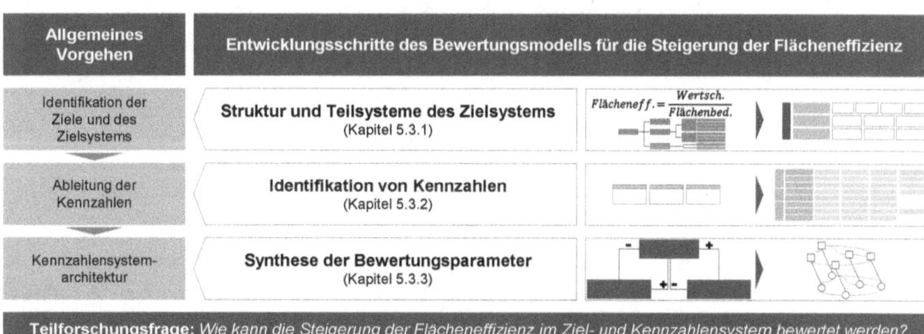

Abbildung 5-22: Detaillierte Entwicklungsschritte des Bewertungsmodells

[337] Vgl. Heinen (1976), Grundlagen betriebswirtschaftlicher Entscheidungen, S. 219.

5.3.1 Entwicklung des Zielsystems zur Steigerung der Flächeneffizienz

Bei der Entwicklung des Zielsystems erfolgt zunächst die Beschreibung der Anforderungen an Ziel- und Kennzahlensysteme (Kapitel 5.3.1.1). Hinsichtlich verschiedener Möglichkeiten bei der Anordnung und Kategorisierung der Zielmenge wird in Kapitel 5.3.1.2 die gewählte Struktur des Zielsystems vorgestellt. In Kapitel 5.3.1.3 erfolgt die Identifikation der Subsysteme und der einzelnen Ziele des Zielsystems, bevor abschließend die Zielbeziehungen zwischen den Zielen erklärt werden.

5.3.1.1 Anforderungen an das Ziel- und Kennzahlensystem

Ein Zielsystem entsteht durch die Kombination mehrerer Einzelziele, die unterschiedliche Hierarchie- oder Detailebenen aufweisen. Ein Zielsystem wird für die betriebliche oder praktische Anwendung konzipiert und muss daher bestimmten Anforderungen genügen. Nach EISENFÜHR ET AL. bestehen fünf Anforderungen, die jedes Zielsystem erfüllen muss. Neben der Vollständigkeit und Berücksichtigung aller wesentlichen Aspekte dürfen das Zielsystem und alle Einzelziele nicht redundant sein. Zudem müssen die Ziele messbar und unabhängig voneinander sein. Dies bedeutet, dass die Präferenz eines Ziels nicht von der Präferenz anderer Ziele abhängig sein darf. Als fünfte Anforderung wird die Einfachheit genannt, was sich in einer nur notwendigen Anzahl an Zielen zeigt und die Strukturierung des Zielsystems erleichtert.[338] Bei der Formulierung der Einzelziele werden die formalen Anforderungen gemäß der SMART-Kriterien berücksichtigt, welche die spezifischen Rahmenbedingungen für die Zielformulierung festlegen[339]. Mittels Kennzahlen kann die Leistung eines gesamten Unternehmens oder eines einzelnen Produktionsbereiches gemessen und beurteilt werden. Einzelne Kennzahlen besitzen nur eine geringe Aussagekraft. Die Konstruktion eines Kennzahlensystems ermöglicht die ganzheitliche Betrachtung bestimmter Zusammenhänge[340]. Nach HEINEN bestehen drei zentrale Anforderungen an Kennzahlen:[341]

- Kennzahlen müssen sich auf die übergeordneten Ziele des Unternehmens beziehen (Mittel-Zweck-Verhältnis)
- Kennzahlen müssen Bezug auf relevante Entscheidungsgrößen nehmen
- Alle Kennzahlen müssen die relevanten Entscheidungsgrößen derart abbilden, dass möglichst viele übergeordnete Unternehmensziele erfüllt werden.

[338] Vgl. Eisenführ et al. (2010), Rationales Entscheiden, S. 68 f.

[339] Vgl. Leimeister (2014), Collaboration Engineering, S. 78 SMART ist das Akronym für *Specific, Measurable, Accepted, Realistic, Terminated.*

[340] Vgl. Preißler (2008), Betriebswirtschaftliche Kennzahlen, S. 23.

[341] Vgl. Heinen (1976), Grundlagen betriebswirtschaftlicher Entscheidungen, S. 219.

5.3.1.2 Struktur des Zielsystems

Aus der Betrachtung des Stands der Technik zur Flächeneffizienz in Kapitel 2.2 und der theoretischen Betrachtung der Wertschöpfung in Kapitel 3.1 ergab sich der Bedarf an der Beschreibung und Bewertung der Flächeneffizienz eines Produktionssystems aus wertschöpfungsorientierter Sichtweise. Die Beschreibung der Flächeneffizienz erfolgt anhand eines Zielsystems. Das Kennzahlensystem dient der Bewertung der Flächeneffizienz. Bei der Herleitung der Zielsystemstruktur wird der Effizienzgedanke aufgegriffen, der das Verhältnis von Output zu Input beschreibt.

Die Kernherausforderung bei der Strukturierung des Zielsystems ist die Kategorisierung der Zielmenge. Die Unterteilung erfolgt entweder nach Beziehungstypen, hierarchisch oder gemäß der Einteilung in Haupt- und Nebenziele[342]. Die Unterteilung nach Beziehungstypen ist für eine Betrachtung der gegenseitigen Abhängigkeiten wichtig. Eine Kategorisierung mit den Beziehungstypen ist jedoch weniger sinnvoll, da konkurrierende oder komplementäre Ziele das Verhalten des Zielsystems maßgeblich beeinflussen. Die Übersichtlichkeit wird dadurch beeinträchtigt, wenn alle Wirkbeziehungen der Zielmenge berücksichtigt würden. Die Einteilung in Haupt- und Nebenziele wird häufig für mathematische Entscheidungsmodelle verwendet[343]. Die Zielfunktion wird durch das Hauptziel und die Nebenbedingungen durch die Nebenziele beschrieben[344]. Die Zielmenge zur Steigerung der Flächeneffizienz stellt jedoch keine Nebenbedingungen dar, da sie die Zielfunktion bzw. das Hauptziel per Definition nicht einschränken, sondern verstärken[345]. Das Zielsystem zur Steigerung der Flächeneffizienz kann daher auch nicht durch die Einteilung in Haupt- und Nebenziele strukturiert werden. Daher erfolgt die Kategorisierung der Zielmenge gemäß der Mittel-Zweck-Beziehungen in Ober-, Zwischen- und Unterziele. Durch die starke Abhängigkeit der Ziele von sowohl dem Inputfaktor „Flächenbedarf“ als auch vom Outputfaktor „Wertschöpfung“ wird die Zielmenge hierarchisch strukturiert.

Die Herleitung der Oberziele wird einerseits durch den Effizienz- und Effektivitätsgedanken bzw. das Verhältnis von Output zu Input motiviert und orientiert sich entsprechend der beschriebenen Vorgehensweise an einem Top-Down-Verfahren. Das Verhältnis der Wertschöpfung zum Flächenbedarf kann entweder durch eine Steigerung

[342] Vgl. Heinen (1976), Grundlagen betriebswirtschaftlicher Entscheidungen, S. 89 ff.

[343] Vgl. Heinen (1976), Grundlagen betriebswirtschaftlicher Entscheidungen, S. 111.

[344] Vgl. Böhm et al. (1972), Mathematische Standardmodelle der Operationsforschung, S. 440 ff.; Bednar und Hasenauer (1978), Entscheidungen bei Zielkonflikten, S. 355.

[345] Vgl. Heinen (1976), Grundlagen betriebswirtschaftlicher Entscheidungen, S. 54 Nach HEINEN wirken Nebenbedingungen einschränkend auf die Zielfunktion, indem unzulässige Werte der Lösungsmenge nicht zugelassen werden.

der Wertschöpfung bei gleichbleibendem Flächenbedarf (Effektivität: „Die richtigen Dinge tun“) oder bei einer Reduzierung des Flächenbedarfes bei gleichzeitig konstanter Wertschöpfung (Effizienz: „Die Dinge richtig tun“) verbessert werden. Zudem können beide Effekte gleichzeitig auftreten und der Flächeneinsatz intensiviert werden. Andererseits wird das unternehmerische Zielsystem der Produktionswirtschaft einbezogen. Dabei wird zwischen geringen Kosten, hoher Qualität, hohem Output, hoher Termintreue, geringer Durchlaufzeiten und einer hohen Auslastung der Fertigungsbereiche unterschieden[346]. Abbildung 5-23 zeigt die Darstellung der Zielsystemstruktur und der Oberziele. Die drei Oberziele werden im Folgenden näher beschrieben.

Abbildung 5-23: Zielsystemstruktur mit Ober- und Zwischenzielen

Das erste Oberziel ist die **Flächenbedarfsreduktion**. Als Voraussetzung wird eine mindestens gleichbleibende oder höhere Wertschöpfung definiert. Zudem werden durch eingesparte Flächenbedarfe entweder Bau- oder Betriebskosten eingespart und die weniger genutzten Flächen können für andere (wertschöpfende) Tätigkeiten eingeplant werden. Die Reduzierung des Flächenbedarfes ist in Bestandsgebäuden jedoch nicht direkt mit einer Reduzierung der vorhandenen Fläche vergleichbar. Ausschlaggebend für eine Steigerung der Flächeneffizienz sind die damit verbundenen Umnutzungsmöglichkeiten. Zudem dürfen die produktionswirtschaftlichen Ziele durch eine umfassende Flächenbedarfsreduktion nicht negativ beeinflusst werden.

Das zweite Oberziel ist die **Wertschöpfungssteigerung**. Als Voraussetzung wird ein mindestens gleichbleibender oder sinkender Flächenbedarf definiert. Die Wertschöpfung umfasst die auf die Kundennutzenerhöhung fokussierten logistischen und operativen Tätigkeiten eines Unternehmens (Kapitel 3.1.4). Die positiven Auswirkungen auf die produktionswirtschaftlichen Zielgrößen umfassen einen direkt höheren Output, eine direkt höhere Produktqualität, eine indirekt höhere Auslastung der Fertigungsbereiche sowie indirekt geringere Durchlaufzeiten.

[346] Vgl. Bloech et al. (2014), Einführung in die Produktion, S. 9.

Das dritte Oberziel ist die **Flächeneinsatzintensivierung**. Als Voraussetzung wird eine höhere Wertschöpfung in Kombination mit einem sinkenden Flächenbedarf definiert. Die Ziele in der Zielmenge der Flächeneinsatzintensivierung wirken sich daher sowohl auf die Flächenreduktion als auch auf die Wertschöpfungssteigerung aus. Der Einfluss auf die produktionswirtschaftlichen Ziele ist daher als komplementär zu beschreiben.

Im folgenden Kapitel erfolgt die Herleitung der Zwischen- und Unterziele in den drei Subsystemen anhand der Mittel-Zweck-Beziehungen zu dem jeweiligen Oberziel. Dies bedeutet, dass die Erreichung eines Unterziels nur Mittel zur Zielerreichung eines Zwischen- oder Oberziels darstellt[347].

5.3.1.3 Subsysteme und Zielbeziehungen des Zielsystems

Die Subsysteme des Zielsystems gliedern sich in die drei vorgestellten Oberzielkategorien Flächenbedarfsreduktion, Wertschöpfungssteigerung und Flächeneinsatzintensivierung. Jedes Oberziel untergliedert sich in mehrere Zwischenziele und jedes Zwischenziel wird in mehrere Unterziele aufgeteilt.

Flächenbedarfsreduktion

Der Flächenbedarf von Fabriken kann in verschiedene Flächenarten unterteilt werden. Den Ausführungen in Kapitel 2.2 folgend beziehen sich die Zwischen- und Unterziele des Subsystems „Flächenbedarfsreduktion“ auf die Einteilung der Flächenarten gemäß der VDI-Richtlinie 3644. Im Allgemeinen ist die Flächenbedarfsreduktion von nicht oder gering wertschöpfenden Tätigkeiten sinnvoll, da diese genutzten Flächen stattdessen für Tätigkeiten eingeplant werden können, die einen höheren Wertschöpfungsbeitrag leisten[348]. Nach WIENDAHL ET AL. sind für den Fabrikbetrieb insbesondere Produktions-, Lager-, Verkehrs-, Büro- und Sozialflächen relevant[349]. Im Betrachtungsbereich dieser Arbeit jedoch nur direkt wertschöpfende Flächenarten, sodass Büro- oder Sozialflächen nicht in das Zielsystem zur Steigerung der Flächeneffizienz aufgenommen werden. Die Reduktion der Produktionsflächen untergliedert sich in die Reduktion von Fertigungsflächen, Zwischenlagerflächen, Prüffeldflächen, Laborflächen und fertigungsnahe Büros (z.B. Teamleiterbüros, Produktionssteuerung, NC-Programmierung). Zur Reduktion der Lagerbereichsflächen gehören alle logistisch genutzten Flächen, wozu nach VDI 3644 die Warenein- und -ausgangsflächen, Lagerflächen und Hauptverkehrsflächen gehören. Die Reduktion der Hauptverkehrsflächen fällt in dieser Arbeit unter das Zwischenziel der Verkehrsflächenreduktion. Lagerflächen werden

[347] Vgl. Welge et al. (2017), Strategisches Management, S. 214.
[348] Vgl. Tomanek und Schröder (2018), Eine Methode zur Visualisierung von Wertschöpfung, S. 12.
[349] Vgl. Wiendahl et al. (2009), Handbuch Fabrikplanung, S. 468.

zur Zwischenlagerung von Rohmaterialien, Halbzeugen, Fertigwaren oder Werkzeugen genutzt[350]. Die Reduzierung der Verkehrsflächen wird in der Regel durch die Minimierung der Transportweglängen erreicht, um Logistikkosten zu reduzieren[351]. In Bezug auf die Reduktion der Verkehrswegfläche, welche sich aus der Verkehrsweglänge und -breite zusammensetzt, werden beide Unterziele in das Zielsystem aufgenommen. Die Verkehrswegbreite ist von den Personen, Gütern und Flurförderzeugen abhängig, die sie nutzen. Darüber hinaus wird die Reduktion der Sonderflächen in Ergänzung an WIENDAHL ET AL. aus der VDI 3644 übernommen, obgleich dort weniger wertschöpfende als vielmehr produktionsnahe oder -relevante Tätigkeiten angesiedelt sind, wie bspw. die Lehrwerkstatt, der Werkzeugbau oder die Instandhaltung. Die Erläuterungen von ERLACH[352] zu Funktionsflächen werden nicht berücksichtigt, da dort genannte Flächenarten bereits Bestandteil der aufgeführten Produktions- und Lagerflächen sind. Die Wandlungsfläche nach SPATH ET AL. bzw. Reservefläche nach VDI 3644 wird ebenfalls nicht berücksichtigt[353], da erst später zu nutzende Freiflächen entgegen einer effizienten Flächennutzung stehen. Eine Reduktion der Unterziele bewirkt durch die Mittel-Zweck-Beziehung ebenfalls eine Reduktion der Zwischen- und Oberziele. Die Zielmenge des Subsystems „Flächenbedarfsreduktion" ist in Abbildung 5-24 dargestellt.

Oberziel	Zwischenziele	Unterziele
Flächenbedarfs-reduktion	**Produktionsfläche reduzieren**	Fertigungsfläche reduzieren
		Zwischenlagerfläche reduzieren
		Prüffeldfläche reduzieren
		Laborfläche reduzieren
		Fertigungsnahe Bürofläche reduzieren
	Lagerbereichsfläche reduzieren	Wareneingangsfläche reduzieren
		Lagerfläche reduzieren
		Warenausgangsfläche reduzieren
	Verkehrsfläche reduzieren	Verkehrsweglänge reduzieren
		Verkehrswegbreite reduzieren
	Sonderfläche reduzieren	Sonderfläche reduzieren

Abbildung 5-24: Zielmenge des Subsystems „Flächenbedarfsreduktion"

350 Vgl. Erlach (2010), Wertstromdesign, S. 288.

351 Vgl. Spath et al. (2012), Wertstrom-Layouting, S. 558.

352 Vgl. Erlach (2010), Wertstromdesign, S. 288 f.

353 Vgl. Spath et al. (2012), Wertstrom-Layouting, S. 558; VDI 3644 (2010), Analyse und Planung von Betriebsflächen, S. 6.

Wertschöpfungssteigerung

Das Subsystem „Wertschöpfungssteigerung“ umfasst weitere Zwischen- und Unterziele, die zu einer Steigerung der Flächeneffizienz führen. Die wertschöpfungsorientierte Beschreibung der Flächeneffizienz kann für die Leistungsbewertung von produzierenden Unternehmen verwendet werden, um festzustellen, wie viel Wertschöpfung tatsächlich pro Fläche stattfindet[354]. Bei der Entwicklung der Zwischen- und Unterziele werden drei Aspekte berücksichtigt, die einen positiven Einfluss auf die Wertschöpfung aufweisen. Als erstes Zwischenziel wird die Gesamtanlageneffektivität (OEE) einbezogen, da sie als klassische Leistungskennzahl zur Messung und Verbesserung von Produktionsprozessen eingesetzt wird. Eine Steigerung der OEE führt zu einer direkten Steigerung der Wertschöpfung[355]. Dabei werden mögliche Effizienzverluste der Prozesse in einer Kennzahl zusammengefasst[356]. Die Unterziele werden analog zur Berechnung der OEE definiert. Dazu zählen der Verfügbarkeitsgrad (z.B. die Abweichungen durch ungeplante oder geplante Ausfälle, wie bspw. Rüsten oder Reinigen), der Leistungsgrad (z.B. die Abweichungen durch kurze Ausfälle oder Stillstand) und der Qualitätsgrad (z.B. die Abweichungen durch Ausschuss oder Nacharbeit)[357]. Als zweites Zwischenziel wird die geplante Produktionszeit betrachtet. Den Ausführungen in Kapitel 3.1.3 folgend ergänzt die geplante Produktionszeit die OEE zur TEEP[358]. Dabei sei angemerkt, dass eine reine Betrachtung der Produktionszeit das Risiko der Überproduktion steigert[359] und eine sinnvolle Wertschöpfungssteigerung in diesem Fall nur nachfrageorientiert bzw. im Kundentakt erfolgen darf. Das dritte Zwischenziel bezieht sich auf die unmittelbare Wertschöpfungssteigerung durch die Vermeidung von Verschwendung[360]. Die unmittelbare Mittel-Zweck-Beziehung umfasst alle genannten Verschwendungsarten der Lean-Philosophie. Neben der Steigerung der Wertschöpfung durch das Vermeiden von Beständen werden als weitere Unterziele die Vermeidung von Überproduktion, Transport, Wartezeiten, Ausschuss, unnötiger Bewegung sowie eine Verbesserung im Wertschöpfungsprozess definiert. Die Zielmenge des Subsystems „Wertschöpfungssteigerung“ ist in Abbildung 5-25 dargestellt.

---

[354] Siehe auch Kapitel 3.1.

[355] Vgl. Tomanek und Schröder (2018), Eine Methode zur Visualisierung von Wertschöpfung, S. 19 f.

[356] Vgl. Kletti und Schumacher (2014), Die perfekte Produktion, S. 130. Siehe auch Kapitel 3.1.3.

[357] Vgl. Focke und Steinbeck (2018), Steigerung der Anlagenproduktivität, S. 3 u. 12.

[358] Vgl. Focke und Steinbeck (2018), Steigerung der Anlagenproduktivität, S. 20. TEEP steht für *Total Effective Equipment Performance.*

[359] Vgl. Focke und Steinbeck (2018), Steigerung der Anlagenproduktivität, S. 20.

[360] Vgl. Bergmann und Lacker (2009), Denken in Wertschöpfung und Verschwendung, S. 161. Siehe auch Kapitel 3.1.2.

Oberziel	Zwischenziele	Unterziele
Wertschöpfungs-steigerung	Gesamtanlageneffektivität steigern	Verfügbarkeit steigern
		Leistung steigern
		Qualität steigern
	Geplante Produktionszeit steigern	Geplante Produktionszeit steigern
	Verschwendung vermeiden	Bestände vermeiden
		Überproduktion vermeiden
		Transport vermeiden
		Wartezeiten vermeiden
		Ausschuss vermeiden
		Unnötige Bewegung vermeiden
		Herstellungsprozess verbessern

Abbildung 5-25: Zielmenge des Subsystems „Wertschöpfungssteigerung"

Flächennutzungsintensivierung

Das letzte Subsystem, die „Flächennutzungsintensivierung", umfasst Zwischen- und Unterziele, die sich sowohl auf eine Reduktion des Flächenbedarfes als auch auf die Steigerung der Wertschöpfung beziehen. Bei der Intensivierung der Flächennutzung ist das erklärte Ziel, durch multiple Nutzungen hinsichtlich zeitlicher oder örtlicher Komponenten eine effizientere Flächennutzung zu gewährleisten. Die „wertschöpfenden Flächen" in der Produktion können dadurch sowohl in zeitlicher, aber auch in funktionaler Hinsicht optimal genutzt werden[361]. Die Umnutzung bislang ungenutzter Flächen bietet zudem ein hohes Potenzial, um die Flächeneffizienz zu steigern[362]. Das erste Zwischenziel orientiert sich an der Steigerung der vertikalen Mehrfachnutzung der Fläche. Die vertikale Fabrik über mehrere Geschosse schafft zwar Flächeneffizienz hinsichtlich der Grundfläche[363], reduziert aber nicht den tatsächlichen Flächenbedarf. Obere Stockwerke werden zudem häufig für nicht wertschöpfende oder administrative Tätigkeiten genutzt. Vielmehr zielt das Zwischenziel auf die Nutzung von Freifläche oberhalb bestehender Maschinen und Anlagen ab. So können automatisierte Materialtransporte oder automatisierte Lagerarten, wie bspw. ein Hochregallager, für eine vertikale Mehrfachnutzung genutzt werden[364]. Auf diese Weise wird einerseits die Wertschöpfung gesteigert und gleichzeitig der Flächenbedarf gesenkt. Das zweite Zwi-

[361] Vgl. Juraschek et al. (2018), Die Ressourcen der urbanen Fabrik, S. 14.
[362] Vgl. Tomanek et al. (2016), Value Added Heat Map, S. 318.
[363] Vgl. Spath (2017), Neue Entwicklungen in der Unternehmensorganisation.
[364] Vgl. Hollbach-Grömig und Zwicker-Schwarm (2014), Unternehmensstandorte entwickeln, S. 30.

schenziel zielt auf die zeitliche Mehrfachnutzung der Fläche ab, um die Ressource Fläche bestmöglich und so lange wie mögliche zu nutzen[365]. Dies kann bspw. durch flexible oder mobile Montagestationen realisiert werden, um ungenutzte Zeiträume zu vermeiden. Auch kann die Flächeneffizienz durch funktionale und flexibel kombinierbare Container gesteigert werden[366]. Das dritte und letzte Zwischenziel beschreibt die Vermeidung ungenutzter Flächen. Dabei sollen ungenutzte Flächen durch die Erweiterung oder den Einsatz bestehender, wertschöpfender Prozesse erschlossen werden. TOMANEK ET AL. unterteilen ungenutzte Flächen zudem in nicht-zugängliche und frei-zugängliche Bereiche. Dies hat den Vorteil, dass frei-zugängliche Flächen wie bspw. leere Hallenbereiche direkt für wertschöpfende Prozesse genutzt werden können. Nicht-zugängliche Bereiche müssen erst zugänglich gemacht werden und weisen folglich ein geringeres Flächenpotenzial auf[367]. Die Zielmenge des Subsystems „Flächennutzungsintensivierung" ist in Abbildung 5-26 dargestellt.

Oberziel	Zwischenziele	Unterziele
Flächennutzungs-intensivierung	**Vertikale Mehrfachnutzung steigern**	Vertikale Mehrfachnutzung steigern
	Zeitliche Mehrfachnutzung steigern	Zeitliche Mehrfachnutzung steigern
	Ungenutzte Flächen vermeiden	Erschließung nicht-zugänglicher ungenutzter Flächen
		Erschließung frei-zugänglicher ungenutzter Flächen

Abbildung 5-26: Zielmenge des Subsystems „Flächennutzungsintensivierung"

Zu Beginn von Kapitel 5.3.1.2 wurden verschiedene Möglichkeiten der Unterteilung und Kategorisierung der Zielmenge vorgestellt. Die Unterteilung gemäß den Zielbeziehungen war für die Strukturierung des Zielsystems ungeeignet, da sich (komplementäre) Relationen von Ober-, Zwischen- und Unterzielen bereits durch die Mittel-Zweck-Beziehungen ergeben. Die Beziehungen der Ziele auf gleicher Hierarchieebene werden im Folgenden analysiert und in komplementäre, konkurrierende und indifferente Ziele eingeteilt. Die resultierenden Beziehungstypen werden anhand der gegenseitigen Wirkung auf die jeweilige Zielerfüllung gebildet[368]. Wird die Zielerfüllung eines Ziels gesteigert und gleichzeitig ein anderes Ziel ebenfalls gesteigert, so liegt eine komplementäre Beziehung vor. Ein konkurrierendes Verhältnis tritt auf, wenn die Zielerfüllung des einen Ziels ein anderes Ziel negativ beeinflusst. Liegt keine Beziehung zwischen zwei Zielen vor, so verhalten sich beide Ziele indifferent zueinander.[369]

[365] Vgl. Juraschek et al. (2018), Die Ressourcen der urbanen Fabrik, S. 14.
[366] Vgl. Hollbach-Grömig und Zwicker-Schwarm (2014), Unternehmensstandorte entwickeln, S. 14.
[367] Vgl. Tomanek et al. (2016), Value Added Heat Map, S. 318 ff.
[368] Vgl. Heinen (1976), Grundlagen betriebswirtschaftlicher Entscheidungen, S. 99.
[369] Vgl. Heinen (1976), Grundlagen betriebswirtschaftlicher Entscheidungen, S. 94 f.

Die Grundlage der Analyse der Zielbeziehungen sind die identifizierten Unterziele in den drei Subsystemen. Durch die Abgrenzung der Flächenarten in der VDI-Richtlinie 3644 beeinflussen sich die Ziele der Flächenbedarfsreduktion nicht gegenseitig und verhalten sich demnach indifferent. Die Reduktion der Flächenbedarfe wirkt sich gegenüber den Zielen der Wertschöpfungssteigerung hingegen mehrheitlich konkurrierend, was auf mögliche Produktivitätsverluste bei der Verringerung der Fläche zurückzuführen ist. Eine starke Flächenbedarfsreduktion ist entsprechend der analysierten Zielbeziehungen mit Bedacht vorzunehmen. Dahingegen wirkt sich die Reduzierung von (Zwischen-) Lagerfläche sehr positiv auf das Ziel „Bestände reduzieren" aus. Die Reduzierung der Verkehrsweglänge steht zudem in komplementärer Beziehung zum Ziel „Unnötige Bewegung vermeiden". Die Ziele der Flächenbedarfsreduktion verhalten sich zudem konkurrierend zur Erschließung nicht- bzw. frei-zugänglicher Flächen, falls freiwerdende Flächen nicht mit wertschöpfenden Tätigkeiten belegt werden. Die Ziele der Wertschöpfungssteigerung stehen untereinander komplementär gegenüber, da sich bspw. die Verschwendungsarten gegenseitig verstärken. Die Beziehung zu den Zielen der Flächennutzungsintensivierung ist jedoch mehrheitlich indifferent. Die detaillierte Einflussmatrix zur Bestimmung der Beziehungstypen der Unterziele befindet sich in Anhang A.9.

Die beschriebenen Zielbeziehungen lassen sich auf die Oberziele aggregieren. Insgesamt steht die Flächenbedarfsreduktion der Wertschöpfungssteigerung konkurrierend gegenüber, da die Reduktion von Flächen zu möglichen Produktivitätsverlusten führen kann. Auf der anderen Seite ermöglicht die Reduktion von Verschwendung eine Flächenbedarfsreduzierung. Die Wertschöpfungssteigerung und die Flächennutzungsintensivierung weisen eine indifferente Beziehung zueinander auf. Die beiden anderen Oberziele weisen eine komplementäre und konkurrierende Beziehung zueinander auf. Die wechselseitigen Zielbeziehungen der Oberziele sind in Abbildung 5-27 dargestellt.

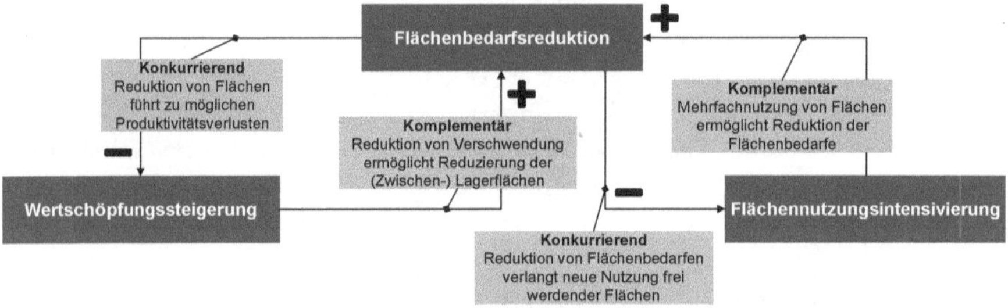

Abbildung 5-27: Identifizierte Zielbeziehungen zwischen den Oberzielen

5.3.2 Identifikation von Kennzahlen zur Bewertung der Flächeneffizienz

Ziel des vorliegenden Kapitels ist die Identifikation von Kennzahlen zur Beschreibung der Unterziele und zur Bewertung der Steigerung der Flächeneffizienz für generische Gestaltungsoptionen. Kennzahlen ermöglichen dabei eine Operationalisierung bzw. Quantifizierung des Zielerfüllungsgrades einer Gestaltungsoption zur Steigerung der Flächeneffizienz[370]. Dabei ist das Mittel-Zweck-Verhältnis von Kennzahl und Ziel die zu erfüllende Anforderung bei der Definition der Kennzahlen[371]. Diese können entweder als absolute oder relative Werte ausgedrückt werden (bspw. durch Zahlen, Summen oder Mittelwerte bzw. Gliederungs-, Beziehungs- oder Indexzahlen). Absolute Kennzahlen werden in der engeren Definition des Kennzahlenbegriffes allerdings nicht einbezogen.[372] In der vorliegenden Arbeit werden daher Relativzahlen für die Bewertung der Flächeneffizienz verwendet, indem die jeweiligen Zustände vor bzw. nach dem Einsatz der Gestaltungsoption zur Steigerung der Flächeneffizienz beurteilt werden. Dabei handelt es sich um die prozentuale Änderung der Reduzierung des Flächenbedarfes, der Steigerung der Wertschöpfung bzw. der Intensivierung der Flächennutzung. Der Quotient der Differenz beider Zustände zu den Zeitpunkten $\boldsymbol{i}$ (vor dem Einsatz der Gestaltungsoption) und $\boldsymbol{j}$ (nach dem Einsatz der Gestaltungsoption) bzw. dem ursprünglichen Zustand zum Zeitpunkt $\boldsymbol{i}$ wird als prozentuale Veränderungsrate interpretiert. Die Steigerung der Flächeneffizienz ist demnach immer als relative Veränderung zum Ursprungszustand anzusehen und ist maximal so groß wie das Flächeneffizienzpotenzial des Gesamtsystems. Die Kennzahlen der drei Subsysteme werden im Folgenden auf der Ebene der Unterziele beschrieben.

5.3.2.1 Beschreibung der Kennzahlen im Subsystem „Flächenbedarfsreduktion"

Alle Unterziele des Subsystems „Flächenbedarfsreduktion" zielen auf die Reduktion des Flächenbedarfes der jeweiligen Flächenart ab. Die Kennzahlen der Unterziele beschreiben daher das Verhältnis des Flächenbedarfes vor dem Einsatz der Gestaltungsoption zur Steigerung der Flächeneffizienz und nach ihrem Einsatz. Die einzelnen Flächenbedarfsreduktionen werden abschließend in der Kennzahl des Zwischenziels gewichtet aufsummiert.

[370] Kennzahlen werden für die „Messung und Beurteilung der Leistung der Gesamtorganisation oder einzelner organisatorischer Teileinheiten" verwendet, vgl. Heinen (1976), Grundlagen betriebswirtschaftlicher Entscheidungen, S. 218.

[371] Siehe auch Kapitel 5.3.1.1.

[372] Vgl. Staehle (1969), Kennzahlen und Kennzahlensysteme als Mittel der Organisation, S. 52.

Da die Berechnungsvorschriften für alle Kennzahlen im Subsystem „Flächenbedarfsreduktion“ gleich aufgebaut sind, wird exemplarisch die Berechnungsvorschrift für die Fertigungsflächenreduktion vorgestellt (Formel (1)).

$$\boldsymbol{FR_{i,j}^{FF}} = \frac{F_{FF,i}-F_{FF,j}}{F_{FF,i}} * \mathbf{100\%} \qquad (1)$$

$\boldsymbol{FR_{i,j}^{FF}}$	Fertigungsflächenreduktion zwischen den Zeitpunkten $\boldsymbol{i}$ und $\boldsymbol{j}$
$\boldsymbol{F_{FF,i}}$	Fertigungsflächenbedarf zum Zeitpunkt $\boldsymbol{i}$ in Quadratmetern
$\boldsymbol{F_{FF,j}}$	Fertigungsflächenbedarf zum Zeitpunkt $\boldsymbol{j}$ in Quadratmetern

In Abbildung 5-28 werden alle Beschreibungen der Kennzahlen im Subsystem „Flächenbedarfsreduktion“ vorgestellt.

Kennzahl		Beschreibung
$FR_{i,j}^{FF}$	Fertigungsflächenreduktion	Reduktion des Flächenbedarfes für Fertigungsflächen, z.B. Flächen für direkte Produktionsprozesse, Maschinen und Anlagen oder Montageflächen
$FR_{i,j}^{ZL}$	Zwischenlagerflächenreduktion	Reduktion des Flächenbedarfes für Zwischenlagerflächen, z.B. für Flächen zur Zwischenlagerung von Rohmaterialien, Halbzeugen oder Betriebsstoffe
$FR_{i,j}^{PF}$	Prüffeldflächenreduktion	Reduktion des Flächenbedarfes für Prüffeldflächen, z.B. Flächen für Qualitätsprüfungen, Mess- oder Nacharbeitsstationen
$FR_{i,j}^{LF}$	Laborflächenreduktion	Reduktion des Flächenbedarfes für Laborflächen, welche sich in unmittelbarer Nähe der Produktion befinden (keine Flächen für Forschung und Entwicklung)
$FR_{i,j}^{FB}$	Fertigungsnahe Büroflächenreduktion	Reduktion des Flächenbedarfes für Fertigungsnahe Büroflächen, z.B. Flächen für Teamleiterbüros, Produktionssteuerung oder die NC-Programmierung
$FR_{i,j}^{WE}$	Wareneingangsflächenreduktion	Reduktion des Flächenbedarfes für Wareneingangsflächen, z.B. Flächen für Rampen, Tore, Bereitstellungen, Warenkontrollen oder Ladungssicherungen
$FR_{i,j}^{LA}$	Lagerflächenreduktion	Reduktion des Flächenbedarfes für Lagerflächen, z.B. Anzahl an Palettenstellplätzen im Lager, Tanklagerflächen, aber auch Rangier- und Ladezonen
$FR_{i,j}^{WA}$	Warenausgangsflächenreduktion	Reduktion des Flächenbedarfes für Warenausgangsflächen, z.B. Flächen für die Bereitstellung, Kommissionierung und Konsolidierung von Fertigwaren
$FR_{i,j}^{VL}$	Verkehrsweglängenreduktion	Reduktion der Verkehrsweglänge, bezogen auf die Länge der Transportwege für den Materialfluss sowie Personenwege
$FR_{i,j}^{VB}$	Verkehrswegbreitenreduktion	Reduktion der Verkehrswegbreite für die sicherheitskonforme Beförderung von Personen, Gütern und Flurförderzeugen
$FR_{i,j}^{SF}$	Sonderflächenreduktion	Reduktion des Flächenbedarfes für Sonderflächen z.B. Flächen für die Lehrwerkstatt, den Werkzeugbau oder die Instandhaltung (produktionsnah)

Abbildung 5-28: Kennzahlen des Subsystems „Flächenbedarfsreduktion“

Eine Übersicht aller Kennzahlen und Berechnungsvorschriften befindet sich in Anhang A.10.

5.3.2.2 Beschreibung der Kennzahlen im Subsystem „Wertschöpfungssteigerung“

Die Kennzahlen des Subsystems „Wertschöpfungssteigerung“ sind in ihren Berechnungsvorschriften nicht so homogen wie die vorangegangenen Kennzahlen. Die Berechnungsvorschriften der Unterziele lassen sich von der Definition der dazugehörigen Zwischenziele ableiten.

So wird das Zwischenziel der **Steigerung der Gesamtanlageneffektivität** in den drei Unterzielen wie folgt beschrieben. Die Verfügbarkeitssteigerung ist die Änderung der tatsächlichen Produktionszeit zwischen den Zeitpunkten $\boldsymbol{i}$ und $\boldsymbol{j}$ im Verhältnis zur theoretisch möglichen Produktionszeit in Stunden (Formel (2)). Während der tatsächlichen Produktionszeit läuft die Anlage bzw. Maschine und produziert Güter. Die theoretisch mögliche Produktionszeit umfasst dahingegen die geplante Dauer der Produktion von Gütern, ohne dass Warte- oder Stillstandzeiten durch fehlendes Material oder eine Werkzeuginstandhaltung auftreten[373].

$$\boldsymbol{WS_{i,j}^{VF}} = \frac{t_{IST,j}^{P} - t_{IST,i}^{P}}{t_{SOLL}^{P}} * \mathbf{100\%} \tag{2}$$

$\boldsymbol{WS_{i,j}^{VF}}$	Verfügbarkeitssteigerung zwischen den Zeitpunkten $\boldsymbol{i}$ und $\boldsymbol{j}$
$\boldsymbol{t_{IST,i}^{P}}$	Tatsächliche Produktionszeit zum Zeitpunkt $\boldsymbol{i}$ in Stunden
$\boldsymbol{t_{IST,j}^{P}}$	Tatsächliche Produktionszeit zum Zeitpunkt $\boldsymbol{j}$ in Stunden
$\boldsymbol{t_{SOLL}^{P}}$	Theoretisch mögliche Produktionszeit in Stunden

Die Leistungssteigerung ist von ungeplanten Verlusten durch bspw. Abweichungen der Taktzeit, kurzzeitige Ausfallzeiten und Stillstände sowie Leerlaufzeiten abhängig. Der dazugehörige Leistungsgrad definiert sich durch das Verhältnis der Ist-Ausbringungsmenge zur Soll-Ausbringungsmenge[374]. Die Leistungssteigerung ist die Änderung der tatsächlichen Ausbringungsmenge zwischen den Zeitpunkten $\boldsymbol{i}$ und $\boldsymbol{j}$ im Verhältnis zur theoretisch möglichen Ausbringungsmenge in Stück (Formel (3)).

$$\boldsymbol{WS_{i,j}^{LE}} = \frac{A_{IST,j}^{ges} - A_{IST,i}^{ges}}{A_{SOLL}^{ges}} * \mathbf{100\%} \tag{3}$$

$\boldsymbol{WS_{i,j}^{LE}}$	Leistungssteigerung zwischen den Zeitpunkten $\boldsymbol{i}$ und $\boldsymbol{j}$
$\boldsymbol{A_{IST,i}^{ges}}$	Tatsächliche Ausbringungsmenge zum Zeitpunkt $\boldsymbol{i}$ in Stück
$\boldsymbol{A_{IST,j}^{ges}}$	Tatsächliche Ausbringungsmenge zum Zeitpunkt $\boldsymbol{j}$ in Stück

[373] Vgl. Focke und Steinbeck (2018), Steigerung der Anlagenproduktivität, S. 9.

[374] Vgl. Kletti und Schumacher (2014), Die perfekte Produktion, S. 131.

A_{SOLL}^{ges} Theoretisch mögliche Ausbringungsmenge in Stück

Die Qualitätssteigerung ist von der Anzahl einwandfreier Teile abhängig, die innerhalb der geforderten Toleranzgrenzen liegen[375]. Der dazugehörige Qualitätsgrad definiert sich durch das Verhältnis von einwandfreien Teilen und der tatsächlichen Ausbringungsmenge in Stück. Die Qualitätssteigerung ist die Änderung der Ausbringungsmenge einwandfreier Teile zwischen den Zeitpunkten i und j im Verhältnis zur tatsächlichen Ausbringungsmenge in Stück (Formel (4)).

$$WS_{i,j}^{QU} = \frac{A_{IST,j}^{iO} - A_{IST,i}^{iO}}{A_{IST}^{ges}} * 100\% \quad (4)$$

$WS_{i,j}^{QU}$ Qualitätssteigerung zwischen den Zeitpunkten i und j

$A_{IST,i}^{iO}$ Ausbringungsmenge einwandfreier Teile zum Zeitpunkt i in Stück

$A_{IST,j}^{iO}$ Ausbringungsmenge einwandfreier Teile zum Zeitpunkt j in Stück

A_{IST}^{ges} Tatsächliche Ausbringungsmenge in Stück

Als zweites Zwischenziel wird die **Steigerung der geplanten Produktionszeit** quantifiziert. Die dazugehörige Berechnungsvorschrift für die Änderung des Nutzungsgrades erweitert die eben angeführten Berechnungen der Verfügbarkeit um die theoretisch verfügbare Produktionszeit[376]. Der Nutzungsgrad stellt das Verhältnis der geplanten Produktionszeit und der theoretisch möglichen Produktionszeit dar. Die Nutzungsgradsteigerung ist die Änderung der geplanten Produktionszeit zwischen den Zeitpunkten i und j im Verhältnis zur theoretisch verfügbaren Produktionszeit in Stunden und wird wie folgt berechnet (Formel (5)).

$$WS_{i,j}^{NG} = \frac{t_{SOLL,j}^{P} - t_{SOLL,i}^{P}}{t_{theo}^{P}} * 100\% \quad (5)$$

$WS_{i,j}^{NG}$ Nutzungsgradsteigerung zwischen den Zeitpunkten i und j

$t_{SOLL,i}^{P}$ Geplante Produktionszeit zum Zeitpunkt i in Stunden

$t_{SOLL,j}^{P}$ Geplante Produktionszeit zum Zeitpunkt j in Stunden

t_{theo}^{P} Theoretisch verfügbare Produktionszeit in Stunden

Im dritten Zwischenziel **Vermeidung von Verschwendung** wird erneut zwischen mehreren Unterzielen differenziert. Diese werden dafür genutzt, die verschiedenen Arten

---

[375] Vgl. Focke und Steinbeck (2018), Steigerung der Anlagenproduktivität, S. 10.

[376] Vgl. Focke und Steinbeck (2018), Steigerung der Anlagenproduktivität, S. 20.

der Verschwendung zu quantifizieren. Dabei gilt die Anzahl Schichten als zeitlicher Referenzwert für das Auftreten der Verschwendung. Der eigentliche Verschwendungswert wird analog zu den Unterzielen und erneut als Änderungsrate zwischen den beiden Zeitpunkten $\boldsymbol{i}$ und $\boldsymbol{j}$ quantifiziert.

Die einzige Ausnahme bildet die Transportreduktion. Als Berechnungsgrundlage wird die Transportleistung hinzugezogen. Die Transportleistung wird durch die Transportmenge und -distanz bestimmt, indem das Produkt beider Werte für jede Transporteinheit aufsummiert wird (Formel (6))[377]. Eine Reduktion der Transportleistung lässt sich daher entweder durch eine Verkürzung der Transportdistanz oder eine Verringerung der Transportmenge erreichen.

$$\boldsymbol{T_t^L = \frac{\sum_{k=1}^{n-1}\sum_{l=k+1}^{n} T_{k,l} D_{k,l}}{Stunde}} \tag{6}$$

$\boldsymbol{T_t^L}$	Transportleistung zum Zeitpunkt $\boldsymbol{t}$ in Tonnenkilometern pro Stunde
$\boldsymbol{n}$	Anzahl der (organisatorischen) Einheiten
$\boldsymbol{T_{k,l}}$	Transportmenge zwischen den Einheiten $\boldsymbol{k}$ und $\boldsymbol{l}$ in Tonnen
$\boldsymbol{D_{k,l}}$	Transportdistanz zwischen den Einheiten $\boldsymbol{k}$ und $\boldsymbol{l}$ in Kilometern

Die Transportreduktion zwischen den Zeitpunkten $\boldsymbol{i}$ und $\boldsymbol{j}$ berechnet sich mithin wie in Formel (7) angegeben.

$$\boldsymbol{WS_{i,j}^{TP} = \frac{TL_i - TL_j}{TL_i} * 100\%} \tag{7}$$

$\boldsymbol{WS_{i,j}^{TP}}$	Transportreduktion zwischen den Zeitpunkten $\boldsymbol{i}$ und $\boldsymbol{j}$
$\boldsymbol{TL_i}$	Transportleistung zum Zeitpunkt $\boldsymbol{i}$ in Tonnenkilometern pro Stunde
$\boldsymbol{TL_j}$	Transportleistung zum Zeitpunkt $\boldsymbol{j}$ in Tonnenkilometern pro Stunde

Da der Aufbau der übrigen Berechnungsvorschriften gleich ist, wird im Folgenden nur auf den Verschwendungswert eingegangen. Die Bestandsreduktion wird beispielsweise aus der Differenz zwischen der Bestandssteigerung und der Bestandsreduktion pro Schicht und zu beiden Zeitpunkten gebildet. Hierdurch kann das entsprechende Bestandsniveau abgebildet und die relative Veränderung quantifiziert werden. Überproduktion bedeutet, dass mehr Teile produziert als nachgefragt werden. Die Überpro-

[377] Vgl. Wäscher (1982), Innerbetriebliche Standortplanung, S. 65.

duktionsrate ergibt sich daher aus der Differenz der Anzahl produzierter und nachgefragter Teile pro Schicht und zu beiden Zeitpunkten. Die Beschreibungen aller Kennzahlen im Subsystem „Wertschöpfungssteigerung" befinden sich in Abbildung 5-29.

Kennzahl		Beschreibung
$WS_{i,j}^{VF}$	Verfügbarkeitssteigerung	Steigerung der Verfügbarkeit bzw. der tatsächlichen Produktionszeit, in der die Anlage wirklich produziert und keine Warte- oder Stillstandzeiten auftreten
$WS_{i,j}^{LE}$	Leistungssteigerung	Steigerung der Leistung bzw. der tatsächlichen Ausbringungsmenge in Stück unter Berücksichtigung von ungeplanten Verlusten oder Abweichungen
$WS_{i,j}^{QU}$	Qualitätssteigerung	Steigerung der Qualität bzw. der Ausbringungsmenge einwandfreier Teile in Stück, d.h. derjenigen Menge, die sich innerhalb der Toleranzwerte bewegt
$WS_{i,j}^{NG}$	Nutzungsgradsteigerung	Steigerung des Nutzungsgrades als Verhältnis der geplanten Produktionszeit und der theoretisch möglichen Produktionszeit
$WS_{i,j}^{BS}$	Bestandsreduktion	Reduktion der Bestände als relativer Vergleich der Bestandssteigerung und -reduktion innerhalb einer Schicht
$WS_{i,j}^{UP}$	Überproduktionsreduktion	Reduktion der Überproduktion als relativer Vergleich der produzierten Teile und nachgefragter Teile innerhalb einer Schicht
$WS_{i,j}^{TP}$	Transportreduktion	Reduktion der Transportleistung zwischen zwei organisatorischen Einheiten unter Berücksichtigung der entsprechenden Transportmenge und -distanz
$WS_{i,j}^{WZ}$	Wartezeitenreduktion	Reduktion der Wartezeiten von sowohl Personal- als auch Maschinenressourcen pro Schicht zwischen den Zeitpunkten vor/ nach der Maßnahme
$WS_{i,j}^{AS}$	Ausschussreduktion	Reduktion von Ausschuss als Maß fehlerhafter Teile pro Schicht zwischen den Zeitpunkten vor/ nach der Maßnahme
$WS_{i,j}^{BE}$	Bewegungsreduktion	Reduktion der Bewegung von Mitarbeitern gemessen in Minuten pro Schicht zwischen den Zeitpunkten vor/ nach der Maßnahme
$WS_{i,j}^{PZ}$	Prozesszeitreduktion	Reduktion der unnötigen Prozesszeit durch ineffiziente Prozesse, Überbearbeitung oder ungeeignete Technologien in Minuten pro Schicht

Abbildung 5-29: Kennzahlen des Subsystems „Wertschöpfungssteigerung"

5.3.2.3 *Beschreibung der Kennzahlen im Subsystem „Flächennutzungsintensivierung"*

Die Unterziele im Subsystem „Flächennutzungsintensivierung" verfolgen sowohl eine Steigerung der Wertschöpfung als auch eine Reduzierung des Flächenbedarfes[378]. Zur Bewertung der Unterziele werden Kennzahlen verwendet, die sich in ihrem Aufbau gleichen. So verfolgt das Unterziel „Vertikale Mehrfachnutzung steigern" die Absicht, die Steigerung der Flächeneffizienz durch die Nutzung eines größtmöglichen Volumens innerhalb einer bestimmten Grundfläche zu erzielen. Der Rauminhalt in den oberen Teilen eines Raumes bleibt häufig „untergenutzt", sodass hier Flächeneffizienzpotentiale erwartet werden. Die Kennzahl für das Unterziel beschreibt daher den Quotienten zwischen dem Rauminhalt, der tatsächlich für wertschöpfende Tätigkeiten genutzt wird und dem gesamten, zur Verfügung stehenden Rauminhalt (Formel (8)). Der

[378] Oder die Unterziele sind eine Kombination aus beiden Oberzielen.

zur Verfügung stehende Rauminhalt ist in der VDI-Richtlinie 3644 durch alle Grundflächen der Produktion, ferner alle Hauptnutz- und Verkehrsflächen, definiert.

$$FI_{i,j}^{MN\_v} = \frac{R_i^{nutz} - R_j^{nutz}}{R^{ges}} * 100\% \quad (8)$$

$FI_{i,j}^{MN\_v}$	Vertikale Mehrfachnutzungssteigerung zwischen den Zeitpunkten i und j
R_i^{nutz}	Mehrfach genutzter Rauminhalt zum Zeitpunkt i in Kubikmetern
R_j^{nutz}	Mehrfach genutzter Rauminhalt zum Zeitpunkt j in Kubikmetern
R^{ges}	Gesamter Rauminhalt der Hauptnutz- und Verkehrsflächen in Kubikmetern

Die zeitliche Mehrfachnutzung verfolgt ein ähnliches Ziel, bei dem die Flächennutzungsdauer ins Verhältnis zum gesamten Zeitraum gesetzt wird, der betrachtet wird. Sobald gleiche Flächen durch den Einsatz einer Gestaltungsoption zur Steigerung der Flächeneffizienz mehrfach oder zeitlich länger genutzt werden können, steigt die Kennzahl an. Die Berechnungsvorschrift ergibt sich analog zu Formel (8).

Als letztes Zwischenziel beschreibt die Reduktion ungenutzter Flächen das Verhältnis der nicht zugänglichen bzw. frei zugänglichen Flächen, die bislang ungenutzt waren. Dies kann bspw. vorhandene Freiflächen, Reserveflächen oder Wandlungsflächen umfassen. Die Berechnungsvorschrift ergibt sich aus der Differenz der ungenutzten Flächen vor bzw. nach Einsatz der Gestaltungsoption zur Steigerung der Flächeneffizienz geteilt durch die ungenutzten Flächen vor Einsatz der Gestaltungsoption (Formel (9)).

$$FI_{i,j}^{UF\_n} = \frac{F_{UF\_n,i} - F_{UF\_n,j}}{F_{UF\_n,i}} * 100\% \quad (9)$$

$FI_{i,j}^{UF\_n}$	Reduktion ungenutzter, nicht zugänglicher Flächen zwischen den Zeitpunkten i und j
$F_{UF\_n,i}$	Ungenutzte, nicht zugängliche Fläche zum Zeitpunkt i in Quadratmetern
$F_{UF\_n,j}$	Ungenutzte, nicht zugängliche Fläche zum Zeitpunkt j in Quadratmetern

Die Beschreibungen aller Kennzahlen im Subsystem „Flächennutzungsintensität“ befinden sich in Abbildung 5-30.

Kennzahl		Beschreibung
$FI_{i,j}^{MN\_v}$	Vertikale Mehrfachnutzungssteigerung	Steigerung der vertikalen Mehrfachnutzung durch die räumliche Ausnutzung der oberen Rauminhalte von den genutzten Hauptnutz- und Verkehrsflächen
$FI_{i,j}^{MV\_z}$	Zeitliche Mehrfachnutzungssteigerung	Steigerung der zeitlichen Mehrfachnutzung, indem der gleiche Rauminhalt durch den Einsatz der Maßnahme mehrfach oder zeitlich länger genutzt wird
$FI_{i,j}^{UF\_n}$	Reduktion ungenutzter Flächen (nicht zugänglich)	Reduktion bislang ungenutzter, aber nicht zugänglicher Flächen, z.B. vorhandene Freiflächen, Reserveflächen oder Wandlungsflächen
$FI_{i,j}^{UF\_f}$	Reduktion ungenutzter Flächen (frei zugänglich)	Reduktion bislang ungenutzter, aber frei zugänglicher Flächen, z.B. vorhandene Freiflächen, Reserveflächen oder Wandlungsflächen

Abbildung 5-30: Kennzahlen des Subsystems „Flächennutzungsintensivierung“

5.3.3 Synthese der Bewertungsparameter in die Kennzahlensystemarchitektur

Die im vorangegangenen Kapitel vorgestellten Bewertungsparameter dienen der Quantifizierung bzw. Operationalisierung der Unterziele des Zielsystems, indem sie den Zielerreichungsgrad der einzelnen Unterziele messen. Als nächstes folgt die Synthese der Bewertungsparameter in die Kennzahlensystemarchitektur. Aufgrund der Mittel-Zweck-Beziehung zwischen den Unterzielen und den Bewertungsparametern bzw. der direkten Zuordnung der Kennzahlen zu den Unterzielen folgt die Kennzahlensystemarchitektur der Struktur des Zielsystems. Die in Kapitel 5.3.1.3 identifizierten Zielbeziehungen zwischen den Unterzielen lassen sich mithin analog auf die entsprechenden Kennzahlen übertragen. Daher ist eine detaillierte Untersuchung der Wechselwirkungen der einzelnen Kennzahlen nicht notwendig. Den dahinterliegenden Sachverhalt visualisiert Abbildung 5-31.

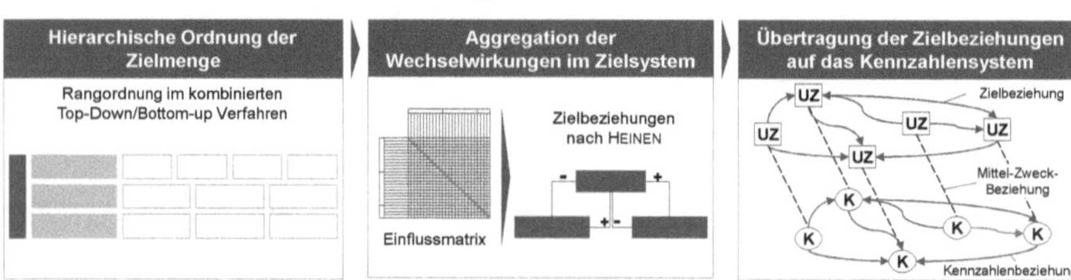

Abbildung 5-31: Übertragung der Zielbeziehungen auf das Kennzahlensystem

Die beschriebenen Kennzahlen und Berechnungsvorschriften sind Modelle zur Beschreibung der Flächeneffizienz. Das Kennzahlensystem besteht aus der Summe aller einzelnen Kennzahlenmodelle. Es findet keine Bewertung oder Priorisierung bzw. Gewichtung der Kennzahlen im Kennzahlensystem statt[379].

[379] Vgl. Staehle (1969), Kennzahlen und Kennzahlensysteme als Mittel der Organisation, S. 83.

5.4 Bestimmung der Flächeneffizienzpotenziale zur Steigerung der Flächeneffizienz

In den vorherigen Kapiteln wurde ersichtlich, dass Fabriken im urbanen Raum einerseits bestimmten Rahmenbedingungen unterliegen (Kapitel 5.1) und andererseits Anforderungen an die Flächennutzung genügen müssen (Kapitel 5.2). Dies hat zur Folge, dass nicht nur interne Faktoren, sondern auch externe Faktoren bei der Steigerung der Flächeneffizienz mit einbezogen werden müssen. Ausgehend von der Zielstellung des vorliegenden Forschungsvorhabens wird in diesem Kapitel die Frage beantwortet, wie anhand von generischen Gestaltungsoptionen zur Steigerung der Flächeneffizienz Potenziale für Fabriken im urbanen Raum abgeleitet werden können. Die in Kapitel 5.2.4 erarbeiteten Anforderungsbereiche bilden dabei die informatorische Grundlage für die Identifikation der Flächeneffizienzpotenziale, indem die Einflüsse zwischen den flächenbezogenen Anforderungen und den Gestaltungsoptionen analysiert und den Anforderungsbereichen entsprechend relevante Gestaltungsoptionen zugeordnet werden. Das in Kapitel 5.3 entwickelte Bewertungsmodell stellt die Basis für die Operationalisierung der Gestaltungsoptionen zur Steigerung der Flächeneffizienz dar. Die Bestimmung des Einflusses jeder Gestaltungsoption auf den Zielerfüllungsgrad der Unterziele ermöglicht eine entsprechende Bewertung und Priorisierung der Gestaltungsoptionen im weiteren Verlauf dieses Kapitels. Das gewählte Vorgehen wird in Abbildung 5-32 dargestellt.

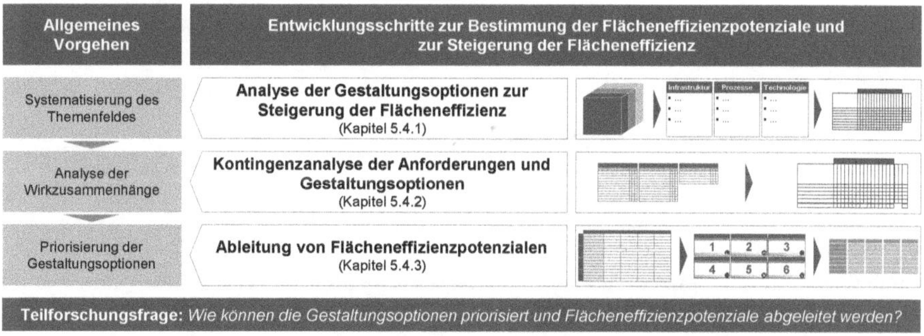

Abbildung 5-32: Detaillierte Entwicklungsschritte des Erklärungsmodells

Der erste Schritt ist die Systematisierung des Themenfeldes zur Steigerung der Flächeneffizienz, indem geeignete Gestaltungsoptionen zu Steigerung der Flächeneffizienz identifiziert und anhand des entwickelten Zielsystems bewertet werden (Kapitel 5.4.1). Das Ergebnis ist eine domänenspezifische und gewichtete Übersicht über generische Gestaltungsoptionen zur Steigerung der Flächeneffizienz urbaner Fabriken. Im zweiten Schritt werden die Beziehungen bzw. Einflüsse zwischen den flächenbezogenen Anforderungen und den generischen Gestaltungsoptionen analysiert, um entsprechende Wirkzusammenhänge zuzuordnen und zu erklären (Kapitel 5.4.2). Ziel ist die Zuordnung der Gestaltungsoptionen zu den identifizierten Anforderungsbereichen für die Ausgestaltung der Strategien zur Steigerung der Flächeneffizienz. Den letzten Schritt stellt die Identifizierung von wertschöpfungsorientierten Flächeneffizienzpotenzialen dar, indem durch die Ableitung einer Priorisierungslogik für die entsprechenden Anforderungen zielführende Gestaltungsoptionen isoliert und gewichtet werden (Kapitel 5.4.3). Das Ziel der sukzessiven Anwendung der priorisierten Gestaltungsoptionen besteht darin, die informatorische Grundlage für die Flächeneffizienzpotenziale zu legen. Das Vorgehen führt zu einer systematischen Steigerung der Flächeneffizienz im vorher gewählten Anforderungsbereich.

5.4.1 Analyse der Gestaltungsoptionen zur Steigerung der Flächeneffizienz

Das vorliegende Kapitel umfasst die Analyse der Gestaltungsoptionen zur Steigerung der Flächeneffizienz und ist in zwei Teile gegliedert. Im ersten Teil werden generische Gestaltungsoptionen zur Steigerung der Flächeneffizienz aus dem wissenschaftlichen Verständnis der Domänen identifiziert und durch eine domänenspezifische Zuordnung systematisiert (Kapitel 5.4.1.1). Anschließend werden die systematisierten Gestaltungsoptionen analysiert, indem mittels einer Einflussanalyse die Wirkbeziehung der Gestaltungsoptionen auf den Zielerfüllungsgrad des Zielsystems aus Kapitel 5.3 bewertet wird (Kapitel 5.4.1.2).

5.4.1.1 Identifikation domänenspezifischer Gestaltungsoptionen zur Steigerung der Flächeneffizienz

Dem wissenschaftlichen Verständnis in den Domänen folgend werden im vorliegenden Kapitel die Ergebnisse einer literaturbasierten Tiefenanalyse zur Identifikation domänenspezifischer Gestaltungsoptionen zur Steigerung der Flächeneffizienz vorgestellt. Ausgehend vom Verständnis aus Kapitel 4.2, in dem der strukturgebende Ordnungsrahmen dieser Arbeit hergeleitet wurde, erfolgt eine Fokussierung des Betrachtungsbereiches in den drei Domänen Infrastruktur, Prozesse und Technologie. Die Gestaltungsoptionen werden analog zum Verständnis der Systemtheorie nach ROPOHL in den Domänen analysiert, da die Systemtheorie auf alle physischen- und nicht-physischen Objekte angewendet werden kann[380]. Die Funktionalität des Systems wird durch

[380] Vgl. Ropohl (1979), Eine Systemtheorie der Technik, S. 63.

den Einfluss auf die Flächennutzung und die Zielerreichung im Zielsystem beschrieben. Die Struktur bilden die damit einhergehenden Wechselwirkungen im System. Die hierarchische Ebene liegt in der domänenspezifischen Abgrenzung zu den anderen Gestaltungsoptionen.

Für die Herleitung der Gestaltungsoptionen zur Steigerung der Flächeneffizienz und der damit verbundenen Tiefenanalyse in den drei Domänen muss die Domänenstruktur hinsichtlich des gewählten Betrachtungsbereiches der vorliegenden Arbeit fokussiert werden. Dies bedeutet auch, dass gewisse Funktionsbereiche der Domänen nicht betrachtet werden. Darüber hinaus fließen Gestaltungsoptionen, die keiner Domäne zugeordnet werden können, ebenfalls nicht in die weitere Analyse ein. Die Auswahl der Gestaltungsoptionen zur Steigerung der Flächeneffizienz erfolgt auf Grundlage kausallogischer Wirkzusammenhänge, welche einerseits aus der Analyse der bestehenden wissenschaftlichen Literatur und andererseits aus dem fundierten Verständnis der Expertengespräche sowie der Expertise des Autors aus der industriellen Praxis abgeleitet werden. Im Folgenden wird das Verständnis und die Struktur der Domänen kurz beschrieben und analog Strukturebenen herausgestellt, bevor die Gestaltungsoptionen zur Steigerung der Flächeneffizienz abgeleitet und vorgestellt werden.

In der Domäne „Infrastruktur" wird der gesamte Standort des Unternehmens hinsichtlich möglicher Strukturebenen betrachtet, da sich produzierende Unternehmen aufgrund der verändernden, betrieblichen Anforderungen ständig anpassen müssen[381]. Die Strukturebenen kategorisieren die Domäne hinsichtlich einer flächeneffizienten Gestaltungsoption. Eine Übersicht über die identifizierten Strukturebenen und Gestaltungsoptionen in der Domäne „Infrastruktur" zeigt Abbildung 5-33.

	Strukturebene	Gestaltungsoption
Domäne Infrastruktur	Raumstruktur	Nachverdichtung im Bestand
	Flächenstruktur	Raummodule und Systemelemente
	Nutzungsstruktur	Nutzung ungenutzter (Reserve-)Flächen
	Nutzerstruktur	Geteilte Infrastruktur und Sharing-Modelle
	Mobilitätsstruktur	Anpassung des Mobilitätskonzepts

Abbildung 5-33: Übersicht über die Strukturebenen und die flächenbeeinflussenden Gestaltungsoptionen in der Domäne „Infrastruktur"

[381] Vgl. Hollbach-Grömig und Zwicker-Schwarm (2014), Unternehmensstandorte entwickeln, S. 11.

In Bezug auf die Zielstellung dieses Kapitels muss demzufolge die **Raumstruktur** des Standorts und der einzelnen Gebäude hinsichtlich möglicher Flächeneffizienzpotenziale untersucht werden. Als zentrales Element ist an dieser Stelle die Nachverdichtung zu nennen[382]. Hierzu zählen unter anderem das nachträgliche Aufstocken von Gebäuden, Anbauten, Erweiterungsbauten oder der Ausbau des Dachgeschosses[383]. Insbesondere urbane Standorte weisen nach LENTES auf die **Flächenstruktur** als zu optimierendes bzw. integrierendes Handlungsfeld hin[384]. Dabei spielt die wertmäßige Unterscheidung zwischen Produktionsflächen und der dafür notwendigen Fläche für Infrastruktur eine eher untergeordnete Rolle[385], sodass auch infrastrukturelle Funktionsbereiche betrachtet werden. In diesem Zusammenhang können Raummodule oder Systemelemente als flächenverdichtende Maßnahme innerhalb von Gebäuden genannt werden[386]. Aber auch die **Nutzungsstruktur** bislang ungenutzter Reserveflächen bietet in der Domäne „Infrastruktur" große Vorteile hinsichtlich der Flächeneffizienz[387]. Der Einfluss infrastruktureller Gestaltungsoptionen bewegt sich dahingehend auch auf partizipativer, fast schon symbiotischer Ebene, sofern eine gemeinsame Standort- und Fabrikgestaltung mit dem urbanen Umfeld ermöglicht wird[388]. Die **Nutzerstrukturen** im urbanen Raum bieten daher eine Vielzahl an Möglichkeiten, flächensparende oder flächeneffiziente Gestaltungsoptionen anzuwenden[389]. So sind etwa Sharing-Modelle für Maschinen und Anlagen oder eine geteilte Infrastruktur ein geeignetes Mittel für die Reduzierung der Flächeninanspruchnahme[390]. Nicht in die Berücksichtigung fallen Außen- und Grünflächen, da sie sich nicht für eine wertschöpfungsorientierte Bewertung der Flächeneffizienz eignen. Unter Einhaltung gesetzlicher Vorschriften und behördlicher Regularien[391] bieten diese Flächen nur begrenzte Möglichkeiten zur Steigerung der Flächeneffizienz. Auf der anderen Seite umfasst die **Mobilitätsstruktur** ebenfalls keine wertschöpfenden Tätigkeiten, jedoch sind indirekte Effekte anhand der Anpassung von Mobilitätskonzepten maßgeblich für eine Steigerung der Flächeneffizienz

[382] Vgl. Umweltbundesamt (2018), Instrumente zur Reduzierung der Flächeninanspruchnahme, S. 93; Lentes (2017), Urbane Produktion als Lösungsansatz, S. 47; Haselsteiner et al. (2019), Innovative Konzepte der vertikalen Verdichtung, S. 10.

[383] Vgl. Hollbach-Grömig und Zwicker-Schwarm (2014), Unternehmensstandorte entwickeln, S. 11.

[384] Vgl. Lentes (2017), Urbane Produktion als Lösungsansatz, S. 46 ff.

[385] Vgl. Tomanek et al. (2016), Value Added Heat Map, S. 317.

[386] Vgl. Hollbach-Grömig und Zwicker-Schwarm (2014), Unternehmensstandorte entwickeln, S. 14.

[387] Vgl. Tomanek et al. (2016), Value Added Heat Map, S. 318.

[388] Vgl. Lentes (2017), Urbane Produktion als Lösungsansatz, S. 47.

[389] Siehe Kapitel 2.1.2 für die Beschreibung der Chancen und Potenziale Urbaner Produktion.

[390] Vgl. MBWSV (2015), Nutzungsmischung und soziale Vielfalt im Stadtquartier, S. 29 f.; Klanten und Schmitt (2019), Nutzungen mischen - Produktion integrieren, S. 20.

[391] Unter anderem ist hier das Maß baulicher Nutzung und die BauNVO zu nennen, siehe auch Kapitel 3.2.2.3, 5.1.2.3 und 5.2.1.3.

auf dem Gelände verantwortlich, so etwa eine Verbesserung des ÖPNV, alternative Transportkonzepte wie Car-Sharing oder mehrgeschossiges Parken.

Analog zum Vorgehen in der Domäne „Infrastruktur" wurden in den Domänen „Prozesse" und „Technologie" weitere Strukturebenen und Gestaltungsoptionen identifiziert. Die Übersicht über die identifizierten Gestaltungsoptionen zeigt Abbildung 5-34.

Infrastruktur	Prozesse	Technologie
• Nachverdichtung (z.B. nachträgliches Aufstocken von Gebäuden)	• Variable, funktionale Nutzung der Prozesse (z.B. Digitalisierung)	• Vertikalisierung von Logistiktechnologien (z.B. Fördertechnik)
• Raummodule und Systemelemente (z.B. Container, Module, Büros)	• Variable, zeitliche Nutzung der Prozesse (z.B. zus. Schichten)	• Vertikalisierung von Produktionstechnologien (z.B. Vertikalsortierer)
• Nutzung ungenutzter (Reserve-) Flächen (z.B. Erweiterungsflächen)	• Prozessoptimierung durch Lean Methoden (z.B. Kanban, 5S)	• Vertikalisierung von Lagertechnologien (z.B. Pater Noster)
• Geteilte Infrastruktur und Sharing-Modelle (z.B. Maschinen/ Anlagen)	• Erhöhung der Logistikleistung und Lieferfrequenz (z.B. Just-in-Time)	• Automatisierung und Digitalisierung in der Produktion (z.B. Robotik)
• Anpassung des Mobilitätskonzeptes (z.B. ÖPNV, Parkpalette)	• Prozessoutsourcing (z.B. von nichtwertschöpfenden Prozessen)	• Automatisierung und Digitalisierung in der Logistik (z.B. RFID, FTS)
	• Prozessintegration (z.B. von Bearbeitungsschritten)	• Technologieinnovationen (z.B. neue Fertigungsverfahren)
	• Prozesskompetenz der Lieferanten (z.B. Qualität und Lieferzeit)	• Simulation von Produktions- und Logistiktechnologien (z.B. PlantSim)
	• Prozess- und Bedarfsglättung (z.B. Wochenendarbeit)	

Abbildung 5-34: Domänenspezifische Übersicht über die Gestaltungsoptionen

Jede Gestaltungsoption wird mithilfe eines Technologiesteckbriefes beschrieben. Die Kurzbeschreibung geht zudem auf die Eigenschaften und Kernaufgabe der jeweiligen Gestaltungsoption ein und zeigt die Funktionsweise anhand von Beispielen auf. Abbildung 5-35 zeigt exemplarisch den Technologiesteckbrief der Gestaltungsoption „Geteilte Infrastruktur und Sharing-Modelle". Alle Technologiesteckbriefe sind in Anhang A.11 dargestellt.

4	Geteilte Infrastruktur und Sharing-Modelle	
Domäne:	Infrastruktur	Prozesse / Technologie
Kurzbeschreibung:	**Charakterisierung:**	
Gemeinschaftliche Nutzung von Betriebsmitteln und Produktionsinfrastruktur. Dies kann sowohl zeitgleich als auch zeitlich getrennt erfolgen.	Eigenschaften	• Förderung der Gründerszene durch geringeren Kapitaleinsatz • Anregung des fachlichen Austauschs zwischen den Nutzungspartnern • Gemeinschaftlich genutzte Infrastruktur
	Kernaufgabe	• Reduktion der benötigen Flächenkapazitäten durch gemeinschaftliche Nutzung
	Funktionsweise	• Betriebsmittel, Produktionsflächen und Infrastruktur wird nicht mehr von einem Akteur genutzt, sondern von mehreren Akteuren geteilt
	Beispiele	• FabLabs, Co-Working Spaces, Open Creative Labs oder B2B-Kooperationen

Abbildung 5-35: Technologiesteckbrief „Geteilte Infrastruktur und Sharing-Modelle"

5.4.1.2 Bewertung der Gestaltungsoptionen anhand des Zielsystems zur Steigerung der Flächeneffizienz

Die im vorangegangenen Kapitel identifizierten Gestaltungsoptionen zur Steigerung der Flächeneffizienz geben einen ersten Anhaltspunkt der Vielzahl an Möglichkeiten, die Flächennutzung hinsichtlich eines effizienten Umgangs positiv zu beeinflussen. Zur Analyse und Prüfung des tatsächlichen Einflusses auf die Steigerung der Flächeneffizienz wird eine Bewertung der Gestaltungsoptionen im Zielsystem aus Kapitel 5.3 durchgeführt. Diese Einflussanalyse bewertet die Wirkung der einzelnen Gestaltungsoptionen auf den Zielerfüllungsgrad der Ebene der Unterziele. Analog zu den Ausführungen in Kapitel 5.2.3 werden die Zusammenhänge durch eine Skala mit den Ausprägungen von „+2“ bis „-2“ bewertet. Dabei ist ausschlaggebend, ob die Gestaltungsoption zur Steigerung der Flächeneffizienz einen starken oder schwachen bzw. positiven oder negativen Einfluss auf das jeweilige Unterziel ausübt. Abbildung 5-36 zeigt exemplarisch die Struktur der Einflussmatrix.

	Oberziel 1						Oberziel 2						Oberziel 3						
***+2:** Zwingend positiver Einfluss auf Unterziel* ***+1:** Tendenziell positiver Einfluss auf Unterziel* ***--** : Kein Einfluss auf Unterziel* ***-1:** Tendenziell negativer Einfluss auf Unterziel* ***-2:** Zwingend negativer Einfluss auf Unterziel*	Unterziel 1.1	Unterziel 1.2	Unterziel 1.3	Unterziel 1.4	Unterziel 1.5	...	Unterziel 2.1	Unterziel 2.2	Unterziel 2.3	Unterziel 2.4	Unterziel 2.5	...	Unterziel 3.1	Unterziel 3.2	Unterziel 3.3	...	Aktivsumme (S_n^Z)	Gewichtung (G_n)	Relative Gewichtung (g_n)
Gestaltungsoption 1	2	--	1	--	2	...	1	--	-2	--	--	...	2	--	1	...	4	7	3,8%
Gestaltungsoption 2	--	1	1	--	--	...	1	--	--	1	1	...	--	1	1	...	0	4	2,2%
Gestaltungsoption 3	-1	--	1	2	-1	...	1	-1	-1	--	1	...	1	--	1	...	8	11	6,0%
...	...	...	...	...	...	...	...	...	...	...	...	...	...	...	...	...	...	...	...
Gestaltungsoption m	-1	1	2	--	--	...	2	1	-1	1	2	...	1	1	2	...	13	14	7,7%
Passivsumme der positiven Einflüsse	**12**	**3**	**7**	**2**	**3**	**...**	**7**	**3**	**11**	**3**	**7**	**...**	**10**	**9**	**5**	**...**			
Passivsumme der negativen Einflüsse	**-1**	**-1**	**0**	**0**	**-3**	**...**	**-2**	**-1**	**-7**	**-1**	**-3**	**...**	**0**	**0**	**-1**	**...**			
Passivsumme der Beträge	**13**	**4**	**7**	**2**	**6**	**...**	**9**	**4**	**18**	**4**	**10**	**...**	**10**	**9**	**6**	**...**			

Analyse der Gestaltungsoptionen

Analyse der Unterziele

Abbildung 5-36: Ergebnisstruktur der Einflussanalyse zwischen Gestaltungsoptionen und Zielerfüllungsgrad der Unterziele

Die Aktivsummen der Zielbeeinflussung S_n^Z geben Auskunft darüber, wie stark die jeweilige Gestaltungsoption n zur Steigerung der Flächeneffizienz das Zielsystem bzw. die Zielerreichung der Unterziele beeinflusst, also wie stark das Ziel zur Steigerung der Flächeneffizienz beeinflusst werden kann. Diese Bewertung ist Grundlage für die Ermittlung der Flächeneffizienzpotenziale, indem im weiteren Verlauf dieses Kapitels die Wirkzusammenhänge zwischen den bewerteten Gestaltungsoptionen und den Flächenanforderungen Auskunft darüber geben, in welcher Strategie zur Steigerung der

Flächeneffizienz welche Gestaltungsoption angewendet und mithin welche Flächeneffizienzpotenziale erwartet werden können.

Eine hohe Zeilensumme ist zudem Indiz für eine hohe Beeinflussungsmöglichkeit der Unterziele und mithin der Steigerung der Flächeneffizienz. Die Auswertung der jeweiligen Gestaltungsoptionen zur Steigerung der Flächeneffizienz erfolgt anhand einer normierten und gewichteten Skala, um die entsprechende Reihenfolgebildung bzw. Priorisierung sowie die Nutzung von (möglicherweise) negativen Zeilensummen $\boldsymbol{S_n^Z}$ zu ermöglichen. Die normierte Gewichtung $\boldsymbol{G_n}$ wird in Anlehnung an SCHMITT nach Formel (10) berechnet[392].

$$G_n = Rd\left((m-1) * \frac{S_n^Z - S_{min}^Z}{S_{max}^Z - S_{min}^Z} + 1\right) \tag{10}$$

G_n	Normierte Gewichtung je Gestaltungsoption n
m	Anzahl aller Gestaltungsoptionen n
S_n^Z	Aktivsumme der Zielbeeinflussung der Gestaltungsoption n
S_{min}^Z	Minimale Aktivsumme der Zielbeeinflussung aller Gestaltungsoptionen
S_{max}^Z	Maximale Aktivsumme der Zielbeeinflussung aller Gestaltungsoptionen

Mithilfe der Passivsumme lassen sich Erkenntnisse über die Unterziele gewinnen (siehe Abbildung 5-37). Es wird ersichtlich, dass insbesondere die Flächenbedarfe der Fertigungs-, Zwischenlager- und Lagerflächen sowie die Verkehrsweglänge von den Gestaltungsoptionen beeinflusst werden. Da diese Flächen meist den Großteil der Fabrikflächen ausmachen, wird ein großes Flächeneffizienzpotenzial erwartet.

Flächenbedarfsreduktion

Unterziel	P	N	B
Fertigungsfläche reduzieren	12	-1	13
Zwischenlagerfläche reduzieren	14	-1	15
Prüffeldfläche reduzieren	3	-2	5
Laborfläche reduzieren	2	-2	4
Fertigungsn. Büroflächen reduzieren	2	-1	3
Wareneingangsfläche reduzieren	3	-1	4
Lagerfläche reduzieren	13	0	13
Warenausgangsfläche reduzieren	3	0	3
Verkehrsweglänge reduzieren	13	0	13
Verkehrswegbreite reduzieren	7	0	7
Sonderflächen reduzieren	2	0	2
Summe	**74**	**-8**	**82**

Wertschöpfungssteigerung

Unterziel	P	N	B
Verfügbarkeit steigern	11	-7	18
Leistung steigern	8	-3	11
Qualität steigern	3	-3	6
Geplante Produktionszeit steigern	4	0	4
Bestände vermeiden	15	-1	16
Überproduktion vermeiden	1	-1	2
Transport vermeiden	7	-3	10
Wartezeiten vermeiden	8	-7	15
Ausschuss vermeiden	1	-3	4
Unnötige Bewegung vermeiden	6	-3	9
Herstellungsprozess verbessern	2	-2	4
Summe	**66**	**-33**	**133**

Flächennutzungsintensivierung

Unterziel	P	N	B
Vertikale Mehrfachnutzung steigern	10	0	10
Zeitliche Mehrfachnutzung steigern	9	0	9
Erschließ. nicht-zug. ungen. Flächen	5	-1	6
Erschließ. frei-zug. ungen. Flächen	4	-1	5
Summe	**28**	**-2**	**30**

Legende:
P: Spaltensumme der positiven Einträge
N: Spaltensumme der negativen Einträge
B: Spaltensumme der Beträge

Abbildung 5-37: Analyse der Unterziele durch die Passivsummen in der Einflussmatrix

[392] Vgl. Schmitt (2015), Basiswissen Qualitätsmanagement, S. 85 f.

Bei der Wertschöpfungssteigerung werden zudem die Unterziele der Verfügbarkeitssteigerung sowie der Reduzierung von Beständen und Wartezeiten am stärksten beeinflusst. Die vollständige Einflussmatrix für die Bewertung der Gestaltungsoptionen sowie der beeinflussten Unterziele befindet sich in Anhang A.12.

5.4.2 Wirkzusammenhänge zwischen flächenbezogenen Anforderungen und bewerteten Gestaltungsoptionen

Zur Beantwortung der Teilforschungsfrage dieses Kapitels wurde der erste Bestandteil der Priorisierung der Gestaltungsoptionen durch die Bewertung des Einflusses auf die Zielerreichung der Unterziele abgeschlossen. Den nächsten Schritt bildet die Modellierung und Analyse der Wirkzusammengänge zwischen den flächenbezogenen Anforderungen und den bewerteten Gestaltungsoptionen. Hierzu werden die Methoden der Kontingenzanalyse adaptiert. Ziel dieser Vorgehensweise ist die spätere Zuordnung der Gestaltungsoptionen zu den einzelnen Anforderungen, um innerhalb der Anforderungsbereiche konkrete Handlungsoptionen aufzuzeigen. Dieser Schritt entspricht der informatorischen Grundlage zur Ausgestaltung der Strategien zur Steigerung der Flächeneffizienz, indem den Gestaltungsoptionen zugeordnete Flächeneffizienzpotenziale in die gewählte Strategie übergehen.

Die Erklärung der Wirkzusammenhänge erfolgt auf Grundlage der bestehenden wissenschaftlichen Literatur. Zudem werden die Erkenntnisse aus den vom Autor geführten Experteninterviews sowie seiner Expertise aus Projekten in der industriellen Praxis abgeleitet. Hierbei sind insbesondere sach- und kausallogische Zusammenhänge hinzuzuziehen, um die Ursache für die Wirkzusammenhänge eindeutig zuordnen zu können[393]. Eine ausschließliche Herleitung der Wirkzusammenhänge aus statistischen Daten ist einerseits aufgrund der fehlenden Datenbasis nicht zielführend. Andererseits stellen statistische Zusammenhänge lediglich die notwendige Bedingung für einen kausalen Zusammenhang dar. Im vorliegenden Anwendungszusammenhang entstehen die Zusammenhänge insbesondere durch kombinatorische Restriktionen oder technische Voraussetzungen, sodass sich die gewählte Vorgehensweise als zielführend herausstellt.

Die identifizierten Wirkzusammenhänge werden in einer Kreuztabellierung dargestellt, welche die Zusammenhänge zwischen nominal skalierten Parametern zweckbezogen darstellt[394]. Dabei wird zunächst die Frage beantwortet, ob ein kausaler Zusam-

[393] Vgl. Backhaus et al. (2018), Multivariate Analysemethoden, S. 358.
[394] Vgl. Backhaus et al. (2018), Multivariate Analysemethoden, S. 358.

menhang zwischen beiden untersuchten Parametern besteht. Im Anschluss daran werden Polarität und Stärke bestimmt, wie sich die Gestaltungsoption zur Steigerung der Flächeneffizienz auf den Grad der Anforderung auswirkt. Als Skala wird erneut eine fünfstufige, deterministische Darstellung gewählt. Ein negativer Wirkzusammenhang bedeutet, dass die Gestaltungsoption dem Grad der Anforderung tendenziell bzw. zwingend entgegenwirkt. Ein positiver Wirkzusammenhang verstärkt den Grad der Anforderung.

	Infrastruktur						Prozesse						Technologie						
+2: Zwingend positiver Einfluss auf Anforderung *+1: Tendenziell positiver Einfluss auf Anforderung* *-- : Kein Einfluss auf Anforderung* *-1: Tendenziell negativer Einfluss auf Anforderung* *-2: Zwingend negativer Einfluss auf Anforderung*	Anforderung 1.1	Anforderung 1.2	Anforderung 1.3	Anforderung 1.4	Anforderung 1.5	...	Anforderung 2.1	Anforderung 2.2	Anforderung 2.3	Anforderung 2.4	Anforderung 2.5	...	Anforderung 3.1	Anforderung 3.2	Anforderung 3.3	...	**Aktivsumme (S_n^A)**	**Gewichtung (G_n)**	**Flächeneffizienz-potenzial (FEP_n^{abs})**
Gestaltungsoption 1	1	--	1	--	-1	...	1	--	-2	--	--	...	-1	--	--	...	4	5	20
Gestaltungsoption 2	1	--	1	--	2	...	1	--	--	--	1	...	--	1	1	...	2	4	8
Gestaltungsoption 3	-1	1	--	--	--	...	--	-1	2	--	1	...	1	--	1	...	5	13	65
...	...	...	...	...	...	...	...	...	...	...	...	...	...	...	...	...	...	...	...
Gestaltungsoption m	-1	1	2	--	--	...	2	1	-1	1	2	...	1	1	2	...	8	6	64
Passivsumme	8	4	5	2	3	...	3	8	1	4	7	...	5	10	3	...			100%

Abbildung 5-38: Vorgehensweise zur Identifikation der Wechselwirkungen zwischen Gestaltungsoptionen und Anforderungen

Die Passivsummen geben an, durch wie viele Gestaltungsoptionen die jeweilige Anforderung beeinflusst wird. Die Summierung aller positiven und negativen Einflüsse zeigt darüber hinaus an, ob sich die Anforderung eher positiv oder eher negativ beeinflussen lässt. Die Aktivsummen $\boldsymbol{S_n^A}$ stellen das Beeinflussungspotenzial der jeweiligen Gestaltungsoption dar. Das Produkt aus der Aktivsumme und der Gewichtung $\boldsymbol{G_n}$ aus der Bewertungsmatrix bildet das absolute Flächeneffizienzpotenzial $\boldsymbol{FEP_n^{abs}}$ der jeweiligen Gestaltungsoption nach Formel (11).

$$\boldsymbol{FEP_n^{abs} = S_n^A * G_n * 100\%} \tag{11}$$

$\boldsymbol{FEP_n^{abs}}$	Absolutes Flächeneffizienzpotenzial der Gestaltungsoption $\boldsymbol{n}$
$\boldsymbol{S_n^A}$	Aktivsumme der Anforderungsbeeinflussung der Gestaltungsoption $\boldsymbol{n}$
$\boldsymbol{G_n}$	Normierte Gewichtung je bewerteter Gestaltungsoption $\boldsymbol{n}$

Die einzelnen Wirkzusammenhänge in den drei Domänen Infrastruktur, Prozesse und Technologie werden in den folgenden Abschnitten anhand einiger Zusammenhänge exemplarisch erläutert. In Summe wurden 91 flächennutzungsrelevante Wirkzusammenhänge zwischen den Gestaltungsoptionen und den Anforderungen identifiziert.

5.4.2.1 Wirkzusammenhänge in der Domäne „Infrastruktur"

Das Ziel der Gestaltungsoptionen in der Domäne „Infrastruktur" ist eine Steigerung der Flächeneffizienz auf der Ebene der Gebäude- und Grundstücksstruktur. Eine Nachverdichtung im Bestand wirkt sich einerseits positiv auf grundstücksbezogene Aspekte aus, da die (Aus-) Nutzung des Baugrunds und des Grundstücks verbessert wird. Lediglich können Einschränkungen aufgrund von bestimmten Bauhöhen oder fundamentbezogenen Gewichtsbeschränkungen des Gebäudes bestehen. Andererseits liegt ein tendenziell negativer Einfluss auf das „Maß der baulichen Nutzung" vor, da nachträgliche Verdichtungsmaßnahmen eine Änderung des Bebauungsplans notwendig machen können, sofern die zulässigen Grundflächen- oder Geschossflächenzahl überschritten wird. Jedoch steigt mit zunehmender Geschosszahl auch der Materialtransport bzw. -aufwand, obgleich eine flächensparende Verkehrsführung tendenziell unterstützt wird. Die Vertikalisierung von Fabriken kann zudem für eine höheren „Grad der Sozialflächen" genutzt werden (z.B. Kantine in einem oberen Stockwerk). Auch können Sozialflächen (z.B. Pausenräume) platzsparend und flexibel in Containern untergebracht werden. Das Einführen eines Containersystems ermöglicht es zwar Flächen einzusparen, allerdings werden bei Transport- und Bearbeitungsprozessen nicht zwangsläufig Flächen eingespart. Daher ist das Verhältnis als neutral zu bewerten.

Die Nutzung bislang ungenutzter Flächen weist eine hohe Bewertung hinsichtlich des Flächeneffizienzpotenzials auf, wirkt sich allerdings tendenziell negativ auf grundstücksbezogene und baulich-normative Parameter aus. Durch verwinkelte Grundstücke oder andere topographische Einschränkungen wie Gewässer, Fernstraßen oder ein Schienennetz entstehen möglicherweise nicht nutzbare Flächen. Bei einer geringen Grundflächenzahl entsteht ein größerer Anteil nicht nutzbarer Flächen, deren Belegung zusätzlich erschwert wird.

Eine Steigerung der Flächeneffizienz durch eine geteilte Infrastruktur oder Sharing-Modelle hat dahingegen auch viele Nebeneffekte, die sich positiv auf andere Anforderungen auswirken. So kann durch eine geteilte Infrastruktur bspw. eine schlechte Verkehrsanbindung kompensiert oder Sozialflächen und Flächen für zusätzliche Dienstleistungen synergetisch genutzt werden. Das verbesserte Image und die Steigerung der Akzeptanz am Standort wird auch durch öffentlich nutzbare Kindergärten, Kantinen oder ähnliche Einrichtungen unterstützt. Ein direkter und zwingend positiver Einfluss besteht auf den „Grad der Nutzungsmischung". Jedoch werden prozessuale Anforderungen tendenziell negativ beeinflusst, da der „Grad der Prozessorganisation" oder die optimale Maschinenanordnung durch eine geteilte Infrastruktur zu gegenläufigen Effekten führen kann.

Die Anpassung des Mobilitätskonzeptes zielt insbesondere auf die Stärkung der Verkehrsanbindungsqualität ab. Die Verbesserung des Transportkonzeptes hat einen direkten Einfluss auf die Verkehrsanbindung für die Mitarbeiter. Der „Grad der Akzeptanz am Standort“ steigt tendenziell durch ein möglicherweise geringeres Verkehrsaufkommen. Zusätzlich könnte der Standort selbst durch die bessere Anbindung selbst profitieren. Die Nutzungsmischung wird durch das Mitnutzung von Parkflächen oder des öffentlichen Nahverkehrs positiv beeinflusst.

Die identifizierten Wirkzusammenhänge zwischen den infrastrukturellen Gestaltungsoptionen und den Anforderungen werden in Abbildung 5-39 dargestellt.

	Infrastruktur										Prozesse								Technologie							
+2: Zwingend positiver Einfluss auf Anforderung *+1: Tendenziell positiver Einfluss auf Anforderung* *-- : Kein Einfluss auf Anforderung* *-1: Tendenziell negativer Einfluss auf Anforderung* *-2: Zwingend negativer Einfluss auf Anforderung*	Grad grundstücksbezogener Aspekte	Grad der Verkehrsanbindungsqualität	Maß der baulichen Nutzung	Grad der Sozialflächen	Grad an zusätzlichen Dienstleistungen	Grad der Akzeptanz am Standort	Grad an Nutzungsmischung	Grad des Immissionsschutzes	Grad der wirtschaftlichen Unabhängigkeit	Grad der sicherheitsrecht. Bestimmungen	Grad der lokalen Beschaffung/ Absatzes	Grad der Prozessorganisation (Logistik)	Grad der Entsorgungsprozesse	Grad des Materialtransports auf Gelände	Grad der Kreislaufwirtschaft	Grad der Maschinenanordnung	Grad d. räuml. Optimierung (prozessual)	Grad flächensparender Verkehrsführung	Grad der Automatisierung	Grad der Flexibilisierung der Anlage	Grad der Technologierobustheit	Grad der Technologiebesonderheit	Grad des Flächenbedarfs der Lagerart	Aktivsumme (S_A^i)	Normierte Gewichtung/Bewertung (G_n)	Flächeneffizienzpotenzial (FEP_n^{ab})
Nachverdichtung im Bestand	2	--	-1	1	--	--	--	--	--	--	--	--	--	-1	--	-1	--	1	--	--	--	--	--	1	7	7
Raummodule und Systemelemente	--	--	--	1	--	--	--	--	--	--	--	--	--	--	--	--	1	--	--	--	--	--	--	2	4	8
Nutzung ungenutzter (Reserve-)Flächen	-1	--	-1	--	--	--	--	--	--	--	--	--	--	--	--	--	1	--	--	--	--	--	--	-1	11	-11
Geteilte Infrastruktur und Sharing-Modelle	--	1	--	1	1	1	2	--	1	--	--	-1	--	--	--	-1	--	--	--	1	--	--	--	6	13	78
Anpassung des Mobilitätskonzeptes	--	2	--	--	--	1	1	--	--	--	--	--	--	--	--	--	--	--	--	--	--	--	--	4	4	16
Passivsumme	1	3	-2	3	1	2	3	0	1	0	0	-1	0	-1	0	-2	2	1	0	1	0	0	0			14,6%

Abbildung 5-39: Identifizierte Wirkzusammenhänge zwischen den infrastrukturellen Gestaltungsoptionen und den flächenbezogenen Anforderungen

Die Passivsummen erklären die Beeinflussung der Anforderungen durch die vorgestellten Gestaltungsoptionen. Bei der Betrachtung der Passivsummen fällt auf, dass insbesondere Anforderungen der Domäne „Infrastruktur“ von infrastrukturellen Gestaltungsoptionen beeinflusst werden. Auf der anderen Seite werden prozessuale Anforderungen tendenziell negativ beeinflusst, da Änderungen an der bestehenden Infrastruktur zu größeren prozessualen Kompromissen führen können. Auf technologischer Seite führen lediglich nutzungsorientierte Gestaltungsoptionen zu einer flexibleren Technologienutzung. Andere Anforderungen auf technologischer Seite werden von infrastrukturellen Gestaltungsoptionen nicht beeinflusst.

5.4.2.2 Wirkzusammenhänge in der Domäne „Prozesse"

Die Domäne „Prozesse" weist die höchste Anzahl an identifizierten Gestaltungsoptionen auf. Eine variable funktionale oder zeitliche Nutzung der Prozesse geht mit einer gewissen Komplexität einher, fördert jedoch die funktionale und zeitliche Flexibilität auf technologischer Seite. Dies wirkt sich nur auf wenige externe Anforderungen positiv aus, weil sich hauptsächlich interne bzw. kapazitive Auswirkungen ergeben.

Eine Steigerung der Flächeneffizienz durch die Optimierung von Prozessen durch Methoden der Lean Production weist einen starken Einfluss auf prozessuale Anforderungen auf. So verbessern diese Methoden in der Logistik die Prozesse in der An- und Ablieferung (z.B. Kanban-Steuerung), die Organisation von Lager- und Transportkonzepten sowie die Reduzierung des Transportaufkommens. Zudem können Maßnahmen auf dem Shopfloor (z.B. 5S-Methode) den Grad der Maschinenanordnung verbessern. Insgesamt verfolgen sowohl die Lean Philosophie als auch die Vermeidung von Verschwendung das gleiche Ziel wie die Steigerung der Flächeneffizienz im Sinne dieser Arbeit[395].

Die Erhöhung der Logistikleistung respektive Lieferfrequenz wirkt sich negativ auf einige infrastrukturelle Anforderungen aus. Insbesondere weisen der „Grad der Akzeptanz am Standort" und der „Grad des Immissionsschutzes" eine zwingend negative Beeinflussung auf, da eine Steigerung des damit induzierten Verkehrsaufkommens der größte Ablehnungsgrund urbaner Produktion in der Bevölkerung und eine wesentliche Emissionsursache hinsichtlich Lärms und CO_2 darstellen. Auf der anderen Seite wird dadurch der „Grad der lokalen Beschaffung und des lokalen Absatzes" gestärkt, da häufige Lieferungen geringere Liefermengen erzeugen und kurze Strecken begünstigt werden. Als technologischer Einfluss wird durch diesen Effekt zugleich der „Grad des Flächenbedarfs der Lagerart" positiv beeinflusst, da geringere Lagermengen benötigt werden. Auffällig ist, dass die Aktivsumme dieser Gestaltungsoption „0" ergibt, sodass über alle Anforderungen hinweg kein Flächeneffizienzpotenzial erkennbar ist. Hier sei darauf verwiesen, dass bei der späteren Auswahl der Anforderungsbereiche nicht alle Anforderungen und mithin nicht alle Gestaltungsoptionen gleichzeitig umgesetzt werden, wenn es um die Implementierung einer Strategie zur Steigerung der Flächeneffizienz geht. Dementsprechend können sich die spezifischen Flächeneffizienzpotenziale noch deutlich verschieben[396].

[395] Siehe hierzu auch die Struktur des Ziel- und Kennzahlensystems in Kapitel 5.3.1.

[396] Siehe hierzu auch das Vorgehensmodell zur Steigerung der Flächeneffizienz in Kapitel 5.5.

Die prozessorientierten Gestaltungsoptionen wirken sich ausschließlich positiv auf die Anforderungen der Domäne „Prozess“ aus. So reduziert die Prozessintegration, also das Zusammenlegen zweier Prozessschritte, einerseits den Materialtransport zwischen den beiden Arbeitsstationen. Andererseits werden Puffer- und Verkehrsflächenbedarfe reduziert, was sich ebenfalls positiv auf den „Grad verkehrssparender Verkehrsführung innerhalb der Fabrik“ auswirkt. Bei dem „Grad der Prozessorganisation in der An- und Ablieferung“ ist die Qualität der Prozessoptimierung maßgeblich von der Zuverlässigkeit der Lieferanten abhängig. Zuverlässige Lieferanten sind somit zwingend notwendig, um eine Verbesserung der Prozesse zu erzielen.

Abbildung 5-40 zeigt die identifizierten Wirkzusammenhänge zwischen den Gestaltungsoptionen der Domäne „Prozesse“ und den flächenbezogenen Anforderungen an Fabriken im urbanen Umfeld.

	Infrastruktur										Prozesse								Technologie							
+2: Zwingend positiver Einfluss auf Anforderung *+1: Tendenziell positiver Einfluss auf Anforderung* *-- : Kein Einfluss auf Anforderung* *-1: Tendenziell negativer Einfluss auf Anforderung* *-2: Zwingend negativer Einfluss auf Anforderung*	Grad grundstücksbezogener Aspekte	Grad der Verkehrsanbindungsqualität	Maß der baulichen Nutzung	Grad der Sozialflächen	Grad an zusätzlichen Dienstleistungen	Grad der Akzeptanz am Standort	Grad an Nutzungsmischung	Grad des Immissionsschutzes	Grad der wirtschaftlichen Unabhängigkeit	Grad der sicherheitsrecht. Bestimmungen	Grad der lokalen Beschaffung/ Absatzes	Grad der Prozessorganisation (Logistik)	Grad der Entsorgungsprozesse	Grad des Materialtransports auf Gelände	Grad der Kreislaufwirtschaft	Grad der Maschinenanordnung	Grad d. räuml. Optimierung (prozessual)	Grad flächensparender Verkehrsführung	Grad der Automatisierung	Grad der Flexibilisierung der Anlage	Grad der Technologierobustheit	Grad der Technologiebesonderheit	Grad des Flächenbedarfs der Lagerart	**Aktivsumme (S_n^A)**	**Normierte Gewichtung/Bewertung (G_n)**	**Flächeneffizienzpotenzial (FEP_n^{abs})**
Variable, funktionale Nutzung der Prozesse	--	--	--	--	--	--	--	--	--	--	--	--	--	--	--	--	--	--	--	2	-1	--	--	1	3	3
Variable, zeitliche Nutzung der Prozesse	--	--	--	1	--	-1	--	--	1	--	--	--	--	--	--	--	--	--	--	--	--	--	--	1	5	5
Prozessoptimierung durch Lean Methoden	--	--	--	--	--	--	--	--	--	1	--	2	--	2	--	2	2	--	--	--	--	--	1	10	14	140
Erhöhung der Logistikleistung/ Lieferfrequenz	--	-1	-1	--	--	-2	--	-2	--	--	2	-1	--	--	--	--	--	1	--	--	--	--	2	0	5	0
Prozessoutsourcing	--	--	--	--	--	--	--	--	--	--	--	--	--	-1	--	--	1	--	--	--	--	--	1	1	1	1
Prozessintegration	--	--	--	--	--	--	--	--	--	--	--	--	--	2	--	--	1	2	--	-1	--	--	--	4	11	44
Prozesskompetenz der Lieferanten	--	--	--	--	--	--	--	--	--	--	--	1	--	--	--	--	--	--	--	--	-1	--	1	1	9	9
Prozess- und Bedarfsglättung	--	--	--	--	--	--	--	--	--	--	--	1	--	--	--	--	--	--	--	--	--	--	1	2	10	20
Passivsumme	0	-1	-1	1	0	-3	0	-2	1	1	2	1	0	3	0	2	4	3	0	1	-2	0	6			33,1%

Abbildung 5-40: Identifizierte Wirkzusammenhänge zwischen den prozessualen Gestaltungsoptionen und den flächenbezogenen Anforderungen

Die Analyse der Passivsummen zeigt eine geringe bis tendenziell negative Beeinflussung der infrastrukturellen Anforderungen seitens der Gestaltungsoptionen aus der Prozessdomäne. Die prozessualen Anforderungen werden jedoch maßgeblich positiv beeinflusst, sodass ein Fokus auf prozessuale Anforderungen auch eine Umsetzung prozessualer Gestaltungsoptionen bedingt. Hierbei weisen Anforderungen hinsichtlich des Materialtransportes und der räumlichen Optimierung der Prozesse die größten Beeinflussungspotenziale auf. Auf technologischer Seite ist es insbesondere der Grad des

Flächenbedarfs der Lagerart, welcher maßgeblich positiv von den Gestaltungsoptionen aus der Prozessdomäne beeinflusst wird.

5.4.2.3 Wirkzusammenhänge in der Domäne „Technologie“

In der Domäne „Technologie“ wurden die meisten Wirkzusammenhänge identifiziert, insbesondere zu Anforderungen aus der gleichen Domäne. Die Vertikalisierung von Logistik-, Produktions- und Lagertechnologien wirkt sich dabei positiv auf den „Grad grundstücksbezogener Aspekte“ aus, da bei starken Einschränkungen durch bspw. verwinkelte oder nicht optimal geschnittene Grundstücke eine Vertikalisierung der Technologien die knapp verfügbaren Flächen besser nutzbar macht. Zudem wird durch vertikale Logistikflächen der Transportaufwand auf den Verkehrsflächen reduziert. Die Wirkung der Maßnahme ist verhältnismäßig größer, je umfangreicher der Materialtransport ist. Darüber hinaus steigern diese Gestaltungsoptionen den „Grad der räumlichen Optimierung bei Transport- und Bearbeitungsprozessen“ sowie teilweise den „Grad flächensparender Verkehrsführung auf dem Gelände“, sofern entsprechende Fördertechnik eingesetzt wird. Einen tendenziell negativen Einfluss hat die Vertikalisierung der Technologien auf den „Grad der Flexibilität der Maschinen und Anlagen“ hinsichtlich der Umnutzbarkeit sowie deren Komplexität, wodurch der „Grad der Technologierobustheit“ sinkt. Zudem nutzt die Lagerart des Hochregallagers explizit die Vertikale aus, um Material flächeneffizienter lagern zu können.

Die Gestaltungsoption der Automatisierung und Digitalisierung in der Produktion bzw. Logistik ist nicht gleichbedeutend zu beschreiben. Der Einsatz von Robotik wirkt bspw. der räumlichen Optimierung aufgrund hoher Aktionsradien und zusätzlicher Schutzräume entgegen. Logistische Automatisierungslösungen wie bspw. fahrerlose Transportsysteme (FTS) reduzieren dahingegen den Flächenbedarf und ermöglichen eine räumliche Optimierung der Prozesse. Die Automatisierung der Produktions- und Logistiktechnologien korreliert zudem positiv mit der Anforderung des „Grads der Automatisierung“. Sie stehen der Technologierobustheit jedoch tendenziell negativ gegenüber, da zusätzliche Robotik bei komplexen oder empfindlichen Teilen schwerer als der Einsatz von Mitarbeitern zu beherrschen ist.

Die Gestaltungsoption der Technologieinnovation bleibt insbesondere bei Anforderungen in der Domäne „Technologie“ hinter ihren Erwartungen zurück. Lediglich werden der „Grad der Automatisierung“ und der „Grad der Technologiebesonderheit“ von dieser Gestaltungsoption tendenziell positiv beeinflusst, da Innovationen im Bereich der Automatisierung den Automatisierungsgrad in Fabriken fördern und Innovationen im Bereich der Technologiebesonderheit eine Reduktion der Anforderungen an die Infrastruktur ermöglichen.

Eine Simulation der Produktions- und Logistiktechnologien ist insbesondere im Bereich der Maschinenanordnung vielversprechend. Neuartige Optimierungsalgorithmen im Bereich des Generative Design oder der Materialfluss- und Logistikoptimierung mit anderen Simulationsansätzen werden dazu eingesetzt, um eine flächeneffiziente und optimale Anordnung der Maschinen und Anlagen computergestützt zu berechnen.

Die Übersicht der Wirkzusammenhänge zwischen den Gestaltungsoptionen aus der Domäne „Technologie" und den Flächenanforderungen ist in Abbildung 5-41 dargestellt.

	Infrastruktur										Prozesse								Technologie							
+2: Zwingend positiver Einfluss auf Anforderung *+1: Tendenziell positiver Einfluss auf Anforderung* *-- : Kein Einfluss auf Anforderung* *-1: Tendenziell negativer Einfluss auf Anforderung* *-2: Zwingend negativer Einfluss auf Anforderung*	Grad grundstücksbezogener Aspekte	Grad der Verkehrsanbindungsqualität	Maß der baulichen Nutzung	Grad der Sozialflächen	Grad an zusätzlichen Dienstleistungen	Grad der Akzeptanz am Standort	Grad an Nutzungsmischung	Grad des Immissionsschutzes	Grad der wirtschaftlichen Unabhängigkeit	Grad der sicherheitsrecht. Bestimmungen	Grad der lokalen Beschaffung/ Absatzes	Grad der Prozessorganisation (Logistik)	Grad der Entsorgungsprozesse	Grad des Materialtransports auf Gelände	Grad der Kreislaufwirtschaft	Grad der Maschinenanordnung	Grad d. räuml. Optimierung (prozessual)	Grad flächensparender Verkehrsführung	Grad der Automatisierung	Grad der Flexibilisierung der Anlage	Grad der Technologierobustheit	Grad der Technologiebesonderheit	Grad des Flächenbedarfs der Lagerart	**Aktivsumme (S_n^A)**	**Normierte Gewichtung/Bewertung (G_n)**	**Flächeneffizienzpotenzial (FEP_n^{abs})**
Vertikalisierung von Logistiktechnologien	1	--	--	--	--	--	--	--	--	--	--	--	--	1	--	--	2	2	--	-1	-1	--	--	**4**	**12**	**48**
Vertikalisierung von Produktionstechnologien	1	--	--	--	--	--	--	--	--	--	--	--	--	--	--	1	2	--	--	-1	-1	--	--	**2**	**7**	**14**
Vertikalisierung von Lagertechnologien	1	--	--	--	--	--	--	--	--	--	--	--	--	1	--	--	2	2	--	--	--	--	2	**8**	**12**	**96**
Automatisierung und Digitalisierung (Prod.)	--	--	--	--	--	--	--	--	--	--	--	--	--	--	--	1	-1	--	2	1	-1	--	--	**2**	**20**	**40**
Automatisierung und Digitalisierung (Logistik)	--	--	--	--	--	--	--	--	--	--	--	1	--	--	--	--	1	1	2	--	-1	--	1	**5**	**12**	**60**
Technologieinnovationen	--	--	--	--	--	--	--	1	--	--	--	1	--	--	1	--	--	1	1	--	-1	1	--	**5**	**5**	**25**
Simulation von Prod.- und Log.-Technologien	--	1	--	--	--	--	--	--	--	--	--	--	--	--	--	2	--	1	--	--	--	--	--	**4**	**17**	**68**
Passivsumme	3	1	0	0	0	0	0	1	0	0	0	2	0	2	1	4	6	7	5	-1	-5	1	3			52,3%

Abbildung 5-41: Identifizierte Wirkzusammenhänge zwischen den technologischen Gestaltungsoptionen und den flächenbezogenen Anforderungen

Die einzelnen Anforderungen werden unterschiedlich von den Gestaltungsoptionen der Domäne „Technologie" beeinflusst. Hier sind insbesondere der „Grad der räumlichen Optimierung" und der „Grad flächensparender Verkehrsführung" zu nennen, welche insbesondere von einer Vertikalisierung profitieren. In der Domäne „Technologie" wird der „Grad der Automatisierung" stark positiv beeinflusst, wohingegen der „Grad der Technologierobustheit" stark negativ beeinflusst wird.

Zusammenfassend sind die Wirkzusammenhänge der Gestaltungsoptionen zur Steigerung der Flächeneffizienz und der Flächenanforderungen vielseitig. Es bestehen eindeutige Zusammenhänge, welche die Grundlage für die Auswahl der umzusetzenden Gestaltungsoptionen auf Basis der entsprechenden Anforderungsbereiche bildet.

5.4.3 Priorisierung der Gestaltungsoptionen zur Ableitung von spezifischen Flächeneffizienzpotenzialen

Aus den beiden vorangegangenen Abschnitten wurde ersichtlich, welche Gestaltungsoptionen zur Steigerung der Flächeneffizienz in den drei Domänen Infrastruktur, Prozesse und Technologie bestehen, wie sie im Zielsystem bewertet werden und welche Wirkzusammenhänge zwischen den Gestaltungsoptionen und den flächenbezogenen Anforderungen an urbane Fabriken bestehen. Das Ziel des vorliegenden Kapitels ist die Priorisierung der bewerteten Gestaltungsoptionen hinsichtlich der Wirkzusammenhänge mit den Anforderungen. Hierzu wird zunächst erläutert, wie die Gestaltungsoptionen den Anforderungen bzw. Anforderungsbereichen zugeordnet werden (Kapitel 5.4.3.1), um die inhaltliche Grundlage für konkrete Handlungsstrategien zu bilden. Anschließend werden die Priorisierungsregeln für die Gestaltungsoptionen vorgestellt, je nachdem wie groß die Beeinflussung der Anforderungsbereiche ausfällt (Kapitel 5.4.3.2). Abschließend wird auf das spezifische Flächeneffizienzpotenzial der einzelnen Strategien zur Steigerung der Flächeneffizienz von Fabriken im urbanen Umfeld eingegangen (Kapitel 5.4.3.3).

5.4.3.1 Auswahl der Anforderungen gemäß ausgewähltem Anforderungsbereich

Der urbane Kontext von Fabriken im urbanen Umfeld ist Treiber für eine Vielzahl von Einflüssen und Wirkbeziehungen zwischen der Fabrik und seiner unmittelbaren Umgebung im Allgemeinen sowie seiner Flächennutzung im Speziellen. Diese Rahmenbedingungen werden anhand der morphologischen Analyse beschrieben[397] und mithilfe der identifizierten, flächenbeeinflussenden Anforderungsbereiche charakterisiert[398]. Jede urbane Fabrik lässt sich daher mit den Merkmalen und deren Ausprägungen in der morphologischen Matrix beschreiben, woraus sich bestimmte Anforderungen als besonders relevant herausstellen. Ziel dieses Abschnitts ist die Erklärung der Zuordnung der morphologischen Analyse und der charakteristischen Anforderungsbereiche urbaner Fabriken. Die Anforderungsbereiche geben wiederum Aufschluss über die konkreten Anforderungen, welche für die Benennung relevanter Gestaltungsoptionen herangezogen werden. Der urbane Kontext ist daher maßgeblich für die Auswahl der Anforderungen gemäß dem ausgewählten Anforderungsbereich sowie den darin enthaltenen Gestaltungsoptionen verantwortlich. Er bestimmt die Auswahl der Strategie zur Steigerung der Flächeneffizienz von Fabriken im urbanen Umfeld.

[397] Siehe hierzu auch Kapitel 5.1.3.

[398] Siehe hierzu auch Kapitel 5.2.4.

Die morphologische Analyse der Fabrik im urbanen Umfeld bietet die Möglichkeit, die Rahmenbedingungen und Einflussfaktoren zu spezifizieren, die einen Einfluss auf die Flächennutzung der urbanen Fabrik ausüben. Die Merkmale und deren Ausprägungen sind das Ergebnis der systematischen Beschreibung der Einflussfaktoren aus Kapitel 5.1 und geben Aufschluss über die Situation, in der sich die urbane Fabrik befindet. Die Ausprägungen sind ordinalskaliert und weisen von links nach rechts einen zunehmend negativen Einfluss auf die Flächennutzung der urbanen Fabrik auf, was in einem erhöhten Flächenbedarf resultiert.

Die morphologische Analyse ist für die Auswahl der Anforderungsbereiche ausschlaggebend, welche die Grundlage für die Strategien zur Steigerung der Flächeneffizienz darstellen. Jedes der vier Handlungsfelder in der morphologischen Analyse umfasst einen speziellen Katalog an Einflussfaktoren, die auf die urbane Fabrik wirken. Dieser Einflussfaktorenkatalog korreliert mit den Anforderungen der jeweiligen Anforderungsbereiche. Die Korrelation wird analysiert, indem ein kausallogischer Zusammenhang zwischen beiden Parametern hergestellt wird. Die Ergebnisse der morphologischen Analyse sind in Abbildung 5-42 dargestellt und bilden die Grundlage für das Synthetisieren der Anforderungen als Ausgangsbasis für die Sensitivitätsanalyse[399].

	Merkmal	Ausprägungen			
Ökologisch-rechtliche Aspekte	Auflagen für Arbeitssicherheit	Kein Flächenanspruch	Schwacher Flächenanspruch	Mittelstarker Flächenanspruch	Starker Flächenanspruch
	Interessen der öffentlichen Träger	Sehr industriefreundlich	Eher industriefreundlich	Eher industriefeindlich	Sehr industriefeindlich
	Auflagen für Emissionen	Keine Einschränkungen	Schwache Einschränkungen	Mittelstarke Einschränkungen	Starke Einschränkungen
	Auflagen für Schallschutz	Nicht notwendig	Teilweise notwendig	Größtenteils notwendig	Notwendig von allen Seiten
Sozio-technische Aspekte	Fachkräfteverfügbarkeit/-qualifikation	Personal großteilig höher qualifiziert	Personal eher höher qualifiziert	Personal eher niedriger qualifiziert	Personal großteilig niedriger qualifiziert
	Einrichtungen für Bildung	Einrichtungen in unmittelbarer Distanz		Einrichtungen in entfernter Distanz	Keine Einrichtungen vorhanden
	F&E-Einrichtungen/ Technologiezentren	Vorhanden und kooperativ	Vorhanden und nicht kooperativ	Vorhanden und konkurrierend	Nicht vorhanden
	Mobilität der Mitarbeiter	Stark überdurchschnittliche Anbindungsqualität	Überdurchschnittliche Anbindungsqualität	Unterdurchschnittliche Anbindungsqualität	Stark unterdurchschnittliche Anbindungsqualität
Baulich-wirtschaftliche Aspekte	Baurechtliche Regularien	Keine Einschränkungen	Schwache Einschränkungen	Mittelstarke Einschränkungen	Starke Einschränkungen
	Bestands- und Denkmalschutz	Keine Gebäudefläche betroffen	Minderheit der Gebäude betroffen	Großteil der Gebäude betroffen	Alle Gebäude betroffen
	Vorhandene Bausubstanz	Keine Einschränkungen	Schwache Einschränkungen	Mittelstarke Einschränkungen	Starke Einschränkungen
	Ausgleichs- und Erweiterungsflächen	Möglichkeiten vorhanden	Möglichkeiten bei Bedarf vorhanden	Möglichkeiten unter erschwerten Bedingungen	Keine Möglichkeiten
Logistisch-infrastrukturelle Aspekte	Logistische Infrastruktur	Fördernd	Eher fördernd	Eher einschränkend	Einschränkend
	Versorgungsstruktur der Supply Chain	Fördernd	Eher fördernd	Eher einschränkend	Einschränkend
	Notwendige Medienspeicherung	Kein Bedarf	Schwacher Bedarf	Mittelstarker Bedarf	Hoher Bedarf
	Mögliche Logistikprozesse	Fördernd	Eher fördernd	Eher einschränkend	Einschränkend

Abbildung 5-42: Zuordnung der Anforderungsbereiche zur morphologischen Analyse

[399] Siehe hierzu den ersten Schritt im Aufbau des Sensitivitätsmodells gemäß dem Vorgehen nach VESTER aus Kapitel 5.2 sowie insbesondere Abbildung 5-12.

So weisen die Anforderungen des ersten Anforderungsbereiches einen starken Zusammenhang zu den ökologisch-rechtlichen Aspekten der morphologischen Analyse auf. Sofern eine hohe Ausprägung von logistisch-infrastrukturellen Aspekten vorliegt, ordnet sich die Fabrik in den zweiten Anforderungsbereich ein. „Anforderungsbereich 3" wird durch eine hohe Ausprägung von sozio-technischen Aspekten geprägt. Liegen eine hohe Ausprägung in sowohl ökologisch-rechtlichen als auch sozio-technischen Aspekten vor, wird „Anforderungsbereich 4" ausgewählt. „Anforderungsbereich 5" steht für eine hohe Ausprägung von baulich-wirtschaftlichen Aspekten. Der sechste Anforderungsbereich wird durch eine hohe Ausprägung von sowohl baulich-wirtschaftlichen als auch logistisch-infrastrukturellen Aspekten charakterisiert.

Die Ergebnisse der kausallogischen Korrelationsanalyse sowie eine Übersicht der Anforderungen in den jeweiligen Anforderungsbereichen sind ebenfalls in Abbildung 5-43 dargestellt.

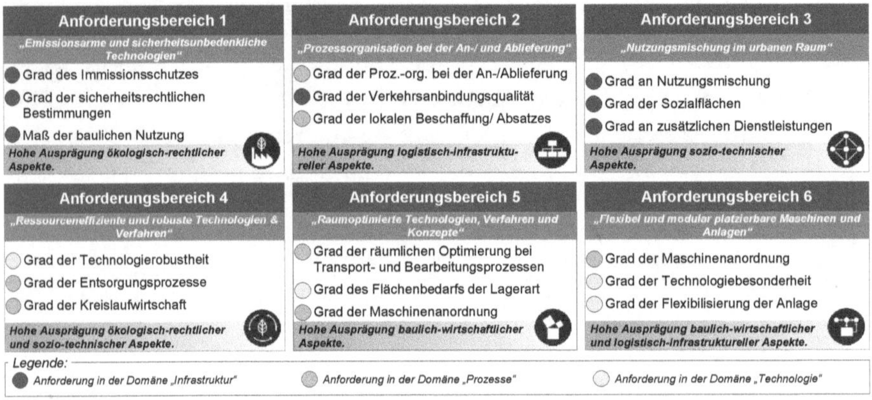

Abbildung 5-43: Übersicht über die Anforderungsbereiche und Zuordnung zu morphologischen Aspekten

Ausgehend von den Anforderungen des jeweiligen Anforderungsbereiches werden diejenigen Gestaltungsoptionen für die Entwicklung der Strategie zur Steigerung der Flächeneffizienz ausgewählt, die einen konkreten Wirkzusammenhang zu den Anforderungen aufweisen. Es ergibt sich folglich eine Liste an Gestaltungsoptionen, die auf Basis der Kontingenzanalyse zwischen den Gestaltungsoptionen zur Steigerung der Flächeneffizienz und den flächenbezogenen Anforderungen gebildet wird. Im folgenden Abschnitt wird auf die Priorisierung der Einträge in der Liste der relevanten Gestaltungsoptionen eingegangen.

5.4.3.2 *Priorisierung der Gestaltungsoptionen anhand der größten Beeinflussung*

Die Gestaltungsoptionen zur Steigerung der Flächeneffizienz, welche in den einzelnen Anforderungsbereichen ausgewählt wurden, tragen zur Erfüllung der einzelnen flächenbezogenen Anforderungen der urbanen Fabrik bei. Darüber hinaus weisen sie ein entsprechendes Flächeneffizienzpotenzial auf, welches sich aus der Bewertung der Gestaltungsoptionen im Kontext des entwickelten Zielsystems ergibt[400]. Die erste **Priorisierung der Gestaltungsoptionen** erfolgt anhand des größten Beeinflussungsfaktors der Wirkzusammenhänge aus der Kontingenzanalyse der ausgewählten Anforderungen. Es werden folglich diejenigen Gestaltungsoptionen höher priorisiert, die einen stark positiven Wirkzusammenhang zu den flächenbezogenen Anforderungen aufweisen, also auf die urbane Situation der Fabrik eingehen und gleichzeitig die Flächeneffizienz steigern. Der Beeinflussungsfaktor wird durch die **Aktivsumme** S_n^A in der Einflussmatrix der Kontingenzanalyse dargestellt[401]. Als Ergebnis ergibt sich ein Set an Gestaltungsoptionen zur Steigerung der Flächeneffizienz, welche anhand ihres Einflusses auf die flächenbezogenen Anforderungen gewichtet werden (siehe Abbildung 5-44).

+2: Zwingend positiver Einfluss auf Anforderung
+1: Tendenziell positiver Einfluss auf Anforderung
-- : Kein Einfluss auf Anforderung
-1: Tendenziell negativer Einfluss auf Anforderung
-2: Zwingend negativer Einfluss auf Anforderung

	Infrastruktur										Prozesse								Technologie							
Anforderungsbereich 6	Grad grundstücksbezogener Aspekte	Grad der Verkehrsanbindungsqualität	Maß der baulichen Nutzung	Grad der Sozialflächen	Grad an zusätzlichen Dienstleistungen	Grad der Akzeptanz am Standort	Grad an Nutzungsmischung	Grad des Immissionsschutzes	Grad der wirtschaftlichen Unabhängigkeit	Grad der sicherheitsrecht. Bestimmungen	Grad der lokalen Beschaffung/ Absatzes	Grad der Prozessorganisation (Logistik)	Grad der Entsorgungsprozesse	Grad des Materialtransports auf Gelände	Grad der Kreislaufwirtschaft	Grad der Maschinenanordnung	Grad d. räuml. Optimierung (prozessual)	Grad flächensparender Verkehrsführung	Grad der Automatisierung	Grad der Flexibilisierung der Anlage	Grad der Technologierobustheit	Grad der Technologiebesonderheit	Grad des Flächenbedarfs der Lagerart	**Aktivsumme (S_n^A)**	**Normierte Gewichtung/Bewertung (G_n)**	**Flächeneffizienzpotenzial (FEP_n^{abs})**
Prozessoptimierung durch Lean Methoden	--	--	--	--	--	--	--	--	--	1	--	2	--	2	--	2	2	--	--	--	--	--	1	10	14	140
Geteilte Infrastruktur und Sharing-Modelle	--	1	--	1	1	1	2	--	1	--	--	-1	--	--	--	-1	--	--	--	1	--	--	--	6	13	78
Technologieinnovationen	--	--	--	--	--	--	--	1	--	--	--	1	--	--	1	--	--	1	1	--	-1	1	--	5	5	25
Simulation von Prod.- und Log.-Technologien	--	1	--	--	--	--	--	--	--	--	--	--	--	--	--	2	--	1	--	--	--	--	--	4	17	68
Vertikalisierung von Logistiktechnologien	1	--	--	--	--	--	--	--	--	--	--	--	--	1	--	--	2	2	--	-1	-1	--	--	4	12	48
Prozessintegration	--	--	--	--	--	--	--	--	--	--	--	--	--	2	--	--	1	2	--	-1	--	--	--	4	11	44
Automatisierung und Digitalisierung (Prod.)	--	--	--	--	--	--	--	--	--	--	--	--	--	--	--	1	-1	--	2	1	-1	--	--	2	20	40
Vertikalisierung von Produktionstechnologien	1	--	--	--	--	--	--	--	--	--	--	--	--	--	--	1	2	--	--	-1	-1	--	--	2	7	14
Nachverdichtung im Bestand	2	--	-1	1	--	--	--	--	--	--	--	--	--	-1	--	-1	--	1	--	--	--	--	--	1	7	7
Variable, funktionale Nutzung der Prozesse	--	--	--	--	--	--	--	--	--	--	--	--	--	--	--	--	--	--	--	2	-1	--	--	1	3	3
Passivsumme	4	3	-3	4	1	-1	3	1	2	1	2	6	0	4	1	4	12	11	5	1	-7	1	9			69,6%

Abbildung 5-44: Exemplarische Auswahl und Priorisierung der Gestaltungsoptionen anhand „Anforderungsbereich 6“

[400] Siehe hierzu auch Anhang A.12.

[401] Siehe hierzu auch Kapitel 5.4.2 und Anhang A.13.

Sofern zwei Gestaltungsoptionen den gleichen Einfluss auf die Anforderungen aufweisen, erfolgt eine anschließende **Sortierung der Gestaltungsoptionen** anhand der zweiten Priorisierungsregel. Das Sortieren der bewerteten – und anhand des Beeinflussungsfaktors priorisierten – Gestaltungsoptionen erfolgt auf Grundlage der **normierten Gewichtung** $\boldsymbol{G_n}$. Die normierte Gewichtung ist das Ergebnis der Bewertung der Gestaltungsoptionen im Kontext des Zielsystems und erfolgt daher anforderungsunabhängig[402]. Im (optionalen) zweiten Schritt wird daher der Einfluss auf die Zielerreichung zur Steigerung der Flächeneffizienz einbezogen. Dies ist insofern relevant, als dass jene Gestaltungsoptionen mit gleichem Einfluss auf die flächenbezogenen Anforderungen bei der späteren Umsetzung in der Strategie zur Steigerung der Flächeneffizienz in eine zielführende Reihenfolge gebracht werden können.

Daran anschließend wird im folgenden Abschnitt das spezifische Flächeneffizienzpotenzial jedes Anforderungsbereiches abgeleitet und erklärt.

5.4.3.3 Herleitung des spezifischen Flächeneffizienzpotenzials

Nachdem die Gestaltungsoptionen zur Steigerung der Flächeneffizienz anhand ihrer Beeinflussung der Anforderungen im ausgewählten Anforderungsbereich ausgewählt, priorisiert und sortiert wurden, erfolgt als letzter Schritt die Herleitung und Erklärung des spezifischen Flächeneffizienzpotenzials. Das Kriterium zur Priorisierung der Gestaltungsoptionen zur Steigerung der Flächeneffizienz ist nicht ausschließlich die Bewertung des Einflusses auf den Zielerfüllungsgrad zur Steigerung der Flächeneffizienz. Bei der Gestaltung der Strategien zur Steigerung der Flächeneffizienz steht explizit die Einbeziehung des urbanen Umfelds und der kontextbezogenen Situation der Fabrik im Vordergrund. Das Flächeneffizienzpotenzial ergibt sich folglich aus der Kombination des Einflusses auf die flächenbezogenen Anforderungen und des Beitrags zur Zielerfüllung[403]. Sowohl die Aktivsumme als auch die normierte Gewichtung werden daher zur Berechnung des spezifischen Flächeneffizienzpotenzials $\boldsymbol{FEP_{AB,x}^{spez}}$ des jeweiligen Anforderungsbereiches $\boldsymbol{x}$ nach Formel (12) verwendet.

$$\boldsymbol{FEP_{AB,x}^{spez} = \sum_{n=1}^{m} FEP_n^{abs}\,,mit\colon n \in x} \tag{12}$$

$\boldsymbol{FEP_{AB,x}^{spez}}$	Spezifisches Flächeneffizienzpotenzial des Anforderungsbereiches $\boldsymbol{x}$
$\boldsymbol{FEP_n^{abs}}$	Absolutes Flächeneffizienzpotenzial der Gestaltungsoption $\boldsymbol{n}$

[402] Siehe hierzu auch Kapitel 5.4.1.2 und Anhang A.12.

[403] Siehe hierzu auch Formel (11) in Kapitel 5.4.2.

Auf diese Weise lässt sich die Summe aller absoluten Flächeneffizienzpotenziale der Anforderungsbereiche berechnen. Abbildung 5-45 zeigt darüber hinaus eine Gegenüberstellung der generischen sowie den durch das urbane Umfeld beeinflusste Gestaltungsoptionen.

Gestaltungsoptionen (generisch)	G_n
1. Automatisierung und Digitalisierung (Produktion)	20
2. Simulation von Produktions- und Logistiktechnologien	17
3. Prozessoptimierung durch Lean Methoden	14
4. Geteilte Infrastruktur und Sharing-Modelle	13
5. Automatisierung und Digitalisierung (Logistik)	12
5. Vertikalisierung von Logistiktechnologien	12
5. Vertikalisierung von Lagertechnologien	12
8. Prozessintegration	11
8. Nutzung ungenutzter (Reserve-)Flächen	11
10. Prozess- und Bedarfsglättung	10
11. Prozesskompetenz der Lieferanten	9
12. Vertikalisierung von Produktionstechnologien	7
12. Nachverdichtung im Bestand	7
14. Variable, zeitliche Nutzung der Prozesse	5
14. Technologieinnovationen	5
14. Erhöhung der Logistikleistung/ Lieferfrequenz	5
17. Raummodule und Systemelemente	4
17. Anpassung des Mobilitätskonzeptes	4
19. Variable, funktionale Nutzung der Prozesse	3
20. Prozessoutsourcing	1

Gestaltungsoptionen (urban beeinflusst)	S_n^A
1. Prozessoptimierung durch Lean Methoden	10
2. Vertikalisierung von Lagertechnologien	8
3. Geteilte Infrastruktur und Sharing-Modelle	6
4. Simulation von Produktions- und Logistiktechnologien	4
5. Automatisierung und Digitalisierung (Logistik)	5
6. Vertikalisierung von Logistiktechnologien	4
7. Prozessintegration	4
8. Automatisierung und Digitalisierung (Produktion)	2
9. Technologieinnovationen	5
10. Prozess- und Bedarfsglättung	2
11. Anpassung des Mobilitätskonzeptes	4
12. Vertikalisierung von Produktionstechnologien	2
13. Prozesskompetenz der Lieferanten	1
14. Raummodule und Systemelemente	2
15. Nachverdichtung im Bestand	1
16. Variable, zeitliche Nutzung der Prozesse	1
17. Variable, funktionale Nutzung der Prozesse	1
18. Prozessoutsourcing	1
19. Erhöhung der Logistikleistung/ Lieferfrequenz	0
20. Nutzung ungenutzter (Reserve-)Flächen	-1

Abbildung 5-45: Gegenüberstellung der generischen und der im urbanen Umfeld beeinflussten Gestaltungsoptionen

Für eine Einordnung in den Gesamtkontext der Arbeit und für eine bessere Vergleichbarkeit der Anforderungsbereiche untereinander werden die spezifischen Flächeneffizienzpotenziale der Anforderungsbereiche in einen relativen Wert überführt, der das Verhältnis zum Gesamtpotenzial aller Gestaltungsoptionen nach Formel (13) angibt.

$$\boldsymbol{FEP^{rel}_{AB,x}} = \frac{\boldsymbol{FEP^{spez}_{AB,x}}}{\sum_{n=1}^{m} \boldsymbol{FEP^{abs}_{n}}}, \boldsymbol{mit\ FEP^{rel}_{AB,x}} \in [\boldsymbol{0; 1}] \tag{13}$$

$\boldsymbol{FEP^{rel}_{AB,x}}$	Relatives Flächeneffizienzpotenzial des Anforderungsbereiches $\boldsymbol{x}$
$\boldsymbol{FEP^{spez}_{AB,x}}$	Spezifisches Flächeneffizienzpotenzial des Anforderungsbereiches $\boldsymbol{x}$
$\boldsymbol{FEP^{abs}_{n}}$	Absolutes Flächeneffizienzpotenzial der Gestaltungsoption $\boldsymbol{n}$

Die Steckbriefe der Strategien zur Steigerung der Flächeneffizienz befinden sich in Anhang A.14.

5.5 Vorgehen zur Steigerung der Flächeneffizienz

Im vorliegenden Kapitel wird das Vorgehensmodell beschrieben, welches auf Grundlage der erarbeiteten Modelle eine systematische Steigerung der Flächeneffizienz von Fabriken im urbanen Umfeld ermöglicht. Die Ergebnisse der Teilmodelle aus den Kapiteln 5.1, 5.2, 5.3 und 5.4 werden hierfür miteinander verknüpft und die entsprechend notwendigen Eingangs- und Ausgangsinformationen beschrieben. Das Ziel des Vorgehensmodells ist die Unterstützung in der Nutzung der Ergebnisse dieser Arbeit im Anwendungszusammenhang, indem die Teilmodelle in eine konsekutive Abfolge gebracht und situativ spezifiziert werden. In Kapitel 5.5.1 wird zunächst das Konzept des Vorgehensmodells beschrieben, um das Vorgehen zur Identifikation und Anwendung der Strategien zur Steigerung der Flächeneffizienz zu erläutern. Im Anschluss daran werden in Kapitel 5.5.2 verschiedene Teilprozessmodelle definiert, bevor abschließend der Anwendungskontext und die situative Anpassung des Vorgehensmodells verdeutlicht wird (Kapitel 5.5.3). Die detaillierte Entwicklung des Vorgehensmodells ist in der Übersicht in Abbildung 5-46 dargestellt.

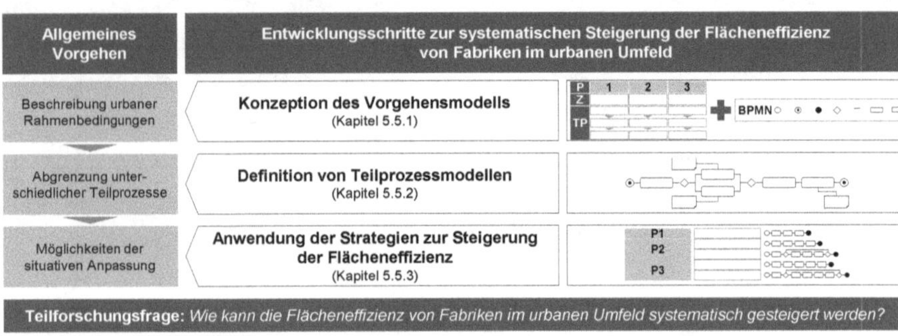

Abbildung 5-46: Detaillierte Entwicklungsschritte des Vorgehensmodells

5.5.1 Konzeption des Vorgehensmodells für die Auswahl der Strategie zur Steigerung der Flächeneffizienz

Im Konzept des Vorgehensmodells zur Anwendung der Strategien zur Steigerung der Flächeneffizienz von Fabriken im urbanen Umfeld werden zunächst drei übergeordnete Prozesse definiert. Die übergeordneten Prozessvarianten verfolgen unterschiedliche Ziele und bauen sukzessive aufeinander auf. Im ersten Prozessschritt erfolgt die Analyse und Einordnung des urbanen Umfelds der Fabrik, sodass die Beschreibung der urbanen Rahmenbedingungen ermöglicht wird. Im zweiten Prozessschritt wird aufbauend auf dem gewählten Anforderungsbereich eine Auswahl über die zu implementierenden Gestaltungsoptionen getroffen, aufgrund dessen eine Priorisierung und (falls notwendig) eine nachträgliche Sortierung der Gestaltungsoptionen erfolgt. Abschließend wird im dritten Prozessschritt das relative Flächeneffizienzpotenzial bestimmt und die Strategie zur Steigerung der Flächeneffizienz auf Grundlage einer sukzessiven Umsetzung der Gestaltungsoptionen ausgewählt. Die Übersicht der drei Prozessschritte ist in Abbildung 5-47 dargestellt.

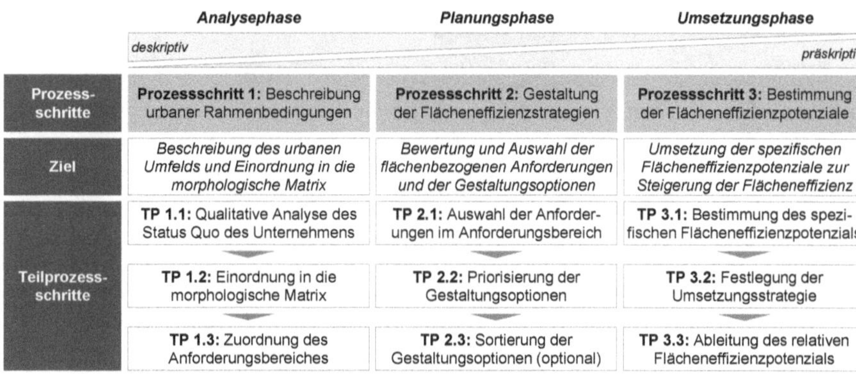

Abbildung 5-47: Übersicht über die Prozessschritte im Vorgehensmodell

Die einzelnen Prozess- und Teilprozessschritte werden sukzessive durchlaufen. Der erste Prozessschritt weist dabei einen rein deskriptiven Charakter auf, indem das urbane Umfeld beschrieben und die Fabrik im morphologischen Kasten in die situativen Rahmenbedingungen eingeordnet wird. Im zweiten Prozessschritt werden sowohl deskriptive als auch präskriptive Elemente angewendet. Im letzten Prozessschritt wird ein rein präskriptives Vorgehensmodell beschrieben.

Zur Beschreibung und Dokumentation der Teilprozessschritte ist eine Prozessbeschreibung und -modellierung notwendig. Hierzu wird die graphische Darstellungstechnik der Business Process Model and Notation (BPMN) verwendet, da im Verhältnis zu verbalen, tabellarischen oder mathematischen Ansätzen die anwendungsorientierte Darstellung von Aufgaben und Aktivitäten stärker fokussiert wird.[404] Im weiteren Verlauf dieser Arbeit werden die Notation und Semantik dieser Prozessmodellierungssprache adaptiert, um die Teilprozessschritte im Vorgehensmodell sinngemäß abzubilden

[404] Für weitere Ansätze siehe Belkin (2011), Multikriterielles Controlling von Geschäftsprozessen, S. 30.

und zu dokumentieren. Die adaptierten Grundelemente der Notation für die Prozessmodellierung sind in Abbildung 5-48 dargestellt.

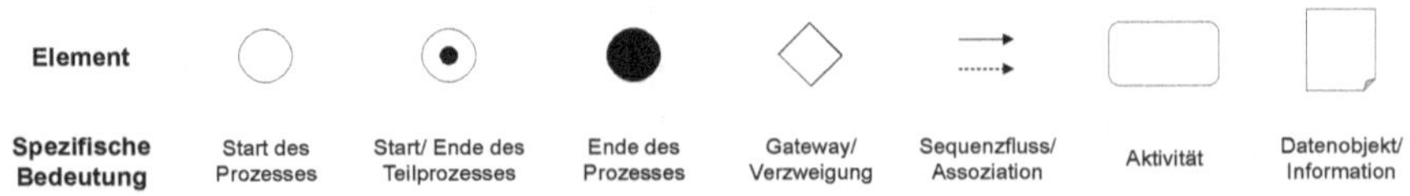

Abbildung 5-48: Grundelemente der Notation der gewählten Prozessmodellierung[405]

5.5.2 Definition von Teilprozessmodellen

Die Teilprozessmodelle werden anhand der vorgegebenen Prozessschritte definiert. Hierzu wird der Gesamtprozess in die drei Phasen Analyse, Planung und Umsetzung untergliedert. Die Teilprozessschritte weisen einen bestimmten Start- und Endpunkt auf und sind aufgrund interdependenter Daten und Informationen nicht gänzlich unabhängig voneinander durchführbar.

5.5.2.1 Prozessschritt 1: Beschreibung urbaner Rahmenbedingungen (Analysephase)

Im ersten **Teilprozess TP 1.1** erfolgt die qualitative Analyse des Status Quo des Unternehmens und der urbanen Umgebung. Hierzu werden zunächst die relevanten und zu betrachtenden Fabrikbereiche eingegrenzt, um den Betrachtungsbereich der anschließenden Analyse und Ausgestaltung zu definieren. Anschließend werden die dazugehörigen Flächenarten sowie bestehende Einflussfaktoren des urbanen Umfelds identifiziert. Nachdem die Zusammenhänge zwischen den Flächenarten und den urbanen Einflussfaktoren qualitativ analysiert wurden, erfolgt wie in Abbildung 5-49 dargestellt die verbale Beschreibung des Status Quo des Unternehmens im urbanen Umfeld.

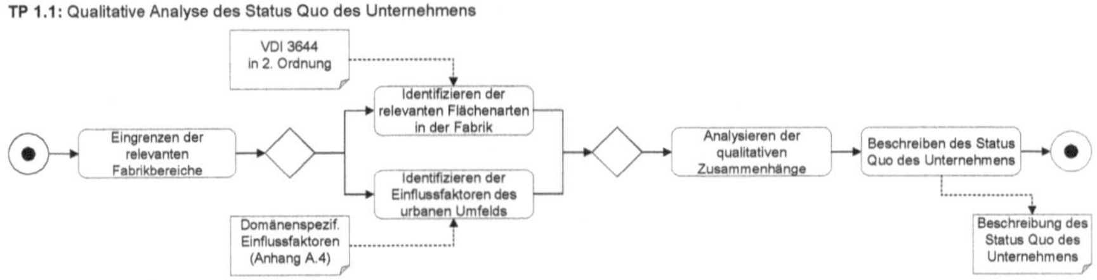

Abbildung 5-49: Teilprozess zur qualitativen Analyse des Status Quo

[405] I.A.a. Freund und Rücker (2017), Praxishandbuch BPMN, S. 29.

Der zweite **Teilprozess TP 1.2** beschreibt die Einordnung der Fabrik in die morphologische Matrix. Ausgehend von der Beschreibung des Status Quo des Unternehmens im urbanen Umfeld wird die morphologische Analyse durchgeführt. Dabei werden die einzelnen Merkmale anhand ihrer Ausprägung bewertet und anschließend in den morphologischen Kasten eingeordnet. Grundlage für die morphologische Analyse ist das Beschreibungsmodell aus Kapitel 5.1. Die Definition und Beschreibung entsprechender Merkmale und Ausprägungen befinden sich in Anhang A.5. Das Ergebnis des zweiten Teilprozesses ist die abschließende morphologische Beschreibung der urbanen Rahmenbedingungen, in denen sich die betrachtete Fabrik befindet. Das Vorgehen von TP 1.2 ist in Abbildung 5-50 abgebildet.

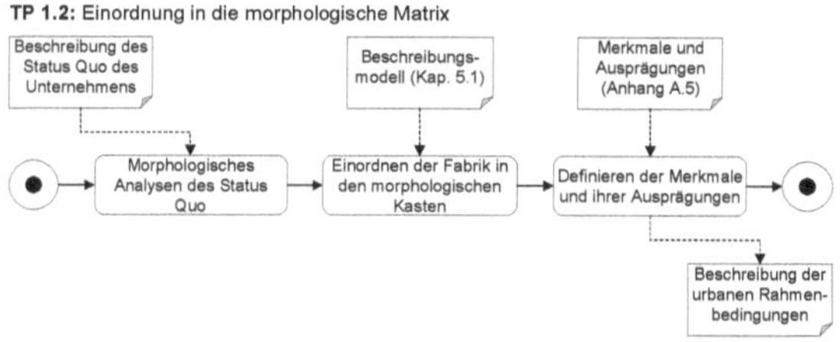

Abbildung 5-50: Teilprozess zur Einordnung in die morphologische Matrix

Im dritten **Teilprozess TP 1.3** erfolgt die Zuordnung des Anforderungsbereiches anhand qualitativer Parameter innerhalb der vier identifizierten Handlungsfelder. Dieser Schritt bildet den ersten Baustein für die Strategie zur Steigerung der Flächeneffizienz von Fabriken im urbanen Umfeld. Es gilt, zunächst die urbanen Einflüsse der vier Handlungsfelder zu bewerten und anschließend die kausallogischen Korrelationen mit den Anforderungen aus dem Sensitivitätsmodell zu definieren. Zusammenfassend werden die Ergebnisse des ersten Prozessschrittes mit der Zuordnung eines Anforderungsbereiches zur Fabrik gebündelt. Das Vorgehen von TP 1.3 zeigt Abbildung 5-51.

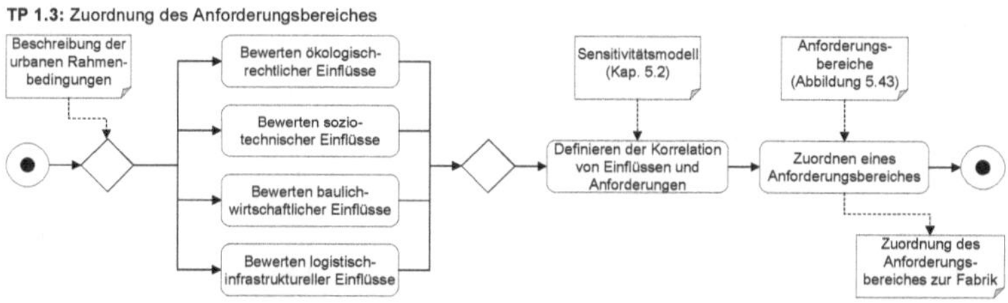

Abbildung 5-51: Teilprozess zur Zuordnung des Anforderungsbereiches

Die Erklärung der Vorgehensweise des ersten Prozessschrittes ist ausführlich in Kapitel 5.4.3.1 beschrieben. Dabei sind sowohl der beschriebene Katalog an Einflussfaktoren in jedem Handlungsfeld als auch der schlussendlich ausgewählte Anforderungsbereich maßgeblich für die Ausgestaltung der Strategien zur Steigerung der Flächeneffizienz von Fabriken im urbanen Umfeld determinierend.

5.5.2.2 Prozessschritt 2: Auswahl der relevanten Gestaltungsoptionen (Planungsphase)

Im zweiten Prozessschritt bestimmt der erste **Teilprozess TP 2.1** die Auswahl der Anforderungen aus dem Anforderungsbereich respektive die dazugehörigen Gestaltungsoptionen. Gemäß des der Fabrik zugeordneten Anforderungsbereiches (Prozessschritt 1) werden die konstituierenden Anforderungen des Anforderungsbereiches selektiert. Anhand dieser Anforderungsliste werden mit Hilfe der Ergebnisse der Kontingenzanalyse (Anhang A.13) diejenigen Gestaltungsoptionen ausgewählt, die einen Wirkzusammenhang mit der Anforderungsliste aufweisen. Es werden also genau die Gestaltungsoptionen gewählt, die dazu beitragen, neben der Steigerung der Flächeneffizienz ebenso die Anforderungen an die urbane Fabrik zu erfüllen. Die resultierende Liste an Gestaltungsoptionen wird abschließend anhand des Einflusses der Gestaltungsoptionen auf die Zielerreichung zur Steigerung der Flächeneffizienz (Anhang A.12) bewertet. Als Ergebnis wird die Liste der relevanten, bewerteten Gestaltungsoptionen an den nächsten Teilprozessschritt übergeben. Abbildung 5-52 visualisiert das Vorgehen von TP 2.1.

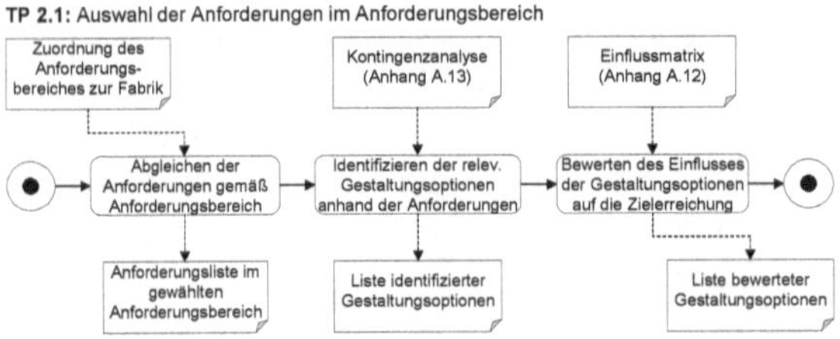

Abbildung 5-52: Teilprozess zur Auswahl der Anforderungen im Anforderungsbereich und der relevanten Gestaltungsoptionen

In **Teilprozess TP 2.2** werden die relevanten, bewerteten Gestaltungsoptionen gemäß ihren Wirkzusammenhängen mit den Anforderungen priorisiert. Hierbei ist entscheidend, dass der Einfluss der Gestaltungsoptionen auf alle Anforderungen und nicht ausschließlich die in TP 2.1 selektierten Anforderungen betrachtet wird. Dies hat den

Grund, dass bei der späteren Umsetzung der Gestaltungsoptionen auch alle Anforderungen an die urbane Fabrik beeinflusst werden und nicht ausschließlich diejenigen aus dem gewählten Anforderungsbereich. Die Priorisierung der Gestaltungsoptionen gleicht einer Reihenfolgebildung, welche die spätere Umsetzungsreihenfolge festlegt. Die Umsetzungsreihenfolge wird daher nicht auf Grundlage des Einflusses auf das Zielsystem der Steigerung der Flächeneffizienz festgelegt, sondern im ersten Schritt am Einfluss auf die Anforderungen gemessen. Das Vorgehen von TP 2.2 ist in Abbildung 5-53 dargestellt.

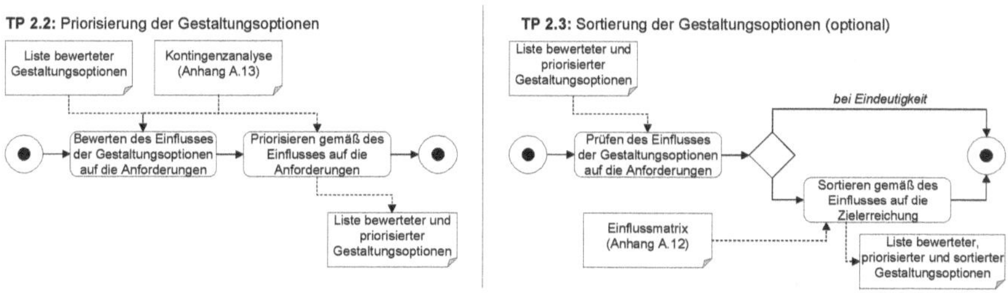

Abbildung 5-53: Teilprozesse zur Priorisierung und Sortierung der Gestaltungsoptionen

Sofern mehrere Gestaltungsoptionen den gleichen Einfluss auf die flächenrelevanten Anforderungen aufweisen, also keine klare Priorisierung möglich ist, werden diese Gestaltungsoptionen in **Teilprozess TP 2.3** sortiert. Das Sortieren der Gestaltungsoptionen mit gleicher Wirkung erfolgt als optionaler Teilprozessschritt auf Grundlage der normierten Gewichtung, also der Bewertung des Einflusses auf die Zielerreichung zur Steigerung der Flächeneffizienz (Anhang A.12). Die Bewertung der Steigerung der Flächeneffizienz wird demnach in zweiter Instanz in die Reihenfolgebildung mit einbezogen. Das Vorgehen von TP 2.3 ist ebenfalls in Abbildung 5-53 abgebildet.

Das Ergebnis des zweiten Prozessschrittes ist folglich die Auswahl der flächenrelevanten Anforderungen, welche zum im ersten Prozessschritt ausgewählten Anforderungsbereich dazu gehören. Darüber hinaus bildet die identifizierte Liste der für die Anforderungen relevanten und im zweiten Prozessschritt bewerteten, priorisierten und sortierten Gestaltungsoptionen die Grundlage für die Gestaltung der Strategie zur Steigerung der Flächeneffizienz der fokussierten Fabrik im urbanen Umfeld. Im dritten Prozessschritt werden die bisherigen Ergebnisse konsolidiert und die Flächeneffizienzpotenziale bestimmt.

5.5.2.3 Prozessschritt 3: Bestimmung der Flächeneffizienzpotenziale (Umsetzungsphase)

Im ersten **Teilprozess TP 3.1** des dritten Prozessschrittes werden die absoluten Flächeneffizienzpotenziale der einzelnen Gestaltungsoptionen abgeleitet. Hierzu werden in der Liste der bewerteten, priorisierten und sortierten Gestaltungsoptionen die Einflüsse auf die Anforderungen mit der normierten Gewichtung (Einflüsse auf die Zielerreichung) multipliziert. Anschließend werden die absoluten Flächeneffizienzpotenziale aller Gestaltungsoptionen im ausgewählten Anforderungsbereich summiert, um das spezifische Flächeneffizienzpotenzial des Anforderungsbereiches zu erhalten. Das Vorgehen von TP 3.1 ist in Abbildung 5-54 dargestellt.

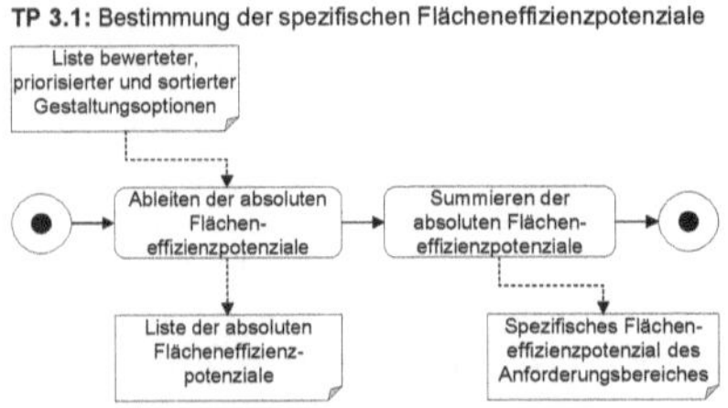

Abbildung 5-54: Teilprozess zur Ableitung der spezifischen Flächeneffizienzpotenziale

In **Teilprozess TP 3.2** wird die sukzessive Umsetzung bzw. die Umsetzungsstrategie für die Gestaltungsoptionen festgelegt. Die ursprüngliche Reihenfolge der Umsetzung ergibt sich aus der Priorisierung und Sortierung der Gestaltungsoptionen in TP 2.2 und TP 2.3. Im Falle einer Erweiterung um weitere Gestaltungsoptionen wird die Umsetzungsstrategie angepasst und die Umsetzungsreihenfolge neu gebildet. Daraus resultiert die endgültige Strategie zur Steigerung der Flächeneffizienz. Das Ergebnis dieses Teilprozesses sind Charakteristika der Strategie zur Steigerung der Flächeneffizienz, um die Ergebnisse zu dokumentieren. Das Vorgehen von TP 3.2 zeigt Abbildung 5-55.

Abbildung 5-55: Teilprozess zur Festlegung der Umsetzungsstrategie

Der abschließende **Teilprozess TP 3.3** dient der Berechnung des relativen Flächeneffizienzpotenzials des Anforderungsbereiches sowie der Bewertung des Einflusses der gewählten Strategie auf den Zielerreichungsgrad zur Steigerung der Flächeneffizienz während der Umsetzungsphase. Mit Hilfe der Identifizierung der wichtigsten bzw. am meisten beeinflussten Ziele und Kennzahlen werden die Charakteristika der Strategie deutlich. Die Charakteristika zeigen die Auswirkungen der Umsetzung der Gestaltungsoptionen auf und weisen auf besonders beeinflusste Ziele auf Ebene der Unterziele auf. Das relative Flächeneffizienzpotenzial wird durch den Quotienten der Summe aller absoluten Flächeneffizienzpotenziale der ausgewählten Gestaltungsoptionen und der Summe aller absoluten Flächeneffizienzpotenziale aller möglichen Gestaltungsoptionen gebildet. Das relative Flächeneffizienzpotenzial gibt also einen Hinweis darauf, welche Möglichkeiten zur Steigerung der Flächeneffizienz die aktuelle Strategie bereits ausnutzt und welche offenen Potenziale durch bspw. das Hinzufügen weiterer Gestaltungsoptionen birgt. Abschließend werden die gewählten Gestaltungsoptionen in der betrachteten Fabrik durch entsprechende Maßnahmen implementiert. Die einzelnen Teilprozessschritte aus TP 3.3 sind in Abbildung 5-56 dargestellt.

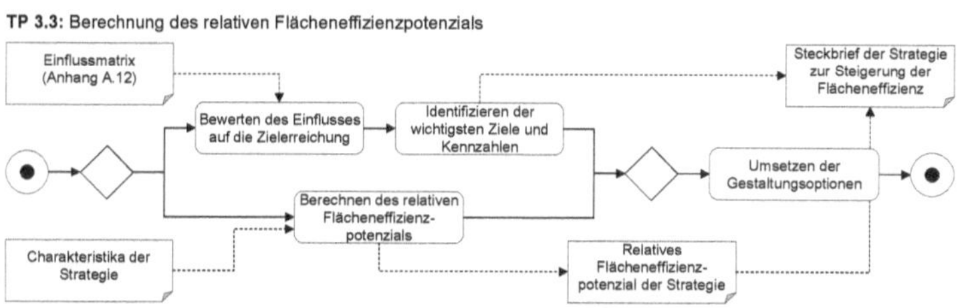

Abbildung 5-56: Teilprozess zur Berechnung und Dokumentation des relativen Flächeneffizienzpotenzials

Das vorgestellte Vorgehen bildet die Grundlage für die Umsetzungsstrategie zur Steigerung der Flächeneffizienz von Fabriken im urbanen Umfeld. Ausgehend von den sechs identifizierten Normstrategien bietet sich im Anwendungszusammenhang die Möglichkeit, weitere, bislang nicht im Anforderungsbereich enthaltene Gestaltungsoptionen zur Strategie hinzuzufügen. Dies ist insbesondere für diejenigen Strategien sinnvoll, die ein geringes relatives Flächeneffizienzpotenzial aufweisen. Außerdem bietet sich eine Erweiterung der Strategie an, sofern bereits viele relevante Gestaltungsoptionen umgesetzt bzw. in der Fabrik angewendet wurden und die Strategie infolgedessen erweitert werden soll. Dies ist insbesondere für diejenigen Strategien sinnvoll, die ein hohes relatives Flächeneffizienzpotenzial aufweisen.

5.5.3 Anwendungszusammenhang des Vorgehensmodells

Im vorherigen Abschnitt wurden Teilprozessmodelle entwickelt, deren Abfolgen im situativen Anwendungszusammenhang unterschiedlich ausgeprägt sein können. Dafür ist ausschlaggebend, ob die Fokussierung der Umsetzung eher die Analyse-, Planungs- oder Umsetzungsphase betrifft. Es ergibt sich mithin eine deskriptive oder präskriptive Tendenz in der Umsetzung des Vorgehensmodells zur Steigerung der Flächeneffizienz von Fabriken im urbanen Umfeld.

Für eine reine Analyse und Beschreibung der urbanen Rahmenbedingungen ist Prozessschritt 1 ausreichend, wobei die Teilprozessschritte 1.1, 1.2 und 1.3 durchlaufen werden. Sofern daraus eine Strategie zur Steigerung der Flächeneffizienz abgeleitet und auf Grundlage der Auswahl und Priorisierung der Gestaltungsoptionen gestaltet werden soll, werden darüber hinaus die Teilprozessschritte 2.1, 2.2 und 2.3 durchlaufen. Sofern eine stetige Anpassung der Strategie zur Steigerung der Flächeneffizienz notwendig oder gewünscht wird, erfolgt eine Iterationsschleife für alle Teilprozessschritte des zweiten Prozessschrittes, sodass die Auswahl, Priorisierung und optionale Sortierung der Gestaltungsoptionen wiederholt wird. Die Bewertung der Strategie durch die Bestimmung der spezifischen Flächeneffizienzpotenziale erfolgt im dritten Prozessschritt, sodass hierfür neben dem Durchlaufen von TP 1 und TP 2 auch die Teilprozessschritte 3.1, 3.2 und 3.3 anstehen. Hierbei wird ebenfalls die einmalige Umsetzung der Flächeneffizienzpotenziale durch die Implementierung der in der jeweiligen Strategie ausgewählten Gestaltungsoptionen realisiert. Als letzte Konfigurationsmöglichkeit sieht die stetige Kontrolle der Flächeneffizienzpotenziale eine Wiederholung der Prozessschritte 2 sowie der Teilprozessschritte 3.1, 3.2 und 3.3 vor. An dieser Stelle sei darauf verwiesen, dass sich die Charakteristika der Strategie bei wiederholter Auswahl und Priorisierung weiterer Gestaltungsoptionen ebenfalls ändern. Die situativen Anpassungsmöglichkeiten des Vorgehensmodells zeigt Abbildung 5-57.

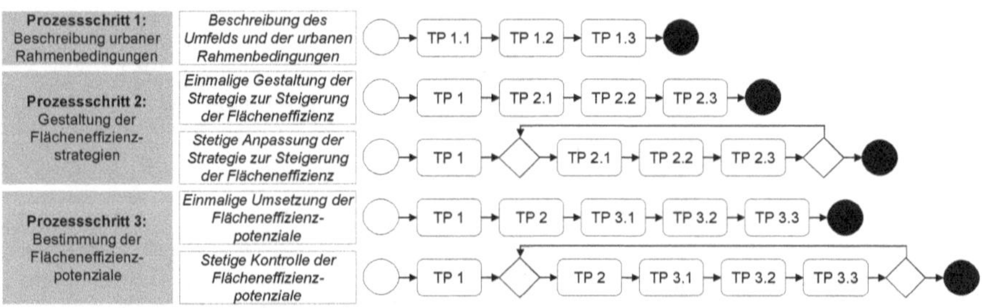

Abbildung 5-57: Situative Anpassungsmöglichkeiten des Vorgehensmodells

6 Validierung und kritische Reflexion

»Die Entwicklung und Einführung neuer Konzepte für urbane Fabriken durch die Industrie zeigt eine steigende Motivation für Innovationen in diesem Bereich.»[406]

Das sechste Kapitel beschreibt die Anwendung des Vorgehensmodells zur Steigerung der Flächeneffizienz von Fabriken im urbanen Umfeld. Anhand des Fallbeispiels aus der industriellen Praxis wird der Anwendungszusammenhang erläutert, um die erarbeiteten Ergebnisse gemäß des Forschungsprozesses aus Kapitel 1.3 empirisch-induktiv zu prüfen und deren Anwendbarkeit sicherzustellen. Hierzu wird ein Praxisbeispiel der anonymisierten Konsumgüter GmbH verwendet, in welchem die Teilprozessschritte gemäß den situativen Anpassungsmöglichkeiten des Vorgehensmodells durchlaufen werden. Die umfassende Bewertung wird durch die Anwendung und Prüfung aller entwickelten Prozessschritte ermöglicht (Kapitel 6.1). Anschließend erfolgt die Bewertung der exemplarischen Anwendung, um die Ergebnisse des Modells und der Anwendungserfahrung kritisch zu reflektieren sowie die Erfüllung der inhaltlichen und formalen Anforderungen zu überprüfen (Kapitel 6.2).

6.1 Validierung am Beispiel der Konsumgüter GmbH

Die Konsumgüter GmbH ist ein führender Hersteller von Fast Moving Consumer Goods (FMCG, engl.: Güter des täglichen Bedarfs) für den privaten Endkunden. Das Unternehmen betreibt in seinem Produktionsnetzwerk mehrere Fabriken auf vier Kontinenten, wobei jede Fabrik ein spezielles Produktportfolio abbildet. Das gesamte Produktportfolio der Konsumgüter GmbH beinhaltet mehrere unterschiedliche Produktgruppen, die eine Unterteilung der Produktions- und Logistikbereiche vorgeben. Die Produkt- und Produktionskomplexität, und damit einhergehend der Flächenbedarf und der Grad der Flächennutzung in den Produktions- und Logistikbereichen,

[406] Herrmann et al. (2020), Urban Production: State of the Art and Future Trends, S. 766.

wird besonders durch verschiedene Formulierungen (bzw. Inhaltsstoffe) sowie Formate (bzw. Endverpackungen) beeinflusst.

6.1.1 Ausgangssituation der Konsumgüter GmbH

Im Folgenden wird ein Standort der Konsumgüter GmbH betrachtet, der aus historischer und netzwerkorientierter Sicht eine zentrale Bedeutung für das Unternehmen aufweist. Das Produktportfolio umfasst mehrere unterschiedliche Produkte, sodass der Standort auf mehreren zehntausend Quadratmetern Geschossfläche verschiedenste Produktions- und Lagertechnologien beheimatet. Darüber hinaus zählen Geschossflächen für Büro-, Service- und externe Einrichtungen sowie Gebäude- und Rohrleitungstechnik für die prozess- und verfahrenstechnische Medienversorgung zum Werksgelände der Fabrik.

Die Fabrik liegt inmitten eines urbanen Gebietes, da sich die Stadtgrenzen im Laufe der Zeit immer weiter ausgedehnt haben. Die Nutzungsmischung des urbanen Gebietes zeigt sich ausdrücklich in der angrenzenden Wohnbebauung, Nahversorgern, sozialen Einrichtungen, Erholungsgebieten sowie Schulen, aber auch in den Schnittstellen zu anderen Industriebetrieben. Die Besonderheiten des urbanen Produktionsstandortes umfassen dabei nicht nur Potenziale für die Konsumgüter GmbH, sondern explizite Herausforderungen und eine gemischte Akteursstruktur. So zählen ökologisch-rechtliche Einflussfaktoren, wie bspw. restriktive Vorschriften zu Lärm- und Geruchsemissionen, logistisch-infrastrukturelle Einflüsse wie bspw. verkehrstechnische Engpässe im Anlieferverkehr und in der Mitarbeitermobilität sowie baulich-wirtschaftliche Restriktionen in Architektur, Baurecht und Flächenpolitik zu den großen Herausforderungen der möglichen Standortentwicklung.

Die interne Werksstruktur hat sich über Jahrzehnte weiterentwickelt und zeigt charakteristische Züge eines historisch gewachsenen Produktionsstandortes auf. Dies zeigt sich insbesondere in einer ungeordneten und durchmischten Gebäudestruktur, einem hohen Logistikaufwand auf dem Werksgelände bzw. in den Gebäuden sowie in sich kreuzenden und komplexen Materialflüssen in der Produktion. Diese Situation führt zu einem erhöhten Flächenbedarf für Produktionsflächen. Die historische und bedarfsorientierte Kapazitätserweiterung der Produktions- und Logistikbereiche stößt dabei zunehmend an ihre Grenzen, da das Flächenangebot in den Gebäuden und auf dem Werksgelände nahezu aufgebraucht ist. Aus städtebaurechtlicher Sicht bestehen nur noch wenige Erweiterungsmöglichkeiten, da das Grundstück fast vollständig entwickelt ist.

Um die langfristige Entwicklung und Wirtschaftlichkeit des Standortes sicherzustellen, sollen die relevanten Produktions- und Logistikbereiche sowie resultierende Flächenbedarfe analysiert und hinsichtlich der Flächennutzung in den Fabrikgebäuden und auf dem Werksgelände optimiert werden. Dabei sind sowohl die innerbetrieblichen als auch die urbanen Rahmenbedingungen zu berücksichtigen.

6.1.2 Anwendung des Vorgehensmodells zur Steigerung der Flächeneffizienz

Im Rahmen der Anwendung des Vorgehensmodells bei der Konsumgüter GmbH werden alle in Kapitel 5.5 definierten Prozessschritte sukzessive durchlaufen. Dazu erfolgt im ersten Teilprozessschritt die qualitative Analyse des Status Quo des Unternehmens und der urbanen Umgebung.

6.1.2.1 Prozessschritt 1: Beschreibung der urbanen Rahmenbedingungen der Konsumgüter GmbH

Bei der Beschreibung der urbanen Einflussfaktoren wird insbesondere auf die in Kapitel 5.1 identifizierten Merkmale eingegangen, um im zweiten Schritt die Zuordnung zu den Ausprägungen der morphologischen Matrix zu vereinfachen. Den Abschluss des ersten Prozessschrittes bildet die Auswahl des zum Anwendungsfall passenden Anforderungsbereiches. Im Betrachtungsbereich liegen diejenigen Fabrikbereiche, die im Sinne dieser Arbeit einen direkt wertschöpfenden Beitrag für das Unternehmen leisten. In Anlehnung an die VDI-Richtlinie 3644 sowie die Zwischenziele des Bewertungsmodells aus Kapitel 5.3 werden mithin Produktionsflächen, Lagerflächen, Verkehrsflächen und Sonderflächen in die Analyse des Umfelds mit einbezogen. Folglich sind urbane Einflüsse auf bspw. Sozialflächen, Nebenflächen oder Büroflächen zu vernachlässigen, obgleich ein nicht unwesentlicher Anteil der Geschossflächen der Konsumgüter GmbH diesen Flächenarten zugeordnet werden kann. Die Einflussfaktoren des urbanen Umfelds werden im Folgenden beschrieben und anschließend domänenspezifisch eingeordnet, um den Status Quo des Unternehmens zu beschreiben.

Unter **ökologisch-rechtlichen Aspekten** werden Einflüsse verstanden, die eine regulatorische Wirkung auf die Flächennutzung, -verfügbarkeit oder den -bedarf ausüben. So zählt der betrachtete Standort der Konsumgüter GmbH als Störfallbetrieb im Sinne des deutschen Bundes-Immissionsschutzgesetzes (BImSchG). Die entsprechende Verordnung zur Durchführung des Bundes-Immissionsschutzgesetzes umfasst notwendige Sicherheitsvorschriften, um möglicherweise auftretende Störfälle im Vorfeld zu vermeiden und Gefahren für die Umwelt und den Menschen zu verhindern oder zu minimieren. Für die Reduzierung von Störfallauswirkungen bestehen neben bestimmten

Pflichten für produktionsrelevante Bereiche auch Ausnahmeregelungen für die Ausfuhr von gefährlichen Stoffen und Materialien. Dies wirkt sich positiv auf Lager- und Logistikflächen aus. Darüber hinaus ist aus sicherheitstechnischen Gründen eine Feuerwehrumfahrung notwendig, die einen zehn Meter breiten Korridor an den Grundstücksgrenzen freihält und die Grundstücksbebauung einschränkt. Die Löschwassertanks befinden sich unterirdisch und schränken die Flächennutzung daher nur indirekt ein. Die öffentlichen Träger und das lokale Bezirksamt zeigen sich tendenziell industriefreundlich, da Arbeitsplätze gesichert und die lokale Wertschöpfung gefördert werden. Diskussionen über den aktuellen Bebauungsplan für mögliche Ausnahmeregelungen der Konsumgüter GmbH sind daher tendenziell möglich. Die Restriktionen hinsichtlich der Geruchsemissionen sind auf nur einer Seite des Grundstücks im Bebauungsplan eingetragen, um die angrenzende Wohnbebauung vor eine Geruchsbelästigung zu schützen. Dies hat Einfluss auf die Verortung der Produktionsgebäude für die Herstellung der Produkte. Die Auflagen für Schallschutz sind dahingegen hoch, da häufige Beschwerden der angrenzenden Nachbarschaft die Einhaltung der geltenden Grenzwerte einfordern. Die Produktion im 3-Schicht-Betrieb ist daher nicht uneingeschränkt möglich. Insbesondere werden Logistikflächen und Warte- und Ladebereiche für LKWs von den Auflagen betroffen, sodass die Routenführung der Materialflüsse und des LKW-Verkehrs nicht uneingeschränkt bleibt. Teilweise sind Lärmschutzwände oder andere Maßnahmen zur Eindämmung von Lärmemissionen erforderlich.

Im Bereich der **sozio-technischen Aspekte** werden Einflüsse betrachtet, welche die Qualifikation und Mobilität der Mitarbeiter, Bildungs- und F&E-Einrichtungen oder Technologiezentren betreffen. Die Personalstruktur der Konsumgüter GmbH umfasst alle denkbaren Qualifikationslevel der Mitarbeiter. Aufgrund eines steigenden Automatisierungsgrades in der Produktion, einer zunehmenden Mehrmaschinenbedienung sowie einem größer werdenden Teil an Automatisierungslösungen in der Logistik sinkt der Personalbedarf an gering- bis mittelqualifizierten Mitarbeitern. Die Entwicklungen in der Personalstruktur weist daher eine eindeutige Richtung auf. Zudem wird zur betriebseigenen Ausbildung von Fachkräften eine Lehrwerkstatt betrieben, die auf dem Werksgelände verortet ist. Fachhoch- und Betriebsschulen sind in nicht unmittelbarer, aber erreichbarer Entfernung anzutreffen. Materialversuche, Skalierungsprojekte und weitere Versuchsaufbauten werden im hauseigenen Technologiezentrum durchgeführt. Das Betriebsgelände ist für Mitarbeiter und Besucher gut sichtbar. Die Anbindungsqualität ist daher als gut zu bewerten.

Die **baulich-wirtschaftlichen Aspekte** weisen einen teilweise sehr alten Gebäudebestand auf. Die ältesten Produktionsgebäude sind über 80 Jahre alt und müssen regelmäßig gewartet, saniert oder teilweise ersetzt werden. Neben für Produktion und Logistik unvorteilhaften Stützenrastern sind es insbesondere bestehende Traglasten und die Statik, welche nur eingeschränkte Erweiterungs- und Umnutzungsmöglichkeiten der Gebäude ermöglichen. Der äußere Einfluss, seinen Betreiberpflichten und sicherheits- bzw. baurechtlich relevanten Pflichten nachzukommen, wirkt sich ebenfalls stark auf die vorhandene Bausubstanz aus. So sind Dachaufbauten, Absturzsicherungen und andere sicherheitsrelevante Elemente regelmäßig Teil von Instandhaltungsmaßnahmen. Zudem schränken unterschiedliche Bebauungspläne die nutzbare Gebäudehöhe und die Flächennutzung auf dem Grundstück ein. Dazu zählen Grund- und Geschossflächen sowie die Anzahl möglicher Geschosse im Rahmen einer legalen Bebaubarkeit des Grundstücks. Die Fassadengestaltung und „Optik" der Fabrik müssen sich darüber hinaus dem urbanen Umfeld anpassen, um dem ortsüblichen Erscheinungsbild zu entsprechen. Von besonderer Bedeutung ist auch bei der Konsumgüter GmbH die begrenzte Flächenverfügbarkeit als eine der größten Herausforderungen des Unternehmens. Die Grundstücksfläche ist zudem nicht optimal geschnitten. Es bestehen nur höchst eingeschränkte Möglichkeiten der Erweiterung „nach außen". Zudem sind durch alternative Flächennutzungs- und anderer Geschäftsmodelle weitere Akteure beteiligt, welche die Fabrik als Investitions- oder Spekulationsobjekt oder die Nutzung der Gebäude für Dritte diskutieren.

Als letztes Handlungsfeld sind **logistisch-infrastrukturelle Aspekte** zu nennen. Einerseits fokussiert sich der Hauptverkehrsfluss der Fabrik entlang einer einzelnen Zufahrtstraße. Daraus resultiert eine potenzielle Gefahrenstelle für Unfälle, da Risikostellen an der dazugehörigen Werkseinfahrt entstehen. Ankommende LKWs stauen sich bspw. auf der Straße an, da ein Geh- und Radweg für die Einfahrt auf das Werksgelände gekreuzt werden muss. Die Verlegung der Zufahrt ist zur Vermeidung kreuzender Personal- und Materialflüsse zwingend notwendig, was sich jedoch einschränkend auf die logistischen Prozesse und Abläufe auswirkt. Ein zunehmendes Verkehrsaufkommen anderer Akteure schränkt die Versorgungsstruktur weiter ein. Die Hauptversorgung für Strom- und Gasleitungen ist auch für die umliegenden Nachbarschaftsgrundstücke relevant. Die Bedarfe zur Speicherung anderer Medien wie Prozesswasser, Druckluft, Wärme und Rohstoffen sind tendenziell hoch, sodass eigene Anlagen zur (Ab-) Wasseraufbereitung und Drucklufterzeugung benötigt werden.

		Infrastruktur	Prozesse	Technologie
Ökologisch-rechtliche Aspekte	Auflagen für Arbeitssicherheit	X	X	–
	Interessen der öffentlicher Träger	X	–	
	Auflagen für Emissionen	X	X	–
	Auflagen für Schallschutz	X	X	X
Sozio-technische Aspekte	Fachkräfteverfügbarkeit/ -qualifikation		–	–
	Einrichtungen für Bildung	X		
	F&E-Einrichtungen/ Technologiezentren	X	–	–
	Mobilität der Mitarbeiter	X		
Baulich-wirtschaftliche Aspekte	Baurechtliche Regularien	X	X	–
	Bestands- und Denkmalschutz	X	–	–
	Vorhandene Bausubstanz	X	X	X
	Ausgleichs- und Erweiterungsflächen	X	X	–
Logistisch-infrastrukturelle Aspekte	Logistische Infrastruktur	X	X	
	Versorgungsstruktur der Lieferkette	X	X	
	Notwendige Medienspeicherung	X		X
	Mögliche Logistikprozesse		X	–

Abbildung 6-1: Domänenspezifische Einordnung der urbanen Einflüsse bei der Konsumgüter GmbH

Bei der domänenspezifischen Einordnung der urbanen Einflüsse der Konsumgüter GmbH ist auffällig, dass insbesondere Einflüsse auf die Infrastruktur im Sinne der Standort- und Gebäudestruktur sowie die infrastrukturelle Anbindung vorherrschen. Die produktionstechnischen und logistischen Prozesse und Technologien werden nur vereinzelt beeinflusst, was sich wiederum bei der späteren Auswahl des Anforderungsbereiches und der Gestaltungsoptionen zur Steigerung der Flächeneffizienz bemerkbar macht.

Zur Einordnung der Fabrik in die morphologische Matrix wird der beschriebene Status Quo des Unternehmens analysiert und einer dazugehörigen Ausprägung des entsprechenden Merkmals zugeordnet. Hierbei ist zu beachten, dass das Beschreibungsmodell aus Kapitel 5.1 eine Eindeutigkeit in der Ausprägung vorschreibt. Zur Unterstützung der Einordnung dienen die Merkmale und ihre Ausprägungen zur Beschreibung der Einflussfaktoren auf Fabriken im urbanen Umfeld in Anhang A.5. Auf Grundlage der beschriebenen Einflussfaktoren lassen sich insgesamt hohe Ausprägungen in allen Handlungsfeldern identifizieren. Daraus lässt sich eine starke Beeinflussung von den urbanen Rahmenbedingungen auf die Flächennutzung der Konsumgüter GmbH ableiten. In Abbildung 6-2 ist die spezifische Einordnung der Konsumgüter GmbH in die morphologische Matrix zur Beschreibung der urbanen Einflussfaktoren dargestellt.

	Merkmal	Ausprägungen			
Ökologisch-rechtliche Aspekte	Auflagen für Arbeitssicherheit	Kein Flächenanspruch	Schwacher Flächenanspruch	Mittelstarker Flächenanspruch	Starker Flächenanspruch
	Interessen der öffentlichen Träger	Sehr industriefreundlich	Eher industriefreundlich	Eher industriefeindlich	Sehr industriefeindlich
	Auflagen für Emissionen	Keine Einschränkungen	Schwache Einschränkungen	Mittelstarke Einschränkungen	Starke Einschränkungen
	Auflagen für Schallschutz	Nicht notwendig	Teilweise notwendig	Größtenteils notwendig	Notwendig von allen Seiten
Sozio-technische Aspekte	Fachkräfteverfügbarkeit/-qualifikation	Personal großteilig höher qualifiziert	Personal eher höher qualifiziert	Personal eher niedriger qualifiziert	Personal großteilig niedriger qualifiziert
	Einrichtungen für Bildung	Einrichtungen in unmittelbarer Distanz	Einrichtungen in entfernter Distanz		Keine Einrichtungen vorhanden
	F&E-Einrichtungen/ Technologiezentren	Vorhanden und kooperativ	Vorhanden und nicht kooperativ	Vorhanden und konkurrierend	Nicht vorhanden
	Mobilität der Mitarbeiter	Stark überdurchschnittliche Anbindungsqualität	Überdurchschnittliche Anbindungsqualität	Unterdurchschnittliche Anbindungsqualität	Stark unterdurchschnittliche Anbindungsqualität
Baulich-wirtschaftliche Aspekte	Baurechtliche Regularien	Keine Einschränkungen	Schwache Einschränkungen	Mittelstarke Einschränkungen	Starke Einschränkungen
	Bestands- und Denkmalschutz	Keine Gebäudefläche betroffen	Minderheit der Gebäude betroffen	Großteil der Gebäude betroffen	Alle Gebäude betroffen
	Vorhandene Bausubstanz	Keine Einschränkungen	Schwache Einschränkungen	Mittelstarke Einschränkungen	Starke Einschränkungen
	Ausgleichs- und Erweiterungsflächen	Möglichkeiten vorhanden	Möglichkeiten bei Bedarf vorhanden	Möglichkeiten unter erschwerten Bedingungen	Keine Möglichkeiten
Logistisch-infrastrukturelle Aspekte	Logistische Infrastruktur	Fördernd	Eher fördernd	Eher einschränkend	Einschränkend
	Versorgungsstruktur der Supply Chain	Fördernd	Eher fördernd	Eher einschränkend	Einschränkend
	Notwendige Medienspeicherung	Kein Bedarf	Schwacher Bedarf	Mittelstarker Bedarf	Hoher Bedarf
	Mögliche Logistikprozesse	Fördernd	Eher fördernd	Eher einschränkend	Einschränkend

5

Abbildung 6-2: Merkmale und Ausprägungen zur Beschreibung der urbanen Einflussfaktoren bei der Konsumgüter GmbH

In Kombination mit den Ausführungen zum Status Quo des Unternehmens ergeben die Merkmalsausprägungen die spezifischen, urbanen Rahmenbedingungen der Fabrik der Konsumgüter GmbH. An dieser Stelle wird auf eine spezifische Beschreibung der Rahmenbedingungen verzichtet, um Dopplungen in der Ausführung zu vermeiden.

Die Zuordnung des Anforderungsbereiches erfolgt anhand qualitativer Parameter innerhalb der vier Handlungsfelder. An dieser Stelle sei auf die Zuordnungsregeln in Kapitel 5.4.3 verwiesen. Im konkreten Anwendungsfall der Konsumgüter GmbH fällt die Wahl auf Anforderungsbereich 5. Die Zuordnung ist in Abbildung 6-3 dargestellt.

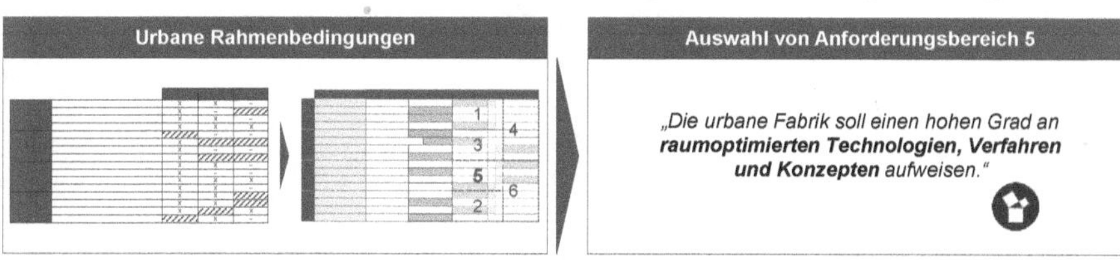

Abbildung 6-3: Zuordnung des ausgewählten Anforderungsbereiches für die Konsumgüter GmbH

Es sei an dieser Stelle darauf verwiesen, dass die Wahl in diesem Anwendungsszenario sehr knapp getroffen wurde, da im Bereich der baulich-wirtschaftlichen Aspekte die größte Anzahl mittelstarker oder starker Einflüsse gezählt wurde. Der Autor erhebt kein Recht auf Vollständigkeit bei der Beschreibung der urbanen Einflüsse, sodass bei einer anderen Gewichtung des Status Quo ebenfalls ein anderer Anwendungsbereich hätte ausgewählt werden können. Dieser Punkt wird in der kritischen Reflexion in Kapitel 6.2 aufgegriffen.

6.1.2.2 Prozessschritt 2: Auswahl der relevanten Gestaltungsoptionen für die Konsumgüter GmbH

Bei der Auswahl der Anforderungen im identifizierten Anforderungsbereich werden zunächst die den Anforderungsbereich determinierenden Anforderungen betrachtet. In Anforderungsbereich 5 betrifft dies den „Grad der räumlichen Optimierung bei Transport- und Bearbeitungsprozessen“, den „Grad des Flächenbedarfes der Lagerart“ sowie den „Grad der Maschinenanordnung“. Im Falle einer stetigen Anpassung der Strategie zur Steigerung der Flächeneffizienz können dem Anforderungsbereich (unter Zuhilfenahme des Wechselwirkungsnetzes der flächenbezogenen Anforderungen aus Abbildung 5-17) auch weitere Anforderungen hinzugefügt werden. Im zweiten Schritt von Teilprozessschritt 2.1 werden die relevanten Gestaltungsoptionen mit Hilfe der Ergebnisse der Kontingenzanalyse aus Anhang A.13 identifiziert. Eine Gestaltungoption ist für eine Anforderung relevant, sofern sie einen positiven Einfluss auf die entsprechende Anforderung ausübt. Die resultierende Liste der Gestaltungsoptionen wird dazu genutzt, um den Einfluss auf die Zielerreichung zur Steigerung der Flächeneffizienz zu bewerten (Anhang A.12). Hierbei zeigt sich, welche Gestaltungsoptionen den größten Einfluss auf den Zielerreichungsgrad zur Steigerung der Flächeneffizienz ausüben, also welche Gestaltungsoptionen sich prinzipiell gut zur Steigerung der Flächeneffizienz eignen. Diese Bewertung der Gestaltungsoptionen bei der Konsumgüter GmbH ist in Abbildung 6-4 dargestellt.

+2: Zwingend positiver Einfluss auf Unterziel

+1: Tendenziell positiver Einfluss auf Unterziel

-- : Kein Einfluss auf Unterziel

-1: Tendenziell negativer Einfluss auf Unterziel

-2: Zwingend negativer Einfluss auf Unterziel

		Flächenbedarfsreduktion											Wertschöpfungssteigerung											Flächennutzungs-intensivierung					
Gestaltungsoption	Domäne	Fertigungsfläche reduzieren	Zwischenlagerfläche reduzieren	Prüffeldfläche reduzieren	Laborfläche reduzieren	Fertigungsnahe Bürofläche reduzieren	Wareneingangsfläche reduzieren	Lagerfläche reduzieren	Warenausgangsfläche reduzieren	Verkehrsweglänge reduzieren	Verkehrswegbreite reduzieren	Sonderfläche reduzieren	Verfügbarkeit steigern	Leistung steigern	Qualität steigern	Geplante Produktionszeit steigern	Bestände vermeiden	Überproduktion vermeiden	Transport vermeiden	Wartezeiten vermeiden	Ausschuss vermeiden	Unnötige Bewegung vermeiden	Herstellungsprozess verbessern	Vertikale Mehrfachnutzung steigern	Zeitliche Mehrfachnutzung steigern	Erschließung nicht-zugänglicher ungenutzter Flächen	Erschließung frei-zugänglicher ungenutzter Flächen	Aktivsumme (S_Z^A)	Normierte Gewichtung/ Bewertung (G_a)
Automatisierung und Digitalisierung in der Produktion	Techn.	1	1	1	--	--	1	1	1	1	1	--	2	2	1	1	1	--	--	2	1	1	1	--	--	--	--	20	20
Simulation von Produktions- und Logistiktechnologien	Techn.	1	1	--	--	--	1	1	1	1	1	--	1	--	--	1	1	--	1	1	--	1	--	--	1	1	1	16	17
Prozessoptimierung durch Lean Methoden	Prozesse	--	2	--	--	--	--	2	--	--	--	--	1	--	--	--	2	--	2	1	--	2	--	--	--	--	1	13	14
Geteilte Infrastruktur und Sharing-Modelle	Infrastr.	1	1	1	1	1	1	1	1	1	1	1	-2	-1	--	--	--	1	--	--	--	--	--	--	2	--	--	11	13
Vertikalisierung von Lagertechnologien	Techn.	--	2	--	--	--	--	2	--	2	--	--	--	--	--	--	--	--	1	--	--	1	--	2	--	--	--	10	12
Vertikalisierung von Logistiktechnologien	Techn.	--	1	--	--	--	--	--	--	2	2	--	1	--	--	--	1	--	--	1	--	--	--	2	--	--	--	10	12
Automatisierung und Digitalisierung in der Logistik	Techn.	--	1	--	--	--	--	1	--	--	1	--	2	--	--	--	2	--	1	1	--	1	--	--	--	--	--	10	12
Prozessintegration	Prozesse	2	2	--	--	--	--	--	--	2	--	--	-1	1	--	--	2	--	1	-1	--	--	--	--	--	--	--	8	11
Nutzung ungenutzter (Reserve-)Flächen	Infrastr.	-1	--	--	--	--	--	--	--	--	--	--	1	2	--	--	--	--	--	--	--	--	--	1	1	2	2	8	11
Prozess- und Bedarfsglättung	Prozesse	--	1	--	--	--	--	1	--	--	--	--	1	--	--	--	2	--	--	2	--	--	--	--	--	--	--	7	10
Prozesskompetenz der Lieferanten	Prozesse	--	--	1	--	--	--	1	--	--	--	--	1	--	1	--	1	--	1	--	--	--	--	--	--	--	--	6	9
Vertikalisierung von Produktionstechnologien	Techn.	2	--	--	--	--	--	--	--	2	--	--	--	--	--	--	--	--	--	-1	--	-1	-1	2	1	--	--	4	7
Nachverdichtung im Bestand	Infrastr.	--	--	--	--	--	--	--	--	1	1	--	--	--	--	--	--	--	--	--	--	-1	--	1	--	2	--	4	7
Erhöhung der Logistikleistung und Lieferfrequenz	Prozesse	--	1	--	--	--	-1	2	--	--	--	--	-1	--	--	--	2	--	-1	-1	--	--	--	--	--	--	--	1	5
Raummodule und Systemelemente	Infrastr.	--	--	--	--	--	--	--	--	--	--	--	--	-1	--	--	--	--	-1	-1	--	-1	--	2	2	--	--	0	4
Prozessoutsourcing	Prozesse	--	--	--	1	1	--	1	--	--	--	1	-1	-1	-1	--	--	--	--	-1	-1	--	-1	--	--	-1	-1	-4	1
Passivsumme (Betrag)		8	13	3	2	2	4	13	3	12	7	2	15	8	3	2	14	1	9	13	2	9	3	10	7	6	5		

Abbildung 6-4: Einfluss auf den Zielerfüllungsgrad und Bewertung der Gestaltungsoptionen bei der Konsumgüter GmbH

Diese Auswertung ermöglicht eine Betrachtung der besonders stark beeinflussten Unterziele. Die Darstellung hebt die fünf am stärksten beeinflussten Unterziele hervor. Hierbei zeigt sich, dass im gewählten Anforderungsbereich 5 insbesondere Flächenbedarfe von Lager- und Zwischenlagerflächen von den Gestaltungsoptionen beeinflusst werden. Dies ist insofern interessant, dass zwei der drei Anforderungen auch logistische Zielgrößen ansprechen. Der Einfluss auf den Grad der Maschinenanordnung ist demzufolge nicht so stark ausgeprägt. Im Bereich der Wertschöpfungssteigerung zielen die Gestaltungsoptionen insbesondere auf die Steigerung der Verfügbarkeit und auf die Vermeidung von Beständen und Wartezeiten ab. Die Unterziele des Zwischenziels „Flächennutzungsintensivierung" werden vernachlässigbar stark beeinflusst. Lediglich die vertikale Mehrfachnutzung von Flächen weist eine mittelstarke Beeinflussung auf.

Die Priorisierung der Gestaltungsoptionen gemäß den Wirkzusammenhängen mit allen Anforderungen fällt unter Teilprozessschritt 2.2. Grundlage hierfür bildet die Kontingenzanalyse aus Anhang A.13. Sie ermöglicht eine anforderungsgerechte Reihenfolgebildung in der Umsetzung der Gestaltungsoptionen und definiert mithin die Struktur der Strategie zur Steigerung der Flächeneffizienz. Die Übersicht über die bewerteten und priorisierten Gestaltungsoptionen zeigt Abbildung 6-5.

+2: Zwingend positiver Einfluss auf Anforderung
+1: Tendenziell positiver Einfluss auf Anforderung
-- : Kein Einfluss auf Anforderung
-1: Tendenziell negativer Einfluss auf Anforderung
-2: Zwingend negativer Einfluss auf Anforderung

		Infrastruktur										Prozesse								Technologie						
	Anforderungsbereich 5	Grad grundstücksbezogener Aspekte	Grad der Verkehrsanbindungsqualität	Maß der baulichen Nutzung	Grad der Sozialflächen	Grad an zusätzlichen Dienstleistungen	Grad der Akzeptanz am Standort	Grad an Nutzungsmischung	Grad des Immissionsschutzes	Grad der wirtschaftlichen Unabhängigkeit	Grad der sicherheitsrecht. Bestimmungen	Grad der lokalen Beschaffung/ Absatzes	Grad der Prozessorganisation (Logistik)	Grad der Entsorgungsprozesse	Grad des Materialtransports auf Gelände	Grad der Kreislaufwirtschaft	Grad der Maschinenanordnung	Grad d. räuml. Optimierung (prozessual)	Grad flächensparender Verkehrsführung	Grad der Automatisierung	Grad der Flexibilisierung der Anlage	Grad der Technologierobustheit	Grad der Technologiebesonderheit	Grad des Flächenbedarfs der Lagerart	**Aktivsumme (S_n^A)**	**Normierte Gewichtung/Bewertung (G_n)**
1	Prozessoptimierung durch Lean Methoden	--	--	--	--	--	--	--	--	--	1	--	2	--	2	--	2	2	--	--	--	--	--	1	**10**	**14**
2	Vertikalisierung von Lagertechnologien	1	--	--	--	--	--	--	--	--	--	--	--	--	1	--	--	2	2	--	--	--	--	2	**8**	**12**
3	Geteilte Infrastruktur und Sharing-Modelle	--	1	--	1	1	1	2	--	1	--	--	-1	--	--	--	-1	--	--	--	1	--	--	--	**6**	**13**
4	Automatisierung und Digitalisierung (Logistik)	--	--	--	--	--	--	--	--	--	--	--	1	--	--	--	--	1	1	2	--	-1	--	1	**5**	**12**
5	Simulation von Prod.- und Log.-Technologien	--	1	--	--	--	--	--	--	--	--	--	--	--	--	--	2	--	1	--	--	--	--	--	**4**	**17**
6	Vertikalisierung von Logistiktechnologien	1	--	--	--	--	--	--	--	--	--	--	--	--	1	--	--	2	2	--	-1	-1	--	--	**4**	**12**
7	Prozessintegration	--	--	--	--	--	--	--	--	--	--	--	--	--	2	--	--	1	2	--	-1	--	--	--	**4**	**11**
8	Automatisierung und Digitalisierung (Prod.)	--	--	--	--	--	--	--	--	--	--	--	--	--	--	--	1	-1	--	2	1	-1	--	--	**2**	**20**
9	Prozess- und Bedarfsglättung	--	--	--	-	--	--	--	--	--	--	--	1	--	--	--	--	--	-	--	--	--	--	1	**2**	**10**
10	Vertikalisierung von Produktionstechnologien	1	--	--	--	--	--	--	--	--	--	--	--	--	--	--	1	2	--	--	-1	-1	--	--	**2**	**7**
11	Raummodule und Systemelemente	--	--	--	--	--	--	--	--	--	--	--	1	--	--	--	--	1	--	--	--	--	--	--	**2**	**4**
12	Prozesskompetenz der Lieferanten	--	--	--	--	--	--	--	--	--	--	--	--	--	2	--	--	--	--	--	--	-1	--	1	**1**	**9**
13	Nachverdichtung im Bestand	2	--	-1	1	--	--	--	--	--	--	--	--	--	-1	--	-1	--	1	--	--	--	--	--	**1**	**7**
14	Prozessoutsourcing	--	--	--	--	--	--	--	--	--	--	--	--	--	-1	--	--	1	--	--	--	--	--	1	**1**	**1**
15	Erhöhung der Logistikleistung	--	-1	-1	--	--	-2	--	-2	--	--	2	1	--	--	--	--	--	1	--	--	--	--	2	**0**	**5**
16	Nutzung ungenutzter (Reserve-)Flächen	-1	--	-1	--	--	--	--	--	--	--	--	--	--	--	--	--	1	--	--	--	--	--	--	**-1**	**11**
	Passivsumme	4	1	-3	3	1	-1	2	-2	1	1	2	5	0	4	0	4	12	10	4	-1	-5	0	9		

Abbildung 6-5: Übersicht über die bewerteten und priorisierten Gestaltungsoptionen zur Steigerung der Flächeneffizienz bei der Konsumgüter GmbH

Teilprozessschritt 2.3 umfasst das optionale Sortieren der Gestaltungsoptionen mit gleicher Wirkung auf die Anforderungen anhand der normierten Gewichtung. Die Liste der bewerteten und priorisierten Gestaltungsoptionen zeigt zwischen den Nummern 5 und 14 viele gleiche Aktivsummen, welche in Abbildung 6-5 bereits anhand ihrer normierten Gewichtung respektive Bewertung des Einflusses auf den Zielerreichungsgrad angeordnet wurden. An dieser Stelle wird ein weiteres Mal betont, dass die Reihenfolge für die Implementierung der Gestaltungsoptionen in erster Linie auf Grundlage der Einflüsse auf die urbanen Anforderungen gebildet wird. Bei anderen urbanen Rahmenbedingungen ergeben sich andere Strategien zur Steigerung der Flächeneffizienz, um bestmöglich auf die jeweilige Anwendungssituation der urban produzierenden Fabrik einzugehen. Da die normierte Gewichtung bzw. die Bewertung des Zielerreichungsgrades der Gestaltungsoptionen generisch gelten, werden sie nur im zweiten Rang zur Sortierung bei gleichem Einfluss auf die Anforderungen hinzugezogen. Im dritten Prozessschritt wird darauf aufbauend das Flächeneffizienzpotenzial der gewählten Strategie zur Steigerung der Flächeneffizienz bestimmt.

6.1.2.3 Prozessschritt 3: Bestimmung der Flächeneffizienzpotenziale der Konsumgüter GmbH

Im ersten Teilprozessschritt wird zur Ableitung des absoluten Flächeneffizienzpotenzials der einzelnen Gestaltungsoptionen das Produkt aus der Aktivsumme der Anforderungsbeeinflussung und der normierten Gewichtung je bewerteter Gestaltungsoption gebildet. Beide Werte sind bereits in Abbildung 6-5 dargestellt worden. Das absolute Flächeneffizienzpotenzial dient auch dem Vergleich verschiedener Gestaltungsoptionen, sofern kein Anforderungsbereich ausgewählt wurde. Im Anwendungsfall der Konsumgüter GmbH stehen sich die Gestaltungsoptionen in Anforderungsbereich 5 gegenüber. Die Flächeneffizienzpotenziale sind in Abbildung 6-6 abgebildet.

	Gestaltungsoptionen in Anforderungsbereich 5	Aktivsumme (S_n^A)	Normierte Gewichtung (G_n)	Flächeneffizienzpotenzial (FEP_n^{abs})	Flächeneffizienzpotenzial ($FEP_{AB,5}^{spez}$)
1	Prozessoptimierung durch Lean Methoden	10	14	**140**	**633**
2	Vertikalisierung von Lagertechnologien	8	12	**96**	
3	Geteilte Infrastruktur und Sharing-Modelle	6	13	**78**	
4	Automatisierung und Digitalisierung in der Logistik	5	12	**60**	
5	Simulation von Produktions- und Logistiktechnologien	4	17	**68**	
6	Vertikalisierung von Logistiktechnologien	4	12	**48**	
7	Prozessintegration	4	11	**44**	
8	Automatisierung und Digitalisierung in der Produktion	2	20	**40**	
9	Prozess- und Bedarfsglättung	2	10	**20**	
10	Vertikalisierung von Produktionstechnologien	2	7	**14**	
11	Raummodule und Systemelemente	2	4	**8**	
12	Prozesskompetenz der Lieferanten	1	9	**9**	
13	Nachverdichtung im Bestand	1	7	**7**	
14	Prozessoutsourcing	1	1	**1**	
15	Erhöhung der Logistikleistung	0	5	**0**	
16	Nutzung ungenutzter (Reserve-)Flächen	-1	11	**-11**	

Abbildung 6-6: Profil der Flächeneffizienzpotenziale der Konsumgüter GmbH

Jeder andere Anforderungsbereich weist ebenfalls ein spezifisches Flächeneffizienzpotenzial auf, welches durch die Summe aller einzelnen, absoluten Flächeneffizienzpotenziale der Gestaltungsoptionen berechnet wird. In Teilprozessschritt 3.2 erfolgt die Festlegung der sukzessiven Umsetzung bzw. der Umsetzungsstrategie derjenigen Gestaltungsoptionen, die ein positives Flächeneffizienzpotenzial aufweisen. Hinsichtlich der Umsetzungsstrategie wird an dieser Stelle auch festgelegt, wie viele der insgesamt 16 Gestaltungsoptionen in die Strategie mit aufgenommen werden sollen. Es besteht zudem die Möglichkeit, die Umsetzungsstrategie und die Umsetzungsreihenfolge zu erweitern oder nicht umsetzbare Gestaltungsoptionen auszuschließen. Im Falle der Konsumgüter GmbH wurde entschieden, gemäß dem Pareto-Prinzip diejenigen Gestaltungsoptionen zu fokussieren, welche für 80% der Flächeneffizienzpotenziale verantwortlich sind. In diesem Fall sind dies die Gestaltungsoptionen mit den Nummern 1 bis 7, welche für die spätere Umsetzung ausgewählt und in den Charakteristika der Strategie dokumentiert wurden.

Im letzten Teilprozessschritt erfolgt einerseits die Bestimmung der wichtigsten Ziele und Kennzahlen, was in diesem Fall schon in Teilprozessschritt 2.1 erfolgt ist. Die identifizierten Ziele werden um deren Kennzahlen ergänzt und im Steckbrief dokumentiert. Andererseits ist die Berechnung des relativen Flächeneffizienzpotenzials des Anforderungsbereiches für die Bewertung der eigenen Umsetzungsstrategie wichtig. Das relative Flächeneffizienzpotenzial gibt an, inwiefern die Gestaltungsoptionen bereits umgesetzt werden bzw. welcher Status in Bezug auf weitere Maßnahmen erzielt wurde. Ein relatives Flächeneffizienzpotenzial von 82% gibt beispielsweise an, dass mit der Umsetzung aller übrigen Gestaltungsoptionen lediglich 18% weiterer Flächeneffizienzpotenziale umgesetzt werden können. Das relative Flächeneffizienzpotenzial wird gemäß Formel (13) berechnet. Für den Anforderungsbereich 5 ergibt sich ein relatives Flächeneffizienzpotenzial von 94,3%, da der Anforderungsbereich nahezu alle identifizierten Gestaltungsoptionen in sich vereint. Die Strategie zur Steigerung der Flächeneffizienz der Konsumgüter GmbH weist ein relatives Flächeneffizienzpotenzial in Höhe von 79,6% auf, was jedoch mit nur sieben ausgewählten Gestaltungsoptionen einen sehr guten Wert darstellt. Das relative Flächeneffizienzpotenzial ist erster Indikator für den Fortschritt der Strategie zur Steigerung der Flächeneffizienz und sollte auch in der Umsetzungsphase stetig aktualisiert werden. Neben dem relativen Flächeneffizienzpotenzial werden weitere Charakteristika der Strategie in den spezifischen Steckbrief aufgenommen, so etwa der gewählte Anforderungsbereich inklusive der Anforderungen, die qualitative Ausprägung der Merkmale, die Gestaltungsoptionen, die am stärksten beeinflussten Flächenarten sowie die am stärksten beeinflussten Ziele und Kennzahlen. Der charakteristische Steckbrief der Strategie zur Steigerung der Flächeneffizienz der Konsumgüter GmbH ist in Abbildung 6-7 dargestellt.

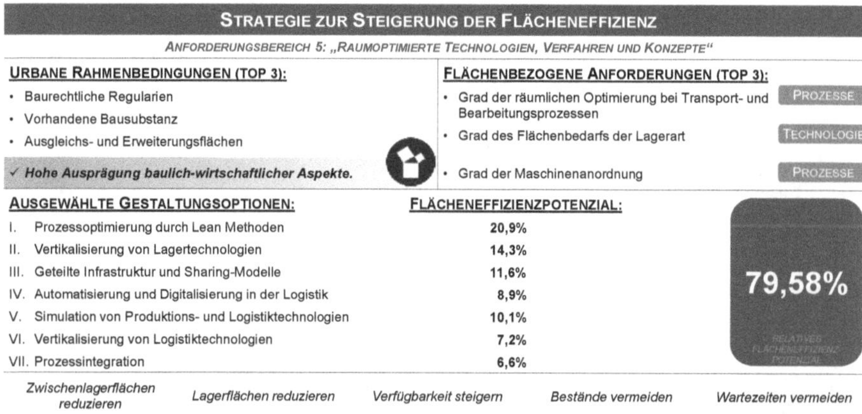

Abbildung 6-7: Steckbrief der Strategie zur Steigerung der Flächeneffizienz bei der Konsumgüter GmbH

Die Gestaltungsoptionen wurden in Bezug auf die Flächeneffizienz bei der Konsumgüter GmbH als geeignet angesehen, um die Flächeneffizienz nachhaltig zu steigern. Darauf aufbauend wurden geeignete Maßnahmen und Use Cases zur Steigerung der Flächeneffizienz erarbeitet. Dabei konnten insbesondere technologische, aber auch prozessuale und infrastrukturelle Maßnahmen ergriffen werden. Im Bereich der Abfülllinien wurde eine Restrukturierungsmaßnahme zur materialflussorientierten und logistikkostenminimalen Versorgung der Abfülllinien realisiert. Durch ein Kanban-Lager für Sekundär-Packmittel und eine Direktversorgung der Linie mit Primärpackmitteln konnten Zwischenlagerflächen drastisch reduziert und gleichzeitig Bestände reduziert werden. Eine weitere Prozessoptimierung erfolgte beim Abtransport der Fertigware, welcher nun automatisiert über Fördertechnik unter der Decke erfolgt. Die Warenbestände im Fertigwarenlager konnten zudem über eine schnellere Direktversorgung der globalen Logistikknotenpunkte reduziert werden und die restlichen Palettenstellplätze in einem Hochregallager untergebracht werden. Die Implementierung dieser Lagertechnologie ermöglicht eine weitere Vollautomatisierung in der Logistik und realisiert weitere Potenziale hinsichtlich der Flächeneffizienz. Darüber hinaus wurden Synergien in den rohstoffverarbeitenden Herstellbereichen identifiziert, welche eine geteilte Maschinen- und Anlagennutzung ermöglichen sowie den Personalbedarf reduzieren. Mit Hilfe eines eigens entwickelten Tools zur Simulation der Produktionsbereiche in der Abfüllung konnten zudem Kapazitätsengpässe ausgeglichen und eine verbesserte Linienkonnektivität erreicht werden. Änderungen im Produktprogramm oder von Produktionsvolumina können darüber hinaus simpel übernommen und hinsichtlich ihrer Sensitivitäten im Gesamtsystem analysiert werden. Dadurch wurden weitere Potenziale hinsichtlich des Flächenbedarfes des Anlagenequipments in Rüst- und Reinigungsprozessen offengelegt und umgesetzt.

Die Umsetzung der gewählten Gestaltungsoptionen durch die Implementierung der getroffenen Maßnahmen konnte Potenziale in der Reduzierung von Fertigungs-, Lager- und Zwischenlagerflächen realisieren. Auch wenn noch keine quantitativen Bewertungen der Ergebnisse zur Wertschöpfungssteigerung durchgeführt werden konnten, wurde dennoch eine gesteigerte Produktionssystemleistung, geringere Bestände und eine vertikale Mehrfachnutzung der Produktions- und Logistikflächen festgestellt. Die zielgerichtete Anpassung des Produktionslayouts und der Einsatz automatisierter und vertikaler Lösungen in Lager- und Logistikbereichen spart signifikante Flächenbedarfe ein und erhöht zudem systematisch die Qualität und Leistung des Gesamtsystems.

6.2 Kritische Reflexion der exemplarischen Anwendung

Die Durchführung aller identifizierten Teilprozessschritte an einem Beispiel aus der produzierenden Industrie ermöglicht eine ausführliche Diskussion der erzielten Ergebnisse. Die Validierung des Modells im Anwendungszusammenhang hat zudem gezeigt, dass das Modell eine sinnvolle Unterstützung in der Entscheidungsfindung hinsichtlich einer Strategie zur Steigerung der Flächeneffizienz von Fabriken im urbanen Umfeld darstellt. Es wurde deutlich, dass insbesondere die Beschreibung des direkten Umfelds und der urbanen Umgebung dazu beiträgt, die Rahmenbedingungen für das eigene Unternehmen zu analysieren. Die Identifikation der Anforderungen aus dem urbanen Umfeld ermöglicht dem Anwender die systematische Ableitung geeigneter Gestaltungsoptionen zur Steigerung der Flächeneffizienz. Die in Kapitel 4.1 definierten inhaltlichen und formalen Anforderungen werden im Folgenden hinsichtlich ihres Erfüllungsgrades kritisch hinterfragt. Anschließend werden die Ergebnisse aller Teilmodelle in Bezug auf mögliche Verbesserungen und Maßnahmen zur besseren Anwendbarkeit diskutiert.

Im Kontext der inhaltlichen Anforderungen sieht der Betrachtungsbereich der vorliegenden Arbeit eine explizite Anwendung der Ergebnisse auf urbane Produktionsstandorte vor. Die morphologische Analyse und Beschreibung der urbanen Einflussfaktoren ermöglicht eine Unterteilung in vier identifizierte Handlungsfelder des urbanen Raumes. Der Bezug zur urbanen Fabrik wird zudem durch die Einordnung der Fabrik in einen der sechs entwickelten Anforderungsbereiche verstärkt. Der Anwender erkennt folglich die relevanten Einflüsse und Anforderungen an die urbane Fabrik mit besonderem Fokus auf die resultierende Flächennutzung von direkt wertschöpfenden Bereichen. Innerhalb der Werksgrenzen schafft die Unterteilung der Fabrikbereiche in die Domänen Infrastruktur, Prozesse und Technologie die notwendige Betrachtung unterschiedlicher Granularitäten analog zum definierten Ordnungsrahmen. Die gleichzeitige Fokussierung auf direkt wertschöpfende Bereiche wird sowohl bei der Bewertung der Relevanz der urbanen Einflussfaktoren als auch bei der Bewertung der Flächeneffizienzpotenziale generischer Gestaltungsoptionen deutlich. Die wertschöpfungsorientierte Beschreibung und Bewertung der Flächeneffizienz im Ziel- und Kennzahlensystem schafft nicht nur Transparenz über Einsparpotenziale von Flächenbedarfen, sondern integriert ebenfalls Erkenntnisse über wertschöpfungssteigernde Maßnahmen. Die Erklärung der Wirkzusammenhänge zwischen den eingangs beschriebenen, urbanen Rahmenbedingungen und Anforderungen (dem äußeren Fabrikumfeld) und den Flächeneffizienzpotenzialen möglicher Gestaltungsoptionen (dem inneren Gestaltungsspielraum) unterstützt bei der zielgerichteten Ableitung geeigneter Handlungsstrategien zur Steigerung der Flächeneffizienz. Die Flächennutzung direkt wertschöpfender Fabrikbereiche des Produktionsstandortes kann dadurch intensiviert werden, dass die Auswirkungen der Gestaltungsoptionen zur Steigerung der Flächeneffizienz auf festgelegte Flächenarten erklärt und im Anwendungszusammenhang systematisiert werden. Dieses strukturierte Vorgehen ermöglicht dem Anwender eine situative Konfiguration der entwickelten Modelle, indem die Teilprozessmodelle sukzessive oder iterativ durchlaufen werden. Die Tauglichkeit der praktischen Modellanwendung ist somit vollumfänglich gewährleistet.

Die formalen Anforderungen wurden ebenfalls bei der Modellerstellung berücksichtigt. Der Bezug zur dargestellten Realität ist durch die Beschreibung des urbanen Umfelds, der Domänen der Fabrik sowie deren Schnittstellen hergestellt, sodass die empirische und formale Richtigkeit der Modellstruktur sichergestellt ist. Das Systemverständnis der urbanen Fabrik befähigt zur Erstellung des Ordnungsrahmens der vorliegenden Arbeit. Formale Widersprüche werden durch das angewendete Forschungskonzept und die angewendeten Methoden bei der Modellerstellung vermieden, da die identifizierten Wirkbeziehungen der Anforderungen und gewonnen Erkenntnisse in Bezug auf die Gestaltungsoptionen auf Grundlage bestehender Ansätze und wissenschaftlicher Ergebnisse erarbeitet wurden. Hinsichtlich der Erkenntnisse, die aus dem eigenen methodischen Vorgehen und den Experteninterviews erzielt wurden, wäre eine quantitative Analyse im Sinne wiederholbarer Ergebnisse als sinnvoll zu erachten.

Die konsequente Umsetzung der Lösungshypothese anhand der spezifischen Fragestellungen zur Flächeneffizienz bestätigt die Produktivität des Modells, da die Schnittstellen aller Teilmodelle die Zweckbezogenheit und die Zielerreichung des Modells verstärken. Die Nutz- und Anwendbarkeit des Modells wurde ebenfalls im Rahmen der Validierung bestätigt, indem die Ergebnisse im Anwendungsfall richtig interpretiert und sinnvolle Maßnahmen zur Steigerung der Flächeneffizienz abgeleitet wurden. Die Integration der Teilergebnisse demonstrierte zudem eine wirtschaftliche Modellierung der gewonnenen Erkenntnisse hinsichtlich eines geringen Aufwands bei gleichzeitig hohem Nutzen.

Das Validierungsbeispiel bei der Konsumgüter GmbH umfasst alle Prozess- und Teilprozessschritte des Vorgehensmodells zur Entwicklung einer Strategie zur Steigerung der Flächeneffizienz von Fabriken im urbanen Umfeld. Alle Ergebnisse konnten im praktischen Anwendungszusammenhang geprüft werden. Einzig die iterativen Prozessvariationen zur stetigen Anpassung der Strategie sowie zur stetigen Kontrolle der Flächeneffizienzpotenziale konnten während der Validierung aufgrund der kurzen Projektlaufzeit nicht vollständig überprüft werden (siehe Abbildung 6-8).

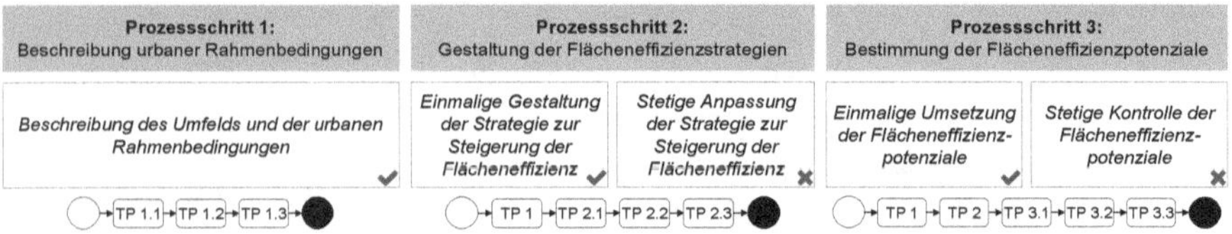

Abbildung 6-8: Abgedeckte Prozessvarianten im Kontext der Validierung

Im Zuge der Modellerstellung war eines der Ziele, produzierenden Unternehmen mit einem urbanen Produktionsstandort die Einflüsse des urbanen Umfelds zu verdeutlichen. Viele Herausforderungen sind den Beteiligten in der Praxis bewusst. In der Diskussion mit den Experten wurde jedoch ersichtlich, dass die Ursachen für eine urbane Einflussnahme nicht gänzlich erfasst und insbesondere die Wirkung auf die Flächennutzung der urbanen Fabrik nicht vollumfänglich bekannt waren. Die Beschreibung der urbanen Rahmenbedingungen anhand der morphologischen Analyse der Merkmale und der Einordnung in die entsprechende Ausprägung erweist sich dabei als überaus hilfreich und ermöglicht eine qualitative Analyse des Status Quo der urbanen Fabrik. Die Einordnung in die morphologische Matrix kann die spezifische Situation der urbanen Fabrik einerseits erfassen und andererseits erste Indikationen über die zentralen Herausforderungen in der urbanen Flächeninanspruchnahme geben. Je nach Priorisierung oder Gewichtung der konkreten Themen in den vier Aspekten kann entweder das ein oder andere Handlungsfeld stärker hervorgehoben werden. Ein gewisser Grad an Subjektivität ist an dieser Stelle jedoch nicht ausgeschlossen.

Die daraus abgeleiteten Anforderungen an die urbane Fabrik zeigen eindrucksvoll die Vielschichtigkeit urbaner Räume. Insbesondere das Wechselwirkungsnetz visualisiert die komplexen Zusammenhänge deutlich. Das Sensitivitätsmodell ermöglicht ein hinreichend genaues Abbild der Realität, in dem die Wirkzusammenhänge der Anforderungen dargestellt werden. Das zentrale Ergebnis des Modells sind die sechs identifizierten Anforderungsbereiche urbaner Fabriken. Da die später entwickelte Strategie zur Steigerung der Flächeneffizienz stark von den Anforderungsbereichen anhängig ist, würde eine detailliertere Betrachtung der Wirkzusammenhänge weitere Erkenntnisse liefern. Zudem könnten tiefergehende Analysen den ermittelten Rollen im System eine größere Bedeutung zuweisen und somit die Anforderungsbereiche schärfen.

Die wertschöpfungsorientierte Beschreibung und Bewertung der Flächeneffizienz ermöglicht die Operationalisierung und Quantifizierung der Steigerung der Flächeneffizienz. Das Ziel- und Kennzahlensystem ermöglicht eine Einordnung bzw. Priorisierung bestimmter Maßnahmen und Gestaltungsoptionen. Da es sich bei den Kennzahlen um relative Vergleichszahlen handelt und keine absoluten Werte zur Bestimmung der Ziele herangezogen werden, ist zwar eine Vergleichbarkeit der Situationen vor und nach der Umsetzungsphase möglich. Eine Benennung konkreter Flächen- oder Quadratmeterwerte in Bezug zur tatsächlich eingesparten Fläche bleibt jedoch aus.

Bei der Bestimmung der Flächeneffizienzpotenziale wird ein ähnlicher Aspekt sichtbar. Im Validierungsbeispiel wurde deutlich, dass das relative Flächeneffizienzpotenzial ausschließlich von der Anzahl ausgewählter Gestaltungsoptionen abhängig ist. Ob durch die Maßnahmen tatsächlich Fläche eingespart oder die Wertschöpfung gesteigert wurde, kann mit dem Modell nicht erfasst werden. Dafür eignen sich die bewerteten und priorisierten Gestaltungsoptionen nicht ausschließlich für urbane Fabriken, sondern sind auch für weitere Anwendungsfälle geeignet. Eine detaillierte Analyse der Aktiv- und Passivsummen in der Einfluss- und Kontingenzanalyse könnte zudem weitere Erkenntnisse hinsichtlich der auszuwählenden Strategie sowie der korrelierenden und kausalen Abhängigkeiten schaffen. In diesem Kontext könnte auch eine differenziertere Zuordnung der Anforderungsbereiche zur morphologischen Analyse erfolgen.

Das Vorgehensmodell deckt alle Schritte von der Beschreibung, Bewertung, Gestaltung und Umsetzung der Strategien zur Steigerung der Flächeneffizienz ab. Für eine nachhaltigere Steigerung der Flächeneffizienz könnte zudem die Anpassungsfähigkeit der Normstrategien stärker ausgearbeitet werden, um die situative Konfiguration des Vorgehensmodells hervorzuheben. Insbesondere die stetige Anpassung und Kontrolle der Strategie sollte in bestehende betriebliche Strukturen und Prozesse integriert werden, um die gewonnenen Erkenntnisse mit den Fachbereichen auszutauschen.

7 Zusammenfassung und Ausblick

Die weltweit anhaltende Urbanisierung sowie Entwicklungen hin zu digitalisierten, individualisierten Produkten und dezentralen Produktionsstandorten führt zu einem zunehmenden Strukturwandel in der industriellen Produktion. Neben gesellschaftlichen Trends bestärken auch wirtschaftlich-industrielle Interessen die Produktion im urbanen Raum als bedeutenden Standort für Innovation und Wertschöpfung. Für eine nachhaltige Integration von Fabriken in den urbanen Raum ist das Urbanisierungspotenzial einer Fabrik maßgeblich. Es besteht einerseits aus der Minimierung negativer Einflüsse auf das direkte Umfeld, wie bspw. Maßnahmen zum Emissions- und Schallschutz oder der Minimierung des resultierenden Verkehrsaufkommens. Andererseits müssen Synergiepotenziale realisiert oder Infrastruktur gemeinschaftlich genutzt werden. Urbane Fabriken bieten in diesem Kontext eine Vielzahl an Möglichkeiten für eine zukunftsorientierte Produktion, da sie die politischen und sozialen Forderungen nach einer zukunftsorientierten Flächennutzung erfüllen können. Jedoch verringern Nutzungskonflikte und Flächenknappheit flexible Wachstums- und Expansionsmöglichkeiten industrieller Wertschöpfung im urbanen Raum. Die Beschränkungen und Einflüsse des urbanen Umfelds hemmen die Entwicklungspotenziale produzierender Unternehmen insbesondere durch hohe Anforderungen an die Flächennutzung einer urbanen Fabrik sowie durch eine geringe Flächenverfügbarkeit in der Stadt.

Vor diesem Hintergrund war das Ziel der vorliegenden Arbeit die Entwicklung einer Methodik zur systematischen Steigerung der Flächeneffizienz von Fabriken im urbanen Umfeld, um die Urbanisierungspotenziale einer Fabrik nutzbar zu machen und Gestaltungs-, Entwicklungs- sowie Integrationsmöglichkeiten industrieller Wertschöpfung im urbanen Raum zu fördern. Dabei war von besonderer Bedeutung, das urbane Umfeld und dessen Einflüsse und Anforderungen zu berücksichtigen, um auf unternehmensspezifische Rahmenbedingungen eingehen und die Interdependenzen mit der Fabrik situativ beschreiben zu können. Die wertschöpfungsorientierte Bewertung generischer Gestaltungsoptionen hinsichtlich ihres Beitrages zur Steigerung der Flächeneffizienz sollte dabei eine möglichst unabhängige Anwendbarkeit handlungsorientierter Strategien und die Vergleichbarkeit der Ergebnisse sicherstellen.

Die methodische Grundlage der Arbeit stellte dabei die morphologische Beschreibung der urbanen Einflussfaktoren dar, um die Auswirkungen des urbanen Umfelds auf die Fabrik und deren Flächennutzung zu erläutern. Diese Interdependenzen bildeten das Grundverständnis des Ordnungsrahmens dieser Arbeit und ermöglichten die detaillierte Analyse urbaner Rahmenbedingungen und Anforderungen. Das Kernelement dieser Arbeit stellte die Verknüpfung der identifizierten Anforderungen an die Flächennutzung sowie der bewerteten Gestaltungsoptionen zur Steigerung der Flächeneffizienz durch die Erklärung ihrer Wirkbeziehungen dar, um daraus Flächeneffizienzpotenziale abzuleiten und Strategien für Fabriken im urbanen Umfeld zu entwickeln.

Hierzu wurden im ersten Kapitel neben der Ausgangssituation und Motivation die Zielsetzung dieser Arbeit sowie das Lösungskonzept im Kontext des gewählten Forschungsprozesses und der Aufbau der Arbeit vorgestellt. Das zweite Kapitel zielte auf die Erläuterung der inhaltlichen Grundlagen und notwendigen Begrifflichkeiten ab, um die urbane Fabrik als nachhaltigen Ort der Wertschöpfung zu verstehen. Die Besonderheiten urbaner Fabriken liegen dabei in den Schnittstellen und Interdependenzen mit dem urbanen Umfeld, da bestehende Rahmenbedingungen die Flächennutzung urbaner Fabriken beeinflussen und verschiedene Akteure mit unterschiedlichen Interessen weiteren Einfluss nehmen. Das Urbanisierungspotenzial und die Flächennutzung unterliegt dabei Herausforderungen, die über einen geordneten Anforderungsprozess aufgenommen und formalisiert werden müssen. Als Fokus der Arbeit wurden darüber hinaus nur diejenigen Flächenarten betrachtet, die eine Relevanz für oder einen direkten Bezug zur Wertschöpfung aufweisen. Die Wertschöpfung wurde dabei als geeignetes Kriterium identifiziert, um die Flächeneffizienz von Fabriken bewertbar zu machen. In der ressourcenorientierten Sichtweise der Nachhaltigkeit wird der Faktor Fläche zudem als Ressource verstanden, sodass ökonomisches und ökologisches Handeln gleichermaßen von flächeneffizienzsteigernden Maßnahmen beeinflusst wird. Die Verbindung von urbanem Kontext und bewerteten Gestaltungsoptionen bildete demnach die Grundlage für das Lösungskonzept zur Entwicklung spezifischer Strategien zur Steigerung der Flächeneffizienz von Fabriken im urbanen Umfeld.

Im dritten Kapitel erfolgte die Einführung in theoretische Grundlagen der Wertschöpfungs- und Leistungsbewertung von Unternehmen. Darüber hinaus wurden bestehende Ansätze zur Beschreibung urbaner Fabriken und zur Beschreibung der Flächeneffizienz vorgestellt. Es wurde ersichtlich, dass der Wertschöpfungsbegriff sowohl aus historischer als auch aus ökonomischer Sicht eine wichtige Rolle für unternehmerische und industrielle Zielgrößen spielt. Wertschöpfung und urbane Räume durchleben eine Umkehr der Funktionstrennung hin zu mehr Nutzungsmischung durch die

(Re-) Integration von Produktion in den urbanen Raum. Dazu spielt die Fokussierung auf den qualitativen Kundennutzen eine entscheidende Rolle für die (nicht nur) urbane Wertschöpfung. Bestehende Ansätze zur Bewertung der Wertschöpfung streben dahingegen eine quantitative Bewertung produktionsbezogener Leistungskennzahlen an. In den Ansätzen zur Beschreibung urbaner Produktion mangelt es jedoch an der Differenzierung wertschöpfungsorientierter Bereiche einer Fabrik. Ebenfalls werden die Wirkbeziehungen zwischen urbanem Umfeld und der Fabrik mit Einfluss auf die Fläche nicht berücksichtigt. Die Analyse machte deutlich, dass es trotz verstärkter Forschungsaktivitäten in diesem Bereich insbesondere an technischen und flächeneffizienten Gestaltungsoptionen urbaner Fabriken fehlt. Zudem bietet sich großes Anknüpfungspotenzial in der Übertragung von Modellen zur Bewertung der Flächeneffizienz auf die Produktion. Die für diese Arbeite relevante Definition der Flächeneffizienz leitete sich folglich aus dem Verhältnis des kundennutzenorientierten Wertschöpfungsbeitrags und dem dafür notwendigen Flächenbedarf ab.

Ziel des vierten Kapitels war die Entwicklung des Lösungskonzeptes, welches die Auswahl und Anwendung von Strategien zur Steigerung der Flächeneffizienz von Fabriken im urbanen Umfeld ermöglicht. Auf Grundlage der inhaltlichen und formalen Anforderungen wurde die urbane Fabrik aus systemischer Sicht beschrieben und daraus der Ordnungsrahmen der vorliegenden Arbeit abgeleitet. Die fünf Bestandteile des Lösungsmodells zur Steigerung der Flächeneffizienz wurden abschließend in entsprechende Teilmodelle überführt. In der vorgestellten Lösungshypothese wurde deutlich, dass die Erklärung der Wirkbeziehungen zwischen urbanen, flächenbezogenen Anforderungen und anhand der Flächeneffizienz bewerteten Gestaltungsoptionen dazu führt, dass Flächeneffizienzpotenziale identifiziert und Strategien zur Steigerung der Flächeneffizienz abgeleitet werden können.

Im fünften Kapitel wurden die fünf Teilmodelle für die Strategien zur Steigerung der Flächeneffizienz von Fabriken im urbanen Umfeld detailliert. Zunächst erfolgte die morphologische Analyse und Beschreibung urbaner Einflussfaktoren in den Domänen Prozess, Technologie und Infrastruktur analog zum Ordnungsrahmen dieser Arbeit. Es wurde hergeleitet, dass sich die Wirkbeziehungen und Einflussfaktoren einer Fabrik in die Handlungsfelder ökologisch-rechtlicher, sozio-technischer, baulich-wirtschaftlicher sowie logistisch-infrastruktureller Aspekte einteilen lassen. Die morphologische Einordnung einer Fabrik lässt somit Rückschlüsse auf die spezifischen, urbanen Rahmenbedingungen zu und charakterisiert die Einflüsse des urbanen Umfelds. Nachfolgend wurden die relevanten Rahmenbedingungen von direkten Wertschöpfungsbereichen analysiert, um urbane und flächenbezogene Anforderungen an die urbane Fabrik abzuleiten und deren Wirkbeziehungen im Sensitivitätsmodell zu bestimmen. Dies ermöglichte Aussagen über das Urbanisierungspotenzial sowie die Flächenentstehung und -nutzung innerhalb der Fabrik und die Ableitung sechs typisierender Anforderungsbereiche urbaner Fabriken. Die Anforderungsbereiche bildeten zudem die Basis für die Auswahl der konkreten Strategie zur Steigerung der Flächeneffizienz, da jedem Anforderungsbereich eine Normstrategie zugeordnet wurde. Im dritten Teilmodell erfolgte die Beschreibung und Bewertung der Flächeneffizienz im Sinne dieser Arbeit. Hierzu wurde zunächst auf Grundlage produktionstechnischer und wertschöpfungsorientierter Zielgrößen ein Ziel- und Kennzahlensystem aufgebaut, welches den Zielerfüllungsgrad von generischen Gestaltungsoptionen zur Steigerung der Flächeneffizienz operationalisiert und bewertet. Der vierte Schritt bestand in der Integration der bisherigen Ergebnisse. Generische Gestaltungsoptionen wurden anhand des Ziel- und Kennzahlensystems hinsichtlich ihres Beitrags zur Steigerung der Flächeneffizienz bewertet. Anschließend erfolgte die Beschreibung der Wirkzusammenhänge zwischen den identifizierten Anforderungen und den bewerteten Gestaltungsoptionen, mittels derer sechs Strategien zur Steigerung der Flächeneffizienz ausgestaltet wurden. Im fünften Lösungsbestandteil wurde das Vorgehensmodell zur Anwendung der Strategien im unternehmerischen Kontext entwickelt.

Das sechste Kapitel hatte das Ziel, das erarbeitete Vorgehen und die Anwendbarkeit in der Praxis zu validieren. Die Ergebnisse wurden bei einem Hersteller für Konsumgüter angewendet, dessen Fabrik vom Wachstum der umliegenden Stadt eingeschlossen wurde und daher starke Einflüsse und Rahmenbedingungen gelten. Abschließend wurden die gewonnenen Erkenntnisse kritisch reflektiert und Anknüpfungspunkte für eine Weiterentwicklung des Lösungsmodells abgeleitet.

Das vorgestellte Modell ermöglicht eine systematische Steigerung der Flächeneffizienz von Fabriken im urbanen Umfeld über die Auswahl einer geeigneten Strategie und trägt dazu bei, dass urbane Produktionsstandorte ihren spezifischen Anforderungen gerecht werden. Neben der Beschreibung der urbanen Rahmenbedingungen können die Strategien zur Steigerung der Flächeneffizienz angewendet und situativ angepasst werden, sodass Flächeneffizienzpotenziale durch verschiedenste Maßnahmen umgesetzt und der erzielte Erfolg nachhaltig kontrolliert werden kann. Zudem ermöglicht die Methodik den Vergleich zwischen mehreren (urbanen) Fabrikstandorten.

Im sechsten Kapitel wurden Potenziale zur Weiterentwicklung des Modells hinsichtlich einer Quantifizierung absoluter Flächen vorgestellt, welche über die getroffenen Maßnahmen eingespart werden können. Dies wäre eine sehr unternehmensspezifische Bewertung, könnte aber die identifizierten Flächeneffizienzpotenziale validieren und den relativen Vergleich zwischen den Gestaltungsoptionen auflösen. Bei einer gleichzeitigen Betrachtung des Implementierungsaufwands in der Umsetzung der Gestaltungsoptionen zur Steigerung der Flächeneffizienz könnte jede Maßnahme nicht nur im relativen Vergleich, sondern durch ihr konkretes Flächeneinsparpotenzial sowie die damit verbundenen Kosten bewertet werden, um die Priorisierung der Maßnahmen innerhalb der Strategie konkreter zu gestalten.

Darüber hinaus würde eine Intervallskalierung in der morphologischen Analyse der urbanen Rahmenbedingungen die Subjektivität in der Bewertung der Merkmale reduzieren, sodass einerseits eine bessere Vergleichbarkeit mehrerer Standorte und andererseits eine zahlenbasierte Zuordnung zu den Anforderungsbereichen ermöglicht würde. Insbesondere wäre dies ein nächster Schritt hin zu einer anforderungsgerechten, zielgerichteten und systematischen Gestaltung von Fabriken im urbanen Umfeld. Das Ergebnis beider Weiterentwicklungen könnte ein digitales Dashboard sein, über das die bereits implementierten und die noch ausstehenden Maßnahmen zur Steigerung der Flächeneffizienz visualisiert sowie quantifizierte Flächeneffizienzpotenziale monetär bewertet werden.

Literaturverzeichnis

Bach, N.; Brehm, C.; Buchholz, W.; Petry, T.: Wertschöpfung als zentrales Ziel von Unternehmensführung, In: Bach, N.; Brehm, C.; Buchholz, W.; Petry, T. (Hrsg.): Wertschöpfungsorientierte Organisation, Wiesbaden: Gabler Verlag, 2012, S. 1-25.

Backhaus, K.; Erichson, B.; Plinke, W.; Weiber, R.: Multivariate Analysemethoden - Eine anwendungsorientierte Einführung, 15. Aufl., Berlin: Springer Gabler, 2018.

Balzert, H.: Lehrbuch der Software-Technik, 3. Aufl., Heidelberg: Spektrum Akademischer Verlag, 2009.

Barg, S. J.: Kontextbezogene Auslegung von Produktbaukästen, Aachen: Apprimus Wissenschaftsverlag, 2018.

Barni, A.; Carpanzano, E.; Landolfi, G.; Pedrazzoli, P.: Urban Manufacturing of Sustainable Customer-Oriented Products, In: Monostori, L.; Majstorovic, V. D.; Hu, S. J.; Djurdjanovic, D. (Hrsg.): Proceedings of the 4th International Conference on the Industry 4.0 Model for Advanced Manufacturing, Cham: Springer International Publishing, 2019, S. 128-141.

Barni, A.; Corti, D.; Pedrazzoli, P.; Rovere, D.; Lucisano, G.: Mini-factories for Close-to-customer Manufacturing of Customized Furniture: From Concept to Real Demo, In: Procedia Manufacturing, 11. Jg., 2017, S. 854-862.

Bauer, W.; Lentes, J.: Wettbewerbsfähig produzieren durch Urbane Produktion - Nachhaltige Wertschöpfung im städtischen Umfeld, In: Industrie Management, Nr. 4, 30. Jg., 2014, S. 7-10.

Baum, H.: Morphologie der Kooperation als Grundlage für das Konzept der Zwei-Ebenen-Kooperation, Wiesbaden: Gabler, 2011.

BMVBS/BBR (Bundesministerium für Verkehr, Bau und Stadtentwicklung): Nutzungsmischung im Städtebau - Endbericht, In: Werkstatt: Praxis, Nr. 2/2000, 2000.

Becker, J.; Meise, V.: Strategie und Ordnungsrahmen, In: Becker, J.; Kugeler, M.; Rosemann, M. (Hrsg.): Prozessmanagement - Ein Leitfaden zur prozessorientierten Organisationsgestaltung, 7. Aufl., Berlin: Springer Gabler, 2012.

Bednar, L.; Hasenauer, R.: Selektiv-Absatzpolitische Entscheidungen bei Zielkonflikten - Ein Goal Programming Modell, In: Topritzhofer, E. (Hrsg.): Marketing, Wiesbaden: Gabler, 1978, S. 351-371.

Belkin, V.: Multikriterielles Controlling von Geschäftsprozessen - Prozessverbesserung mit Hilfe der dynamischen Simulation, 1. Aufl., Lohmar: Eul, 2011.

Bergmann, L.; Lacker, M.: Denken in Wertschöpfung und Verschwendung, In: Dombrowski, U.; Herrmann, C.; Lacker, T.; Sonnentag, S. (Hrsg.): Modernisierung kleiner und mittlerer Unternehmen, Berlin: Springer, 2009, S. 161-168.

Bertalanffy, L. von: General System Theory - Foundations, Development, Applications, New York: Braziller, 1968.

Bertalanffy, L. von: General System Theory - Foundations, Development, Applications, Revised Ed., New York: Braziller, 2015.

Bibri, S.; Krogstie, J.: Smart sustainable cities of the future: An extensive interdisciplinary literature review, In: Sustainable Cities and Society, 31. Jg., 2017, S. 183-212.

Binder, V. A.; Kantowsky, J.: Technologiepotentiale, Wiesbaden: Deutscher Universitätsverlag, 1996.

Blaeser-Benfer, A.; Schröter, W.; Vollborth, T.: Produktivität für kleine und mittelständische Unternehmen - Teil I: Handlungsleitfaden für den industriellen Mittelstand, 2012. URL: https://www.rkw-kompetenzzentrum.de/innovation/leitfaden/produktivitaet-fuer-kleine-und-mittelstaendische-unternehmen-i/, zuletzt geprüft am 22.12.2020.

Blanchard, O.; Illing, G.: Makroökonomie, 6. Aufl., Hallbergmoos: Pearson, 2014.

Bloech, J.; Bogaschewsky, R.; Buscher, U.; Daub, A.; Götze, U.; Roland, F.: Einführung in die Produktion, 7. Aufl., Berlin: Springer Gabler, 2014.

Bock, S.; Hinzen, A.; Libbe, J.: Nachhaltiges Flächenmanagement - ein Handbuch für die Praxis - Ergebnisse aus der REFINA-Forschung, Berlin: Deutsches Institut für Urbanistik, 2011.

Bogner, E.; Löwen, U.; Franke, J.: Bedeutung der zukünftigen Produktion kundenindividueller Produkte in Losgröße 1, In: Redlich, T.; Moritz, M.; Wulfsberg, J. P. (Hrsg.): Interdisziplinäre Perspektiven zur Zukunft der Wertschöpfung, Wiesbaden: Springer Gabler, 2018, S. 63-75.

Bossel, H.: Modellbildung und Simulation - Konzepte, Verfahren und Modelle zum Verhalten dynamischer Systeme. Ein Lehr- und Arbeitsbuch, 2. Aufl., Wiesbaden: Vieweg & Teubner, 1994.

Boulding, K.: General Systems Theory - The Skeleton of Science, In: Management Science, Nr. 3, 2. Jg., 1956, S. 197-208.

Bourque, P.; Fairley, R. E.: Guide to the software engineering body of knowledge, Version 3.0, Los Alamitos: IEEE Computer Society Press, 2014.

Böhm, F.; Hempel, L.; Kirchheim, A.; Krause, H.; Weise, G.: Mathematische Standardmodelle der Operationsforschung, 2. Aufl., Berlin: Verlag die Wirtschaft, 1972.

Brandt, M.; Gärtner, S.; Meyer, K.: Urbane Produktion - Ein Versuch einer Begriffsdefinition, In: Forschung Aktuell, Nr. 08, 2017. Jg., 2017, S. 1-14.

Brunner, F. J.: Japanische Erfolgskonzepte - Kaizen, KVP, Lean Production Management, Total Productive Maintenance, Shopfloor Management, Toyota Production System, GD[3]-Lean Development, 2. Aufl., München: Hanser, 2011.

Bucherer, M.; Clausen, U.; Herrmann, C.; Hoffschröer, H.; Juraschek, M.; Kreuz, F.; Langer, V.; Reicher, C.; Roth, C.; Schmidt, A.; Söfker-Rieniets, A.; Sonntag, R.; Spengler, A.; Thiede, S.; Vossen, B.: Maßnahmenkatalog zur Anpassung von urbanen Fabriken - Urban Factory - Entwicklung ressourceneffizienter Fabriken in der Stadt. Abschlussbericht, Braunschweig: Universitätsbibliothek, 2019.

Buck, H.: Aktuelle Unternehmenskonzepte und die Entwicklung der Arbeitsorganisation, In: Spath, D.; Westkämper, E.; Bullinger, H.-J.; Warnecke, H.-J. (Hrsg.): Neue Entwicklungen in der Unternehmensorganisation, Berlin: Springer Vieweg, 2017, S. 57-78.

Bundesamt für Justiz (2017) Verordnung über die bauliche Nutzung der Grundstücke - BauNVO. URL: https://www.gesetze-im-internet.de/baunvo/, zuletzt geprüft am 11.10.2020.

Bundesgesetzblatt Jahrgang 2017 Teil I Nr. 25 (2017) Gesetz zur Umsetzung der Richtlinie 2014/52/EU im Städtebaurecht und zur Stärkung des neuen Zusammenlebens in der Stadt - Artikel 2: Änderung der Baunutzungsverordnung. URL: https://www.bgbl.de/xaver/bgbl/start.xav#__bgbl__%2F%2F*%5B%40attr_id%3D%27bgbl117s1057.pdf%27%5D__1609323407927, zuletzt geprüft am 30.12.2020.

Bundesministerium für Umwelt, Naturschutz, Bau und Reaktorsicherheit: Leipzig Charta zur nachhaltigen europäischen Stadt, 2007. URL: https://www.bmi.bund.de/DE/themen/bauen-wohnen/stadt-wohnen/stadtentwicklung/leipzig-charta/leipzig-charta-artikel.html, zuletzt geprüft am 07.05.2020.

Bundesministerium für Umwelt, Naturschutz, Bau und Reaktorsicherheit: Leitfaden Nachhaltiges Bauen - Zukunftsfähiges Planen, Bauen und Betreiben von Gebäuden. URL: https://www.nachhaltigesbauen.de/fileadmin/pdf/Leitfaden_2015/LFNB_D_final-barrierefrei.pdf, zuletzt geprüft am 12.06.2020.

Burggräf, P.; Dannapfel, M.; Uelpenich, J.; Kasalo, M.: Urban factories - Industry insights and empirical evidence within manufacturing companies in German-speaking countries, In: Procedia Manufacturing, 28. Jg., 2019, S. 83-89.

Chryssolouris, G.; Wiendahl, H.-P.; Rentzos, L.; Makris, S.: Factory, In: Chatti, S.; Laperrière, L.; Reinhart, G.; Tolio, T. (Hrsg.): CIRP Encyclopedia of Production Engineering, 2. Aufl., Berlin: Springer, 2019, S. 649-653.

Claussen, P.: Die Fabrik als soziales System - Wandlungsfähigkeit durch systemische Fabrikplanung und Organisationsentwicklung - ein Beispiel aus der Automobilindustrie, Wiesbaden: Springer Gabler, 2012.

Dannapfel, H. M.: Ein systemisches Management-Modell für die Fabrikplanung, Aachen: Apprimus Verlag, 2020.

Deutsches Institut für Normung, DIN 277-1 Grundflächen und Rauminhalte im Bauwesen - Teil 1: Hochbau, Berlin: Beuth Verlag GmbH, 2016.

Dijkstra, L.; Poelman, H.: Cities in Europe - The new OECD-EC Definition, In: Regional focus, 1. Jg., 2012, S. 1-16.

Dombrowski, U.; Riechel, C.: Die Urbane Fabrik - Potenziale einer stadtnahen Produktion, In: Industrial Management, Nr. 4, 30. Jg., 2014, S. 11-15.

Dyckhoff, H.: Betriebliche Produktion, Berlin: Springer, 1994.

Dyckhoff, H.: Grundzüge der Produktionswirtschaft, 4. Aufl., Berlin: Springer, 2013.

Ebert, C.: Systematisches Requirements Engineering - Anforderungen ermitteln, dokumentieren, analysieren und verwalten, 6. Aufl., Heidelberg: dpunkt.verlag, 2019.

Ehrlenspiel, K.; Kiewert, A.; Lindemann, U.; Mörtl, M.: Kostengünstig Entwickeln und Konstruieren - Kostenmanagement bei der integrierten Produktentwicklung, 7. Aufl., Berlin: Springer, 2014.

Eisenführ, F.; Langer, T.; Weber, M.: Rationales Entscheiden, 5. Aufl., Berlin: Springer, 2010.

Erbstößer, A.-C.: Produktion in der Stadt - Berliner Mischung 2.0, In: Technologie Stiftung Berlin, 2016. Jg., 2016.

Erlach, K.: Wertstromdesign - Der Weg zur schlanken Fabrik, 2. Aufl., Heidelberg: Springer, 2010.

Eversheim, W.; Schuh, G.: Produktion und Management 3 - Gestaltung von Produktionssystemen, Berlin: Springer, 1999.

Focke, M.; Steinbeck, J.: Steigerung der Anlagenproduktivität durch OEE-Management, Wiesbaden: Springer, 2018.

Foley, P.; Watts, H.: New Process Technology and the Regeneration of the Manufacturing Sector of an Urban Economy, In: Urban Studies, Nr. 3, 33. Jg., 1996, S. 445-457.

Freeman, R.; McMahon, C.; Godfrey, P.: An exploration of the potential for re-distributed manufacturing to contribute to a sustainable, resilient city, In: International Journal of Sustainable Engineering, Nr. 4-5, 10. Jg., 2017, S. 260-271.

Freund, J.; Rücker, B.: Praxishandbuch BPMN - Mit Einführung in CMMN und DMN, 5. Aufl., München: Hanser, 2017.

Friedrichsen: Nachhaltiges Planen, Bauen und Wohnen, Berlin: Springer, 2018.

Gausemeier, J.; Fink, A.; Schlake, O.: Szenario-Management - Planen und Führen mit Szenarien, 2. Aufl., München: Hanser, 1996.

Gläser, J.; Laudel, G.: Experteninterviews und qualitative Inhaltsanalyse als Instrumente rekonstruierender Untersuchungen, 3. Aufl., Wiesbaden: VS Verlag für Sozialwissenschaften, 2009.

Grochla, E.: Grundlagen der organisatorischen Gestaltung, Stuttgart: Poeschel, 1982.

Grossmann, C.: Komplexitätsbewältigung im Management - Anleitungen, integrierte Methodik und Anwendungsbeispiele, Winterthur: GCN, 1992.

Gutenberg, E.: Grundlagen der Betriebswirtschaftslehre, Berlin: Springer, 1966.

Haberfellner, R.; Weck, O. de; *Fricke, E.; Vössner, S.:* Systems Engineering - Fundamentals and Applications, Cham: Birkhäuser, 2019.

Häder, M.: Empirische Sozialforschung - Eine Einführung, 4. Aufl., Wiesbaden: Springer, 2019.

Haller, A.; van Staden, C.: The value added statement – an appropriate instrument for Integrated Reporting, In: Accounting, Auditing & Accountability Journal, Nr. 7, 27. Jg., 2014, S. 1190-1216.

Haselsteiner, E.; Grob, L.-M.; Frey, H.; Madner, V.; Laa, B.; Schwaigerlehner, K.: The Vertical Urban Factory as a Concept for Mixed Use in Future Cities, In: Schrenk, M.; Popovich, V. V.; Zeile, P.; Elisei, P.; Beyer, C.; Ryser, J.; Reicher, C. (Hrsg.): REAL CORP 2020 Proceedings, Aachen, 2020.

Haselsteiner, E.; Schwaigerlehner, K.; Frey, H.; Laa, B.; Madner, V.; Grob, L.-M.: Vertical Urban Factory - Innovative Konzepte der vertikalen Verdichtung von Produktion und Stadt, Wien, 2019.

Haupt, R.: Industriebetriebslehre - Einführung Management im Lebenszyklus industrieller Geschäftsfelder, Wiesbaden: Gabler, 2000.

Heinen, E.: Grundlagen betriebswirtschaftlicher Entscheidungen - Das Zielsystem der Unternehmung, 3. Aufl., Wiesbaden: Betriebswirtschaftlicher Verlag Dr. Th. Gabler, 1976.

Helfferich, C.: Die Qualität qualitativer Daten - Manual für die Durchführung qualitativer interviews, 4. Aufl., Wiesbaden: Verlag für Sozialwissenschaften, 2011.

Herrmann, C.; Blume, S.; Kurle, D.; Schmidt, C.; Thiede, S.: The Positive Impact Factory–Transition from Eco-efficiency to Eco–effectiveness Strategies in Manufacturing, In: Procedia CIRP, 29. Jg., 2015, S. 19-27.

Herrmann, C.; Juraschek, M.; Burggräf, P.; Kara, S.: Urban Production: State of the Art and Future Trends for Urban Factories, In: CIRP Annals Manufacturing Technology, Nr. 2, 69. Jg., 2020, S. 764-787.

Herrmann, C.; Schmidt, C.; Kurle, D.; Blume, S.; Thiede, S.: Sustainability in Manufacturing and Factories of the Future, In: International Journal of Precision Engineering and Manufacturing-Green Technology, Nr. 4, 1. Jg., 2014, S. 283-292.

Hertwig, M.: Urban Production - Wie kann das Raum-Dilemma der städtischen Produktion überwunden werden. URL: https://blog.iao.fraunhofer.de/urban-production-wie-kann-das-raum-dilemma-der-staedtischen-produktion-ueberwunden-werden/, zuletzt geprüft am 01.02.2020.

Heß, G.: Supply-Strategien in Einkauf und Beschaffung - Systematischer Ansatz und Praxisfälle, 1. Aufl., Wiesbaden: Gabler, 2008.

Heßeler, A.; Hood, C.; Missling, C.; Stücka, R.: Anforderungsmanagement - Formale Prozesse, Praxiserfahrungen, Einführungsstrategien und Toolauswahl, 1. Aufl., Berlin: Springer, 2004.

Hollbach-Grömig, B.; Zwicker-Schwarm, D.: Unternehmensstandorte zukunftsfähig entwickeln - Flächenpotenziale gewinnen, nachhaltig bauen, Synergien nutzen, Karlsruhe: Wirtschaftsförderung der Stadt Karlsruhe, 2014.

Huang, S.; Dismukes, J.; Shi, J.; Su, Q.; Razzak, M.; Bodhale, R.; Robinson, D.: Manufacturing productivity improvement using effectiveness metrics and simulation analysis, In: International Journal of Production Research, Nr. 3, 41. Jg., 2003, S. 513-527.

IEEE (Institute of Electrical and Electronics Engineers), IEEE Std. 830-1998 Recommended Practice for Software Requirements Specifications, Piscataway: IEEE, 1998.

IEEE (Institute of Electrical and Electronics Engineers), ANSI 610.12-1990 IEEE standard glossary of software engineering terminology - Approved September 28, 1990, New York: IEEE Standards Board, Institute of Electrical and Electronics Engineers, 1990.

Juraschek, M.: Analysis and development of sustainable urban production systems, Dissertation, Technische Universität Braunschweig, 2020.

Juraschek, M.; Becht, E.; Büth, L.; Thiede, S.; Kara, S.; Herrmann, C.: Life Cycle Oriented Industrial Value Creation in Cities, In: Procedia CIRP, 69. Jg., 2018, S. 94-99.

Juraschek, M.; Bucherer, M.; Schnabel, F.; Hoffschröer, H.; Vossen, B.; Kreuz, F.; Thiede, S.; Herrmann, C.: Urban Factories and Their Potential Contribution to the Sustainable Development of Cities, In: Procedia CIRP, 69. Jg., 2018, S. 72-77.

Juraschek, M.; Herrmann, C.; Thiede, S.: Utilizing Gaming Technology for Simulation of Urban Production, In: Procedia CIRP, 61. Jg., 2017, S. 469-474.

Juraschek, M.; Kreuz, F.; Bucherer, M.; Sonntag, R.; Schnabel, F.; Hoffschröer, H.; Vossen, B.; Söfker-Rieniets, A.; Thiede, S.; Herrmann, C.: Die Ressourcen der urbanen Fabrik - Definitionen und Erläuterungen aus dem Forschungsprojekt Urban Factory, 2018.

Juraschek, M.; Kreuz, F.; Bucherer, M.; Sprengler, A.; Thiede, S.; Herrmann, C.; Schmidt, A.; Clausen, U.: Urban Factories - Identification of Measures for Resource-Efficient Integration of Production Systems in Cities, In: Clausen, U.; Langkau, S.; Kreuz, F. (Hrsg.): Advances in Production, Logistics and Traffic - Proceedings of the 4th Interdisciplinary Conference on Production Logistics and Traffic 2019, Cham: Springer International Publishing, 2019, S. 221-232.

Juraschek, M.; Thiede, S.; Herrmann, C.: Urbane Produktion - Potenziale und Herausforderungen, In: Corsten, H.; Gössinger, R.; Spengler, T. (Hrsg.): Handbuch Produktions- und Logistikmanagement in Wertschöpfungsnetzwerken, Berlin: De Gruyter Oldenbourg, 2018, S. 1114-1133.

Juraschek, M.; Vossen, B.; Hoffschröer, H.; Reicher, C.; Herrmann, C.: Urban Factories: Ecotones as Analogy for Sustainable Value Creation in Cities, In: Wulfsberg, J. P.; Redlich, T.; Moritz, M. (Hrsg.): 1. Interdisziplinäre Konferenz zur Zukunft der Wertschöpfung - Konferenzband, Laboratorium Fertigungstechnik, Helmut-Schmidt-Universität, Hamburg, 2016, S. 135-145.

Juraschek, M.; Vossen, B.; Hoffschröer, H.; Reicher, C.; Herrmann, C.: Urbane Produktion: Ökotone als Analogie für eine nachhaltige Wertschöpfung in Städten, In: Redlich, T.; Moritz, M.; Wulfsberg, J. P. (Hrsg.): Interdisziplinäre Perspektiven zur Zukunft der Wertschöpfung, Wiesbaden: Springer Gabler, 2018, S. 195-207.

Karafyllis, N.: Soziotechnisches System, In: Liggieri, K.; Müller, O. (Hrsg.): Mensch-Maschine-Interaktion - Handbuch Zu Geschichte - Kultur - Ethik, Stuttgart: J.B. Metzler, 2019, S. 300-301.

Klanten, C.; Schmitt, G.: MIA Expertisen Volume 2 - Nutzungen mischen - Produktion integrieren, Aachen: RWTH Aachen University, Lehrstuhl für Informationsmanagement im Maschinenbau, 2019.

Kletti, J.; Schumacher, J.: Die perfekte Produktion - Manufacturing Excellence durch Short Interval Technology (SIT), 2. Aufl., Berlin: Springer Vieweg, 2014.

Klönne, M.: Methodik und Prozessgestaltung strategischer kommunaler Verkehrsplanungen - Anwendungsmöglichkeiten von systemdynamischen Modellen zur Bewertung kommunaler Verkehrsstrategien in der Planungspraxis, Dissertation, RWTH Aachen University, 2008.

Kohn, W.: Statistik - Datenanalyse und Wahrscheinlichkeitsrechnung, Berlin: Springer, 2005.

Krallmann, H.; Bobrik, A.; Levina, O.: Systemanalyse im Unternehmen - Prozessorientierte Methoden der Wirtschaftsinformatik, 6. Aufl., München: De Gruyter, 2013.

Krcmar, H.: Informationsmanagement, 6. Aufl., Berlin: Gabler, 2015.

Kreuz, F.; Juraschek, M.; Bucherer, M.; Söfker-Rieniets, A.; Spengler, A.; Clausen, U.; Herrmann, C.: Urban factories—interdisciplinary perspectives on resource efficiency, In: Elbert, R.; Friedrich, C.; Boltze, M.; Pfohl, H.-C. (Hrsg.): Urban Freight Transportation Systems, Amsterdam: Elsevier, 2020, S. 41-52.

Kubicek, H.: Heuristische Bezugsrahmen und heuristisch angelegte Forschungsdesign als Elemente einer Konstruktionsstrategie empirischer Forschung, In: Köhler, R. (Hrsg.): Empirische und handlungstheoretische Forschungskonzeptionen in der Betriebswirtschaftslehre, Stuttgart: C. E. Poeschel, 1977, S. 3-36.

Kuhn, T. S.: Die Struktur wissenschaftlicher Revolutionen, 25. Aufl., Frankfurt am Main: Suhrkamp, 2017.

Läpple, D.: Produktion zurück in die Stadt. Ein Plädoyer, In: StadtBauwelt, Nr. 35, 2016, S. 22-29.

Leimeister, J. M.: Collaboration Engineering - IT-gestützte Zusammenarbeitsprozesse systematisch entwickeln und durchführen, Berlin: Springer, 2014.

Lentes, J.: Urbane Produktion, In: Spath, D.; Westkämper, E.; Bullinger, H.-J.; Warnecke, H.-J. (Hrsg.): Neue Entwicklungen in der Unternehmensorganisation, Berlin: Springer Vieweg, 2017, S. 45-55.

Lentes, J.; Mandel, J.; Schliessmann, U.; Blach, R.; Hertwig, M.; Kuhlmann, T.: Competitive and sustainable manufacturing by means of ultra-efficient factories in urban surroundings, In: International Journal of Production Research, Nr. 2, 55. Jg., 2017, S. 480-491.

Liker, J. K.: Der Toyota-Weg - 14 Managementprinzipien des weltweit erfolgreichsten Automobilkonzerns, 9. Aufl., München: FBV - Finanzbuchverlag, 2014.

Lindemann, U.; Maurer, M.; Braun, T.: Structural Complexity Management - An approach for the field of product design, Berlin: Springer, 2009.

Mamonova, S.; Fromhold-Eisebith, M.: MIA Expertisen Volume 4 - Akzeptanz urbaner Produktion - Ergebnisse einer Haushaltsbefragung in Aachen, Aachen: RWTH Aachen University, Lehrstuhl für Informationsmanagement im Maschinenbau, 2019.

Mandel, J.; Schliessmann, U.; Lentes, J.; Stender, S.: Die Ultraeffizienzfabrik - Ressourcenschonende Produktionstechnologien ohne Emissionen im urbanen Umfeld, Abschlussbericht, 2016. URL: http://publica.fraunhofer.de/e-prints/urn_nbn_de_0011-n-4319674.pdf, zuletzt geprüft am 06.04.2018.

Marchionini, M.: Flächeneffizienz, In: Zeitner, R. (Hrsg.): Flächenmanagement in der Immobilienwirtschaft - Grundlagen und konkrete Anwendung, Berlin: Springer, 2019, S. 247-264.

Matt, D.; Spath, D.; Braun, S.; Schlund, S.; Krause, D.: Morgenstadt - Urban Production in the City of the Future, In: Zäh, M. F. (Hrsg.): Enabling Manufacturing Competitiveness and Economic Sustainability - Proceedings of the 5th International Conference on Changeable, Agile, Reconfigurable and Virtual Production, Munich, Germany, October 6th - 9th, 2013, Cham: Springer, 2014, S. 13-16.

Matt, D.; Orzes, G.; Rauch, E.; Dallasega, P.: Urban production – A socially sustainable factory concept to overcome shortcomings of qualified workers in smart SMEs - A socially sustainable factory concept to overcome shortcomings of qualified workers in smart SMEs, In: Computers & Industrial Engineering, 139. Jg., 2020.

Mattern, C.: Steigerung der Kollaborationsproduktivität in der interdisziplinären Produktentwicklung, Aachen: Apprimus Verlag, 2018.

Mauersberger, M.: Einflussfaktoren auf Beschaffungsorganisationen - Eine empirische Analyse der Beschaffungsorganisationen und ihre Einflussfaktoren dargestellt anhand eines Fallbeispiels, Wiesbaden: Springer, 2018.

Mayring, P.: Qualitative Inhaltsanalyse - Grundlagen und Techniken, 12. Aufl., Weinheim: Beltz Verlag, 2015.

Mayring, P.: Einführung in die qualitative Sozialforschung - Eine Anleitung zu qualitativem Denken, 6. Aufl., Weinheim: Beltz Verlag, 2016.

MBWSV: Nutzungsmischung und soziale Vielfalt im Stadtquartier - Bestandsaufnahme, Beispiele, Steuerungsbedarf. Endbericht, Wuppertal, 2015. URL: https://difu.de/sites/difu.de/files/archiv/projekte/2015_09_endbericht-nutzungsmischung-und-soziale-vielfalt.pdf, zuletzt geprüft am 04.08.2020.

Meise, V.: Ordnungsrahmen zur prozessorientierten Organisationsgestaltung. Modelle für das Management komplexer Reorganisationsprojekte, Hamburg: Verlag Dr. Kovac GmbH, 2001.

Meuser, M.; Nagel, U.: ExpertInneninterviews - vielfach erprobt, wenig bedacht. - Ein Beitrag zur qualitativen Methodendiskussion, In: Garz, D.; Kraimer, K. (Hrsg.): Qualitativ-empirische Sozialforschung - Konzepte, Methoden, Analysen, Wiesbaden: Springer Fachmedien, 1991.

Mieg, H.: Teil 1: Die Stadt als Feld multidisziplinärer Forschung, In: Mieg, H. A.; Heyl, C. (Hrsg.): Stadt - Ein interdisziplinäres Handbuch, Stuttgart: J.B. Metzler, 2013, S. 15-17.

Mühl, C.; Busch, H.-C.; Fromhold-Eisebith, M.; Fuchs, M.: Urbane Produktion - Dynamisierung stadtregionaler Arbeitsmärkte durch Digitalisierung und Industrie 4.0?, 2019. URL: https://www.fgw-nrw.de/fileadmin/user_upload/Impuls-I40-14-Fuchs-2019_01_23-web.pdf, zuletzt geprüft am 07.11.2020.

Nakajima, S.: Introduction to TPM - Total Productive Maintenance, 5. Aufl., Cambridge: Productivity Press, 1988.

Nakajima, S.: TPM Development Program - Implementing Total Productive Maintenance, Cambridge: Productivity Press, 1988.

Neumann, G.: Ziele/Zielgruppen, In: Zeitner, R. (Hrsg.): Flächenmanagement in der Immobilienwirtschaft - Grundlagen und konkrete Anwendung, Berlin: Springer, 2019, S. 1-5.

Nullmeier, F.: Input, Output, Outcome, Effektivität und Effizienz, In: Blanke, B.; Bandemer, S. von; Nullmeier, F.; Wewer, G. (Hrsg.): Handbuch zur Verwaltungsreform, Wiesbaden: VS Verlag für Sozialwissenschaften, 1998, S. 314-322.

Oechsner, R.; Pfeffer, M.; Pfitzner, L.; Binder, H.; Müller, E.; Vonderstrass, T.: From Overall Equipment Efficiency (OEE) to Overall Fab Effectiveness (OFE), In: Materials Science in Semiconductor Processing, Nr. 4-5, 5. Jg., 2002, S. 333-339.

Ōno, T.: Toyota Production System - Beyond Large-Scale Production, London: Productivity Press, 1988.

Partsch, H. A.: Requirements-Engineering systematisch - Modellbildung für softwaregestützte Systeme, 2. Aufl., Berlin: Springer, 2010.

Patzak, G.: Systemtechnik - Planung komplexer innovativer Systeme - Grundlagen, Methoden, Techniken, Berlin: Springer, 1982.

Pawellek, G.: Ganzheitliche Fabrikplanung - Grundlagen, Vorgehensweise, EDV-Unterstützung, 2. Aufl., Berlin: Springer Vieweg, 2014.

Pfeffer, M.: Bewertung von Wertströmen, Wiesbaden: Springer Fachmedien Wiesbaden, 2014.

Piller, F.; Möslein, K.; Ihl, C.; Reichwald, R.: Organisation der arbeitsteiligen Wertschöpfung: Der Weg zur interaktiven Wertschöpfung, In: Piller, F.; Möslein, K.; Ihl, C.; Reichwald, R. (Hrsg.): Interaktive Wertschöpfung kompakt, Wiesbaden: Springer Fachmedien Wiesbaden, 2017, S. 7-19.

Pohl, K.; Rupp, C.: Basiswissen Requirements Engineering - Aus- und Weiterbildung zum "Certified Professional for Requirements Engineering", 4. Aufl., Heidelberg: dpunkt.verlag, 2015.

pom+Consulting AG: FM Monitor - Der größte Datenpool im Facility Management der Schweiz, 2017. URL: https://www.pom.ch/de/produkte/fm-monitor/, zuletzt geprüft am 10.10.2020.

Popper, K.: Die Logik der Sozialwissenschaften - Referat, In: Kölner Zeitschrift für Soziologie und Sozialpsychologie, Nr. 2, 14. Jg., 1962, S. 233-248.

Porter, M. E.: Competitive Advantage - Creating and sustaining superior performance with a new introduction, New York: Free Press, 1998.

Preißler, P. R.: Betriebswirtschaftliche Kennzahlen, München: Oldenbourg Verlag, 2008.

Probst, G.; Gomez, P.: Die Methodik des vernetzten Denkens zur Lösung komplexer Probleme, In: Probst, G. J. B.; Gomez, P. (Hrsg.): Vernetztes Denken - Ganzheitliches Führen in der Praxis, 2. Aufl., Wiesbaden: Gabler, 1991, S. 3-22.

Rappaport, N.: Vertical Urban Factory, New York: Actar Publishers, 2016.

REFA-Verband: Industrial Engineering - Standardmethoden zur Produktivitätssteigerung und Prozessoptimierung, 2. Aufl., München: Hanser, 2015.

Reicher, C.: Städtebauliches Entwerfen, 5. Aufl., Wiesbaden: Springer Fachmedien Wiesbaden, 2017.

Richter, L.; Utermöhlen, T.; Nyhuis, P.: Bewertung der Standortqualität in Metropolregionen - Reifegradbasierter Planungsansatz für die regionale betriebliche Standortauswahl, In: wt Werkstattstechnik online, Nr. 4, 107. Jg., 2017, S. 235-240.

Ropohl, G.: Systemtechnik: Grundlagen und Anwendung, München: Hanser, 1975.

Ropohl, G.: Eine Systemtheorie der Technik - Zur Grundlegung der allgemeinen Technologie, München: Hanser, 1979.

Ropohl, G.: Allgemeine Technologie - Eine Systemtheorie der Technik, 3. Aufl., Karlsruhe: Universitätsverlag Karlsruhe, 2009.

Ropohl, G.: Allgemeine Systemtheorie - Einführung in transdisziplinäres Denken, Berlin: Edition Sigma, 2012.

Rowell, D.; Wormley, D. N.: System Dynamics - An Introduction, Upper Saddle River: Prentice Hall, 1997.

Schawel, C.; Billing, F.: Top 100 Management Tools - Das wichtigste Buch eines Managers Von ABC-Analyse bis Zielvereinbarung, 5. Aufl., Wiesbaden: Gabler, 2014.

Schenk, M.; Wirth, S.; Müller, E.: Fabrikplanung und Fabrikbetrieb, Berlin: Springer, 2014.

Schienmann, B.: Kontinuierliches Anforderungsmanagement - Prozesse, Techniken, Werkzeuge, München: Addison-Wesley, 2002.

Schilling, H.; Ehrenpreis, S.: Die Stadt in der Frühen Neuzeit, 3. Aufl., Berlin: De Gruyter, 2015.

Schipper, H.: Double-curved precast concrete elements - Research into technical viability of the flexible mould method, Dissertation, Delft University of Technology, 2015.

Schmitt, R.: Basiswissen Qualitätsmanagement, 1. Aufl., Düsseldorf: Symposion, 2015.

Schössler, M.; Baer, D.; Ebel, G.; Eickemeyer, L.; Hoffschröer, H.; Koch, T.; Schwertner, A.; Sonntag, R.: Future Urban Industries - Produktion, Industrie, Stadtzukunft, Wachstum. Wie können wir den Herausforderungen begegnen?, In: stiftung Neue Verantwortung, Nr. 11, 2012, S. 1-21.

Schröder, D.: Die Wiener Stadtfabrikanten, In: Brand Eins, Nr. 8, 18. Jg., 2016, S. 22-27.

Schuh, G.; Riesener, M.: Produktkomplexität managen - Strategien - Methoden - Tools, 3. Aufl., München: Hanser, 2018.

Schuh, G.; Stich, V.; Helmig, J.: Konzepte des Supply-Chain-Managements, In: Schuh, G.; Stich, V. (Hrsg.): Logistikmanagement, 2. Aufl., Berlin: Springer, 2013, S. 209-255.

Schweizer, W.: Wertstrom-Engineering: Methoden im Maschinenbau - Prozessmuster und Planungshilfen für Einzel- und Kleinserienfertigung, In: Spath, D. (Hrsg.): Wertstrom-Engineering im Maschinenbau: Modellfabrikforum am Fraunhofer IAO - Maßanfertigung für die bessere Produktion, 2010.

Schweizer, W.: Wertstrom Engineering: Typen- und variantenreiche Produktion, Berlin: epubli GmbH, 2013.

Singh, S.; Lentes, J.; Hertwig, M.: Economic Impact of Ultraefficient Urban Manufacturing, In: Vinod Kumar, T. M. (Hrsg.): Smart Economy in Smart Cities - International Collaborative Research, Singapore: Springer Singapore, 2017, S. 273-293.

Spath, D.: Urbane Produktion, In: acatech (Hrsg.): Stadt der Zukunft - Strategieelemente einer nachhaltigen Stadtentwicklung, 2014, S. 61-71.

Spath, D.; Bender, M.; Immer, N.; Riegel, J.: Wertstrom-Layouting - Mehr Flächeneffizienz durch wertstromorientierte Layout-Bewertung, In: wt Werkstattstechnik online, Nr. 9, 102. Jg., 2012, S. 556-563.

Spath, D.; Westkämper, E.; Bullinger, H.-J.; Warnecke, H.-J.: Neue Entwicklungen in der Unternehmensorganisation, Berlin: Springer Vieweg, 2017.

Stachowiak, H.: Allgemeine Modelltheorie, Wien: Springer, 1973.

Staehle, W. H.: Kennzahlen und Kennzahlensysteme als Mittel der Organisation und Führung von Unternehmen, Wiesbaden: Gabler, 1969.

Statistisches Bundesamt: Umweltnutzung und Wirtschaft - Tabellen zu den Umweltökonomischen Gesamtrechnungen, Teil 1: Gesamtwirtschaftliche Übersichtstabellen, Wirtschaftliche Bezugszahlen, Ausgabe 2018, 2019. URL: https://www.destatis.de/DE/Themen/Gesellschaft-Umwelt/Umwelt/Publikationen/Umweltnutzung-Wirtschaft/umweltnutzung-und-wirtschaft-tabelle-5850007187006-teil-1.pdf?__blob=publicationFile, zuletzt geprüft am 08.08.2020.

Statistisches Bundesamt (2020) Anstieg der Siedlungs- und Verkehrsfläche in ha/Tag. URL: https://www.destatis.de/DE/Themen/Branchen-Unternehmen/Landwirtschaft-Forstwirtschaft-Fischerei/Flaechennutzung/Publikationen/Downloads-Flaechennutzung/anstieg-suv.pdf, zuletzt geprüft am 16.08.2020.

Stiehm, S.: Gestaltungsparameter für die (Re-) Integration von Produktion in den urbanen Raum im Kontext von Industrie 4.0, 1. Aufl., Aachen: Apprimus Verlag, 2017.

Thienel, I.; Büsch, O.: Städtewachstum im Industrialisierungsprozess des 19. Jahrhunderts - Das Berliner Beispiel, Berlin: De Gruyter, 1973.

Tomanek, D.; Schröder, J.; Wirz, M.: Value Added Heat Map - A New Method For The Optimization Of Production Space, In: Sawik, T. (Hrsg.): ICIL 2016 - Conference proceedings: 13th International Conference on Industrial Logistics, Kraków: AGH University of Science and Technology, 2016, S. 315-323.

Tomanek, D. P.; Schröder, J.: Value Added Heat Map - Eine Methode zur Visualisierung von Wertschöpfung, Wiesbaden: Springer Gabler, 2018.

Tomczak, T.: Forschungsmethoden in der Marketingwissenschaft - Ein Plädoyer für den qualitativen Forschungsansatz, In: Marketing ZFP, Nr. 2, 14. Jg., 1992, S. 77-87.

Töpfer, A.: Betriebswirtschaftslehre - Anwendungs- und prozessorientierte Grundlagen, 2. Aufl., Berlin: Springer, 2007.

Totzke, R.; Cancik-Kirschbaum, E. C.; Krämer, S.: Schriftbildlichkeit - Wahrnehmbarkeit, Materialität und Operarativität von Notationen, 1. Aufl., Berlin: De Gruyter, 2012.

Trier, M.; Bobrik, A.; Neumann, N.; Wyssussek, B.: Systemtheorie und Modell, In: Krallmann, H.; Bobrik, A.; Levina, O. (Hrsg.): Systemanalyse im Unternehmen - Prozessorientierte Methoden der Wirtschaftsinformatik, 6. Aufl., München: De Gruyter, 2013, S. 41-72.

Ulich, E.: Arbeitssysteme als soziotechnische Systeme - eine Erinnerung, In: Journal Psychologie des Alltagshandelns, Nr. 1, 6. Jg., 2013, S. 4-12.

Ulrich, H.: Die Betriebswirtschaftslehre als anwendungsorientierte Sozialwissenschaft, In: Ulrich, H.; Dyllick, T.; Probst, G. J. B. (Hrsg.): Management, Bern: P. Haupt, 1984, S. 168-199.

Ulrich, P.; Baltzer, B.: Wertschöpfung in der Betriebswirtschaftslehre, Wiesbaden: Springer Fachmedien Wiesbaden, 2019.

Ulrich, P.; Hill, W.: Wissenschaftstheoretische Grundlagen der Betriebswirtschaftslehre (Teil I), In: Wirtschaftswissenschaftliches Studium: Zeitschrift für Ausbildung und Hochschulkontakt, Nr. 7+8, 5. Jg., 1976, S. 304-309.

Umweltbundesamt: Instrumente zur Reduzierung der Flächeninanspruchnahme - Aktionsplan Flächensparen, Berlin, 2018. URL: https://www.umweltbundesamt.de/sites/default/files/medien/1410/publikationen/2018-05-24_texte_38-2018_reduzierung-flaecheninanspruchnahme.pdf, zuletzt geprüft am 12.06.2020.

Umweltbundesamt (2020) Siedlungs- und Verkehrsfläche Siedlungs- und Verkehrsfläche. URL: https://www.umweltbundesamt.de/daten/flaeche-boden-land-oekosysteme/flaeche/siedlungs-verkehrsflaeche, zuletzt geprüft am 16.08.2020.

van den Dobbelsteen, A. A. J. F.; Wilde, T. de*; Arets, M.*: Sustainability In Three Dimensions - The Importance Of Improving The Use Of Space And Life Span Beside Technological Efficiency, In: Brebbia, C. A.; Martin-Duque, J. F.; Wadhwa, L. C. (Hrsg.): The sustainable city II - Urban regeneration and sustainability, Southampton: WIT Press, 2002, S. 305-314.

VDI-Gesellschaft Produktion und Logistik, VDI-Richtlinie 3644 - Analyse und Planung von Betriebsflächen - Grundlagen, Anwendung und Beispiele, Düsseldorf: VDI-Verlag, 2010.

VDI-Gesellschaft Produktion und Logistik: Produktion in der Mitte der Gesellschaft - Standortentwicklung und -sicherung von Produktions- und Logistikunternehmen im Ballungsraum, Düsseldorf: VDI-Verlag, 2016.

Verein Deutscher Ingeniere: Bausteine für die Stadt der Zukunft - Handlungsfelder, In: VDI-Initiative Stadt:Denken, Düsseldorf: VDI-Verlag, 2015.

Vester, F.: Die Kunst vernetzt zu denken - Ideen und Werkzeuge für einen neuen Umgang mit Komplexität, 10. Aufl., München: Dtv, 2015.

Walker, M. J.: System and method for evaluating space efficiency for office users – US-Patentnummer: G06Q10/043, 2013. URL: https://patents.google.com/patent/US8571997B2/en, zuletzt geprüft am 07.07.2020.

Wäscher, G.: Innerbetriebliche Standortplanung bei einfacher und mehrfacher Zielsetzung, Wiesbaden: Gabler, 1982.

Wehler, H. U.: Deutsche Gesellschaftsgeschichte - Band I, 1. Aufl., München: C.H. Beck, 2008.

Welge, M. K.; Al-Laham, A.; Eulerich, M.: Strategisches Management - Grundlagen - Prozess - Implementierung, 7. Aufl., Wiesbaden: Springer Gabler, 2017.

Westkämper, E.: Einführung in die Organisation der Produktion, 1. Aufl., Berlin: Springer, 2006.

Westkämper, E.: Towards the Re-Industrialization of Europe - A Concept for Manufacturing for 2030, Berlin: Springer, 2014.

Westkämper, E.; Löffler, C.: Strategien der Produktion - Technologien, Konzepte und Wege in die Praxis, Berlin: Springer, 2016.

Wiegel, F.; Adolph, S.; Özsucu, Ö.; Thiel, D.; Abele, E.; Elbert, R.: Urbane Wertschöpfung - Herausforderungen und Potenziale für Produktion und Logistik im urbanen Umfeld, In: Industrie Management, Nr. 5, 29. Jg., 2013, S. 15-18.

Wiendahl, H.-P.; Nyhuis, P.: Facility Planning, In: Chatti, S.; Laperrière, L.; Reinhart, G.; Tolio, T. (Hrsg.): CIRP Encyclopedia of Production Engineering, 2. Aufl., Berlin: Springer, 2019, S. 643-649.

Wiendahl, H.-P.; Reichardt, J.; Nyhuis, P.: Handbuch Fabrikplanung - Konzept, Gestaltung und Umsetzung wandlungsfähiger Produktionsstätten, 1. Aufl., München: Hanser, 2009.

Wöhe, G.; Döring, U.: Einführung in die allgemeine Betriebswirtschaftslehre, 25. Aufl., München: Vahlen, 2013.

Wolman, H.; Wial, H.; Hill, E.: Introduction to Focus Issue on Deindustrialization, Manufacturing Job Loss, and Economic Development Policy, In: Economic Development Quarterly, Nr. 2, 29. Jg., 2015, S. 99-101.

Zeitner, R.: Flächenmanagement, In: Scholz, S.; Wellner, K.; Zeitner, R.; Schramm, C.; Hackel, M.; Hackel, A. (Hrsg.): Architekturpraxis Bauökonomie, Wiesbaden: Springer Vieweg, 2017, S. 29-44.

Zeitner, R.: DIN 277-1, In: Zeitner, R. (Hrsg.): Flächenmanagement in der Immobilienwirtschaft - Grundlagen und konkrete Anwendung, Berlin: Springer, 2019, S. 49-103.

Zhang, L.; Zhang, L.; Wang, Y.: Shape optimization of free-form buildings based on solar radiation gain and space efficiency using a multi-objective genetic algorithm in the severe cold zones of China, In: Solar Energy, 132. Jg., 2016, S. 38-50.

Zwicky, F.: Entdecken, Erfinden, Forschen im morphologischen Weltbild, München: Droemer Knaur, 1966.

Zwicky, F.: The Morphological Approach to Discovery, Invention, Research and Construction, In: Zwicky, F.; Wilson, A. G. (Hrsg.): New Methods of Thought and Procedure - Contributions to the Symposium on Methodologies, Berlin: Springer, 1967, S. 273-297.

A Anhang

A.1 Grundlagen der Analyse und Modellierung von Systemen

Die Konzepte der Systemtheorie basieren auf der Arbeit von BERTALANFFY[407] und beschreiben ein System als die Summe verschiedener Elemente sowie deren Beziehungen zueinander[408]. Die verschiedenen Systemelemente werden dazu zielorientiert als Objekte der Realität abgegrenzt und daraus die Systemgrenze gegenüber der Umwelt definiert[409]. Bei der Analyse von Systemen werden die einzelnen Systemelemente innerhalb der Systemgrenze beschrieben und ihr Verhalten erklärt. Das Verhalten eines Systems resultiert unter anderen aus den Relationen der Elemente, in welchen einerseits Flussgrößen übertragen und andererseits Komponenten gekoppelt werden können.[410] Grundsätzlich kann die Systemtheorie auf alle physischen und nicht-physischen Objekte angewendet werden[411]. Die Grundbegriffe eines Systems sowie deren Zusammenhänge sind in Abbildung A-1 dargestellt.

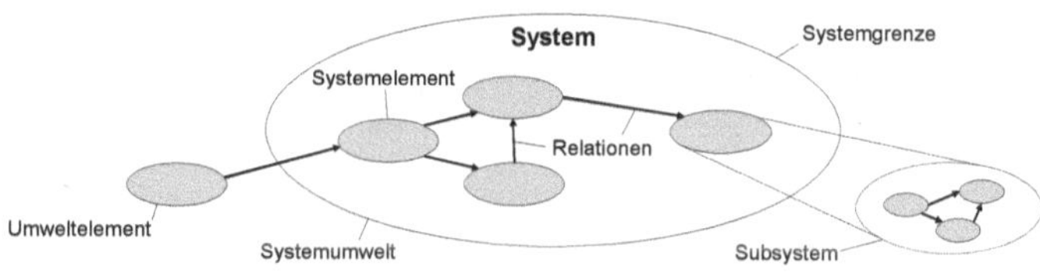

Abbildung A-1: Grundbegriffe und Zusammenhänge eines Systems[412]

Nach ROPOHL[413] können drei Konzepte unterschieden werden, um ein System zu deuten. Gemäß dem am weitesten verbreiteten **strukturalen Systemkonzept** werden die Relationen und Beziehungsnetze zwischen den Systemelementen als Ursache für die

---

[407] Vgl. Bertalanffy (1968), General System Theory.
[408] Vgl. Bertalanffy (2015), General System Theory (2015), S. 54 f.
[409] Vgl. Trier et al. (2013), Systemtheorie und Modell, S. 43.
[410] Vgl. Patzak (1982), Systemtechnik, S. 57.
[411] Vgl. Ropohl (1979), Eine Systemtheorie der Technik, S. 63.
[412] I.A.a. Haberfellner et al. (2019), Systems Engineering, S. 7.
[413] Vgl. Ropohl (2009), Allgemeine Technologie, S. 75 ff.

spezifischen Systemeigenschaften angesehen. Das System wird als Ganzes verstanden und ist mehr als die Summe seiner Einzelelemente. Durch die Darstellung der Relationsnetze kann das strukturale Systemkonzept dazu verwendet werden, um das Systemverhalten zu erklären („White Box")[414]. Beim **funktionalen Systemkonzept** wird das Systemverhalten nur von außen betrachtet. Die Beschreibung der Systemeigenschaften fokussiert auf die Input- und Outputfaktoren, welche ein bestimmtes Systemverhalten hervorrufen. Da nicht die Funktionsweise des Systems hinterfragt wird, sondern nur situative Verhaltensmuster beschrieben werden, bezeichnet die Praxis dieses Systemkonzept als „Black Box"[415].

Das **hierarchische Systemkonzept** beschreibt Systeme im Kontext untergeordneter Subsysteme und übergeordneter Supersysteme. Die verschiedenen Systemebenen ermöglichen eine umfassende Detailanalyse sowie eine tiefgreifende Synthese von Zusammenhängen zwischen Systemen. Alle drei Konzepte erklären wichtige Systemeigenschaften und schließen sich nicht gegenseitig aus. Für eine vollständige Systembeschreibung werden alle Systemaspekte analysiert und miteinander verbunden. Dazu wird zunächst die eigentliche Funktion des Systems untersucht (funktionales Systemkonzept), um anschließend den inneren Aufbau und die Funktionsweise des Systems zu betrachten (strukturales Systemkonzept). Abschließend folgt die Betrachtung des Gesamtzusammenhangs im Systemgefüge (hierarchisches Systemkonzept).[416] Um die Systemtheorie im Praxiszusammenhang zu nutzen und reale Probleme zu lösen, muss die Erwägung allgemeingültiger und spezieller Systemaspekte im Problemzusammenhang erklärt und begründet werden[417]. Die drei Konzepte sind in Abbildung A-2 dargestellt.

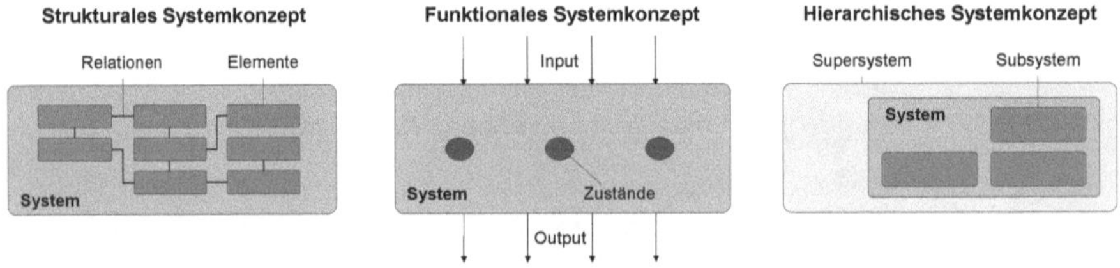

Abbildung A-2: Konzepte der Systemtheorie nach ROPOHL[418]

[414] Vgl. Haberfellner et al. (2019), Systems Engineering, S. 13.
[415] Vgl. Schenk et al. (2014), Fabrikplanung und Fabrikbetrieb, S. 124.
[416] Vgl. Ropohl (2009), Allgemeine Technologie, S. 77.
[417] Vgl. Boulding (1956), General Systems Theory, S. 197.
[418] I.A.a. Ropohl (2009), Allgemeine Technologie, S. 76.

Neben dem Systemverständnis haben Modelle das Ziel, die komplexe Realität in einem vereinfachten Abbild darzustellen[419]. Nach STACHOWIAK ist ein Modell auch als ein System anzusehen, welches ein anderes System abstrahiert, zweckmäßig abbildet und dabei charakteristische Merkmale aufweist. In der allgemeinen Modelltheorie werden das Abbildungsmerkmal, das Verkürzungsmerkmal und das pragmatische Merkmal als notwendige Attribute angesehen. Das Abbildungsmerkmal fordert die modellhafte Darstellung eines realen oder fiktiven Systems als notwendiges Attribut eines Modells. Das Verkürzungsmerkmal definiert, dass das Modell das abgebildete System vereinfachen und nur relevante Eigenschaften aufnehmen soll. Mit dem pragmatischen Merkmal soll gewährleistet werden, dass das Modell einen definierten Verwendungszweck verfolgt und unter bestimmten Rahmenbedingungen funktioniert.[420]

Anhand des definierten Verwendungszwecks lassen sich unterschiedliche Modelltypen ableiten[421]. Ein Beschreibungsmodell bildet Systeme selektiv ab, ohne die Funktionsweise zu erklären oder Schlussfolgerungen zu ziehen (deskriptiv). Ein Erklärungsmodell hingegen erklärt die Ursachen bestimmter Prozessabläufe, durch das Hypothesen aufgestellt und weitere Annahmen logisch abgeleitet werden können (explanativ). Darüber hinaus leiten Entscheidungsmodelle eine optimale Lösung aus einer Anzahl von Handlungsalternativen ab, welche bspw. durch Informationsgrade, zeitliche Interdependenz oder die Anzahl an Zielsetzungen differenziert werden (präskriptiv-normativ).[422] Darüber hinaus beschreibt GROCHLA ein Vorgehensmodell, mit dem ein komplexer Sachverhalt durch das Aufstellen bestimmter Vorgehensschritte sowie deren Wirkzusammenhänge unterstützend gelöst werden kann[423]. In komplexen Sachzusammenhängen können darüber hinaus mehrere Teilmodelle abgeleitet werden, um im Zusammenspiel eine bestimmte Zielstellung zu adressieren[424].

Bei der Modellierung von Systemen kann zwischen der verhaltensbeschreibenden und der verhaltenserklärenden Modellierung unterschieden werden. Bei der verhaltensbeschreibenden Modellierung wird lediglich anhand historischer Verhaltenswerte eine Vorhersage unter den bestimmten Rahmenbedingungen ermöglicht[425]. Bei der verhal-

[419] Vgl. Wöhe und Döring (2013), Einführung in die allgemeine Betriebswirtschaftslehre, S. 36 ff.
[420] Vgl. Stachowiak (1973), Allgemeine Modelltheorie, S. 131 ff.
[421] Vgl. Trier et al. (2013), Systemtheorie und Modell, S. 50 f.
[422] Vgl. Stachowiak (1973), Allgemeine Modelltheorie, S. 138 f.; Patzak (1982), Systemtechnik, S. 313-315.
[423] Vgl. Grochla (1982), Grundlagen der organisatorischen Gestaltung, S. 44.
[424] Die Herleitung der Teilmodelle dieser Arbeit erfolgt auf Grundlage des Konzeptes in Kapitel 4.4.
[425] Vgl. Bossel (1994), Modellbildung und Simulation, S. 29 ff.

tenserklärenden Modellierung werden relevante Systemelemente und deren Wirkbeziehungen identifiziert, um das System zu analysieren[426]. Diese Relationen können entweder schriftlich beschrieben oder visualisiert werden, beispielweise mittels Flussdiagrammen oder Wirkungsdiagrammen[427].

[426] Vgl. Bossel (1994), Modellbildung und Simulation, S. 41 f.

[427] Vgl. Klönne (2008), Methodik und Prozessgestaltung strategischer kommunaler, S. 29.

A.2 Übersicht über interne und externe Einflussfaktoren auf urbane Fabriken aus der Literatur

Nachweis	Interne und externe urbane Einflussfaktoren und Schnittstellen
Juraschek et al. (2018), Urbane Produktion – Potenziale und Herausforderungen, S. 1117	Arbeitskräfte, Produktionsmittel, Geld, Waren, Emissionen, Verkehr und Logistik, Materielle Ströme (Rohstoffe, Energie, Wasser, Luft, Produkte, Nebenprodukte, Abfälle), Immaterielle Ströme (Wissen, Innovation, soziale Elemente, Daten)
Juraschek et al (2016), Ecotones as Analogy for Sustainable Value Creation in Cities, S. 136 f.	Wissen, Innovation, Urbane Gesellschaft (Einwohner, Mitarbeiter, Konsumenten), Bildung, Emissionen, Energieströme, Materialströme, Verkehrsinfrastruktur, Technische Infrastruktur, natürliche Umwelt
Juraschek et al. (2017), Utilizing Gaming Technology for Simulation, S. 470	Energie und Medien, Materialien, Kunden, Innovationen, Arbeitskräfte, Emissionen, Produkte, Risiken, Nebenprodukte, Logistik, Informationen, Glückseligkeit, Arbeitsplätze, Abfälle, Services, Verkehrs- und Kommunikationsinfrastruktur
Dombrowski und Riechel (2014), Die Urbane Fabrik, S. 13	Stoffströme wie Input (Roh-, Hilfs- und Betriebsstoffe oder Energieträger) und Output (Produkte, Abluft, Abfall und Energie), Emissionen, Wandlungsfähigkeit (z.B. Fachkräfte(-mangel), Arbeitsumfeld, etc.), Logistik (z.B. Extra- und Intralogistik, etc.), Städtebau (z.B. Gebäudegestaltung, städtebauliche Integration, etc.)
Mühl et al. (2019), Urbane Produktion: Dynamisierung stadtregionaler Arbeitsmärkte, S. 61	Arbeit (z.B. Qualifikation, Fachkräfte, Attraktivität des Unternehmens, etc.), Vernetzung (z.B. Netzwerke, Kompetenz-/ Technologiezentren, Kooperationen, Förderungen, etc.), Gewerbeflächen (z.B. Flächenverfügbarkeit, Attraktivität des Standortes, bspw. für Infrastruktur oder IT, etc.), Gründung (z.B. (Ansprech-) Partner, Förderstrategien, Ökosysteme, etc.), Akzeptanz (z.B. Flächennutzungskonflikte, Stadtverträglich-

	keit, Kommunikation, Partizipation, etc.), Stadtspezifische Rahmenbedingungen (z.B. rechtlicher Rahmen, individuelle Potenziale, bestehende Strukturen, etc.)
Stiehm (2017), Gestaltungsparameter für die (Re-) Integration von Produktion in den urbanen Raum, S. 64	Innovative Fertigungsverfahren, hoher Kundeneinbezug, Schadstoffe und Emissionen, Arbeitsplatz- und Prozessgestaltung, Flächenbedarf der Produktion, Flächenverfügbarkeit und -kosten, Integration im Bestand, Flächennutzungskonflikte, Strukturwandel und Revitalisierung, Logistik und Verkehr, Arbeitskräfteangebot, Nähe zu Bildungs- und F&E-Einrichtungen/ Technologiezentren, Neue Wertschöpfungsmodelle und Produktionsnetzwerke, Ver- und Entsorgung sowie Stoffströme, Aktive Gewerbeflächen- und Planungspolitik, kurze Wege zwischen Wohnen und Arbeiten, neue (serviceorientierte) Geschäftsmodelle, Planungs- und baurechtliche Regulierungen, Ressourcen und Energieeffizienz, globaler Markt als Wettbewerbsumfeld

A.3 Übersicht über interne und externe Einflussfaktoren auf die Flächennutzung aus den Experteninterviews

Einflussfaktor	Nennung von Experte								Anzahl der Nennungen
Auflagen für Emissionen (z.B. Lärm, Staub, Abgase, Licht, etc.)	1	2	3	4	5	6	7		**7**
Vorhandene Bausubstanz (z.B. Architektur, Integration im Bestand, Zugänglichkeit der Gebäude, etc.)		2	3	4	5	6	7	8	**7**
Auflagen für Schallschutz (z.B. Schallschutzkonzept, geschlossene Hallentore, Nachtfahrverbote, etc.)		2	3	4	5	6	7	8	**7**
Vorhandene, logistische Infrastruktur (z.B. Straße, Schiene, Wasser, etc.)	1	2	3	4	5		7		**6**
Vorhandene Energie- und Medienversorgung (z.B. Internetanschluss, elektrische und Gasleitungen, Heizöl-Zufuhr, Fernwärme, Druckluft, etc.)		2	3	4	5	6			**5**
Behördliche Regularien (z.B. Flächennutzungsplan, Bebauungsplan, BauNVO, etc.)	1	2		4	5		7		**5**
Prozessstabilität	1	2		4				8	**4**
Taktung, Schichtung				4	5	6	7		**4**
Möglichkeit für Ausgleichs- und Erweiterungsflächen (z.B. Expansionsfläche, etc.)	1	2			5	6			**4**
Produktstandards/ -architektur/ -größe	1				5			8	**3**
Projektzahl/ -größe (z.B. Variabilität,	1				5	6			**3**
Auftragsschwankungen)	1	2						8	**3**
Bestands- oder Denkmalschutz	1	2	3						**3**
Fachkräfteverfügbarkeit		2			5			8	**3**
Mobile Gestaltung der Einrichtungen (z.B. Maschinen und Anlagen)		2		4		6			**3**
Instandhaltung(-splan)			3	4			7		**3**
Auslastung (z.B. Kapazitätsengpässe, Schichtmodelle, etc.)			3	4				8	**3**
Prozessabläufe (Intern, extern, sonstige)			3	4				8	**3**

Notwendige Medienspeicherung (z.B. flüssige Rohstoffe, Löschwasser, etc.)			3				7	8	3
Nachbarschaftsverhältnis (z.B. Privat, Gewerbe, etc.)				4	5			8	3
Mögliche Logistikprozesse (z.B. Just-in-time, (Vor-) Kommissionierung, Umschlagzahlen)				4			7	8	3
Sonstige Infrastruktur (z.B. Parkplatz, Entladeplätze, Ladestationen, etc.)				4	5			8	3
Versorgungsstruktur der Lieferkette (z.B. Entsorgungs- und Verwertungsmöglichkeiten, Verpackungskonzepte, etc.)					5		7	8	3
Mobilität der Mitarbeiter (z.B. ÖPNV, Parkplätze, etc.)				4	5			8	3
Maschinenanzahl	1					6			2
Qualifikation des Personals		2						8	2
Auflagen für Arbeitssicherheit (z.B. Arbeitsstättenrichtlinien, etc.)			3				7		2
Nachbarschaft (z.B. bestimmte Branchen, Flüsse, Flughäfen, etc.)				4			7		2
Lagerarten (z.B. Hochregallager, etc.)				4	5				2
Fertigungsverfahren (z.B. eingesetzte Materialien, Technologien, etc.)				4		6			2
Simulationseinsatz (dynamisch, statisch)				4				8	2
Technologieoffenheit (z.B. hinsichtlich Digitalisierung, etc.)		2		4					2
Politische Unsicherheit (z.B. Industriefreundlichkeit der Politik, etc.)	1						7		2
Interessen der Öffentlichen Träger (z.B. Gewerbesteuer, Grundsteuer, Personalverfügbarkeit, etc.)	1			4					2
Prozess-, Warte- und Liegezeiten	1								1
Budget-/ Investitionsrechnung		2							1
Energiesparen/ -generierung			3						1
Wettereinfluss				4					1

A.4 Urbane Einflussfaktoren in den Domänen Infrastruktur, Prozesse und Technologie

		Infrastruktur	Prozesse	Technologie
Ökologisch-rechtliche Aspekte	Auflagen für Arbeitssicherheit	Fluchtwege oder die Werksfeuerwehr beeinflussen die infrastrukturelle Auslegung der Fabrik	Fluchtwege etc. beeinflussen die Auslegung der Anlieferungen und der Produktionssysteme	Richtlinien etc. beeinflussen die Auslegung der Technologien und mögliche Bedienkonzepte
	Interessen der öffentlichen Träger	Industriefreundliche öffentlichen Träger priorisieren Fabriken bei der Flächenvergabe und ermöglichen eine flexiblere Gestaltung der Infrastruktur	Industriefreundliche öffentlichen Träger ermöglichen optimierte Prozesse wie optimierte Anlieferungen von allen Seiten	
	Auflagen für Emissionen	Um Emissionsauflagen einzuhalten, greifen in urbanen Fabriken infrastrukturelle Maßnahmen wie Freiflächen, Dämmung, etc.	Um Emissionsauflagen einzuhalten, werden Prozesse angepasst (bspw. geschlossene Hallentore)	Um Emissionsauflagen einzuhalten, werden Technologien angepasst (bspw. der Einsatz von emissionsfreien Flurfahrzeugen und LKW)
	Auflagen für Schallschutz	Maßnahmen für Schallschutz wie bspw. Schallschutzwände sind Teil der Infrastruktur einer urbanen Fabrik	Um Schallschutz einzuhalten, werden Prozesse angepasst (bspw. Nachtfahrverbote)	Um Schallschutz einzuhalten, werden Technologien hinsichtlich ihrer Schallemissionen angepasst
Sozio-technische Aspekte	Fachkräfteverfügbarkeit/ -qualifikation		Durch eine hohe Qualifikation des Personals werden Prozesse kontinuierlich verbessert	Durch eine hohe Qualifikation des Personals werden Technologien kontinuierlich verbessert
	Einrichtungen für Bildung	Durch externe Einrichtungen für Bildungsangebote werden Infrastruktur für Aus- und Weiterbildung innerhalb der urbanen Fabrik eingespart		
	F&E-Einrichtungen/ Technologiezentren	F&E-Einrichtungen und Technologiezentren ermöglichen Synergieeffekte und Kooperationen, die Infrastruktur einsparen	F&E-Einrichtungen und Technologiezentren ermöglichen Synergieeffekte und Kooperationen, die zu Optimierungen der Prozesse führen	F&E-Einrichtungen und Technologiezentren ermöglichen Synergieeffekte und Kooperationen, die zu Optimierungen der Technologien führen
	Mobilität der Mitarbeiter	Einsparungen von Parkplätzen ermöglicht eine Ausweitung der Infrastruktur auf der Fabrikfläche		

<table>
<tr><th></th><th></th><th>Infrastruktur</th><th>Prozesse</th><th>Technologie</th></tr>
<tr><td rowspan="4">Baulich-wirtschaftliche Aspekte</td><td>Baurechtliche Regularien</td><td rowspan="4">Die baulichen Einflussfaktoren schränken die Möglichkeiten für die Ausgestaltung der Infrastruktur, wie bspw. die Gebäudestruktur, Außenflächen, etc. ein</td><td rowspan="4">Die baulichen Einflussfaktoren schränken die Möglichkeiten für die Ausgestaltung der Prozesse, wie bspw. die Logistik, Produktionssysteme, etc. ein, da die Prozesse in die baulichen Strukturen integriert werden</td><td rowspan="4">Die baulichen Einflussfaktoren schränken die Möglichkeiten für die Ausgestaltung der Technologien ein, da die Technologien in die baulichen Strukturen integriert werden</td></tr>
<tr><td>Bestands- und Denkmalschutz</td></tr>
<tr><td>Vorhandene Bausubstanz</td></tr>
<tr><td>Ausgleichs- und Erweiterungsflächen</td></tr>
<tr><td rowspan="4">Logistisch-infrastrukturelle Aspekte</td><td>Logistische Infrastruktur</td><td></td><td>Die Logistische Infrastruktur beeinflusst die An- und Ablieferungs- sowie die Wertschöpfungsprozesse z.B. werden Produktionen bei Lieferanten vorgelagert</td><td></td></tr>
<tr><td>Versorgungsstruktur der Lieferkette</td><td></td><td>Die Versorgungsstruktur der Lieferkette beeinflusst die An- und Ablieferungs- sowie die Wertschöpfungsprozesse, bspw. werden Produktionen bei Lieferanten vorgelagert</td><td></td></tr>
<tr><td>Notwendige Medienspeicherung</td><td>Die notwendige Medienspeicherung sieht Infrastruktur und zusätzliche Etagen, Gebäude oder Anlagen vor</td><td></td><td>Technologien benötigen für ihren Betrieb Medien, daher werden Technologien an die Zugänglichkeit der Medien angepasst</td></tr>
<tr><td>Mögliche Logistikprozesse</td><td></td><td>Die Möglichkeiten für Logistikprozesse beeinflussen die An- und Ablieferungs- sowie die Wertschöpfungsprozesse, bspw. wird die Produktion beim Lieferanten vorgelagert</td><td></td></tr>
</table>

A.5 Merkmale und ihre Ausprägungen zur Beschreibung der Einflussfaktoren auf Fabriken im urbanen Umfeld

<table>
<tr><th rowspan="17">Ökologisch-rechtliche Aspekte</th><th>Merkmale</th><th colspan="4">Ausprägungen</th></tr>
<tr><td rowspan="2">Auflagen für Arbeitssicherheit</td><td>Kein Flächenanspruch</td><td>Schwacher Flächenanspruch</td><td>Mittelstarker Flächenanspruch</td><td>Starker Flächenanspruch</td></tr>
<tr><td colspan="2">Bei vorhandener urbaner Infrastruktur sind zusätzliche Einrichtungen für die Arbeitssicherheit nicht notwendig.</td><td colspan="2">Einrichtungen für die Arbeitssicherheit, wie die Werksfeuerwehr oder Löschwassertanks, benötigen zusätzliche Flächen.</td></tr>
<tr><td rowspan="2">Interessen der öffentlichen Träger</td><td>Sehr industriefreundlich</td><td>Eher industriefreundlich</td><td>Eher industriefeindlich</td><td>Sehr industriefeindlich</td></tr>
<tr><td colspan="2">Industriefreundliche öffentliche Träger drücken sich durch Priorisierung der bei der Flächenvergabe und Umsetzung von wirtschaftsfördernden Maßnahmen aus.</td><td colspan="2">Industriefeindliche öffentliche Träger drücken sich durch Erhöhung der Steuern, Verschärfung von Gesetzen oder durch Auflagen aus.</td></tr>
<tr><td rowspan="2">Auflagen für Emissionen</td><td>Keine Einschränkungen</td><td>Schwache Einschränkungen</td><td>Mittelstarke Einschränkungen</td><td>Starke Einschränkungen</td></tr>
<tr><td colspan="2">Die Emissionsauflagen treffen nicht oder nur schwach auf die Produktion zu. Die Prozesse und Technologien verursachen keine oder kaum Emissionen.</td><td colspan="2">Für die Einhaltung der Emissionsauflagen werden Maßnahmen ergriffen, welche die Flächennutzung einschränken.</td></tr>
<tr><td rowspan="2">Auflagen für Schallschutz</td><td>Nicht notwendig</td><td>Teilweise notwendig</td><td>Großteils notwendig</td><td>Notwendig von allen Seiten</td></tr>
<tr><td colspan="2">Falls die benachbarten Gebiete Industrie- oder Gewerbegebiete sind, werden nur teilweise oder gar keine Maßnahmen für den Schallschutz notwendig.</td><td colspan="2">Falls die Nachbargebiete keine Industrie- oder Gewerbegebiete sind, werden besondere Maßnahmen für den Schallschutz notwendig.</td></tr>
</table>

<table>
<tr><th rowspan="9">Sozio-technische Aspekte</th><th>Merkmale</th><th colspan="12">Ausprägungen</th></tr>
<tr><td rowspan="2">Fachkräfteverfügbarkeit/ -qualifikation</td><td colspan="3">Personal großteilig höher qualifiziert</td><td colspan="3">Personal eher höher qualifiziert</td><td colspan="3">Personal eher niedriger qualifiziert</td><td colspan="3">Personal großteilig niedriger qualifiziert</td></tr>
<tr><td colspan="6">Personal mit einer Ausbildung oder Studium ermöglicht Innovationen und eine Steigerung der Flächeneffizienz.</td><td colspan="6">Niedriger qualifiziertes Personal ist nicht förderlich für die Wettbewerbsfähigkeit und Innovationsfähigkeit eines Unternehmens.</td></tr>
<tr><td rowspan="2">Einrichtungen für Bildung</td><td colspan="4">Einrichtungen in unmittelbarer Distanz</td><td colspan="4">Einrichtungen in entfernter Distanz</td><td colspan="4">Keine Einrichtungen vorhanden</td></tr>
<tr><td colspan="8">Zu den Bildungsangeboten gehören Schulen, tertiäre Bildung, Hochschule oder Erwachsenenbildung.</td><td colspan="4">In zumutbarer Distanz sind keine Bildungsangebote vorhanden, sodass eigene Angebote notwendig sind.</td></tr>
<tr><td rowspan="2">F&E-Einrichtungen/ Technologiezentren</td><td colspan="3">Vorhanden und kooperativ</td><td colspan="3">Vorhanden und nicht kooperativ</td><td colspan="3">Vorhanden und konkurrierend</td><td colspan="3">Nicht vorhanden</td></tr>
<tr><td colspan="3">Durch Kooperationen werden Synergien genutzt und die Flächeneffizienz gesteigert.</td><td colspan="3">Mit vorhandenen Einrichtungen und Zentren können Kooperation eingegangen werden.</td><td colspan="3">Konkurrierende Einrichtungen und Zentren fördern den Wettbewerb.</td><td colspan="3">Bei nicht vorhandenen Einrichtungen oder Technologiezentren besteht kein Potential für Kooperationen.</td></tr>
<tr><td rowspan="2">Mobilität der Mitarbeiter</td><td colspan="3">Stark überdurchschnittliche Anbindungsqualität</td><td colspan="3">Überdurchschnittliche Anbindungsqualität</td><td colspan="3">Unterdurchschnittliche Anbindungsqualität</td><td colspan="3">Stark unterdurchschnittliche Anbindungsqualität</td></tr>
<tr><td colspan="6">Eine hohe Anbindungsqualität erhöht die Zugänglichkeit zu Personal und kann Parkplätze einsparen.</td><td colspan="6">Eine niedrige Anbindungsqualität senkt die Zugänglichkeit zu Personal und erhöht den Bedarf an Parkplätzen.</td></tr>
</table>

<table>
<tr><th></th><th>Merkmale</th><th colspan="4">Ausprägungen</th></tr>
<tr><td rowspan="8">Baulich-wirtschaftliche Aspekte</td><td rowspan="2">Baurechtliche Regularien</td><td>Keine Einschränkungen</td><td>Schwache Einschränkungen</td><td>Mittelstarke Einschränkungen</td><td>Starke Einschränkungen</td></tr>
<tr><td colspan="2">Die Kommune kann die Bebauungspläne an die Bedürfnisse der urbanen Fabrik bzw. Grenzwerte anpassen/ festlegen.</td><td colspan="2">Starke und mittelstarke Einschränkungen der baulichen Nutzung der Fabrikflächen durch die Kommunen können in Form von niedrigen Grundflächenanzahl oder Geschossflächenzahl auftreten.</td></tr>
<tr><td rowspan="2">Bestands- und Denkmalschutz</td><td>Keine Gebäudefläche betroffen</td><td>Minderheit der Gebäude betroffen</td><td>Großteil der Gebäude betroffen</td><td>Alle Gebäude betroffen</td></tr>
<tr><td colspan="2">Neuere Fabrikgebäude, dessen Konzepte regelmäßig optimiert werden, sind nicht vom Bestands- und Denkmalschutz betroffen.</td><td colspan="2">Ältere Fabrikgebäude werden aufgrund des Bestands- und Denkmalschutzes nicht an die Wertschöpfungsstrukturen angepasst.</td></tr>
<tr><td rowspan="2">Vorhandene Bausubstanz</td><td>Keine Einschränkungen</td><td>Schwache Einschränkungen</td><td>Mittelstarke Einschränkungen</td><td>Starke Einschränkungen</td></tr>
<tr><td colspan="2">Die vorhandenen Baustrukturen schränken die Integration der Infrastruktur, Prozesse und Technologie nicht ein.</td><td colspan="2">Die vorhandenen Baustrukturen schränken die Integration der Infrastruktur, Prozesse sowie Technologien ein.</td></tr>
<tr><td rowspan="2">Ausgleichs- und Erweiterungsflächen</td><td>Möglichkeiten vorhanden</td><td>Möglichkeiten bei Bedarf vorhanden</td><td>Möglichkeiten unter erschwerten Bedingungen</td><td>Keine Möglichkeiten</td></tr>
<tr><td>Freie Flächen in eigenem Besitz.</td><td>Durch Zukauf oder Umstrukturierung wären Flächen vorhanden.</td><td>Unter erschwerten Bedingungen wären Flächen durch Zukauf oder Umstrukturierung vorh.</td><td>Keine freien Flächen in eigenem Besitz oder in der Umgebung.</td></tr>
</table>

	Merkmale	Ausprägungen			
Logistisch-infrastrukturelle Aspekte	Logistische Infrastruktur	Fördernd	Eher fördernd	Eher einschränkend	Einschränkend
		Eine gut ausgebaute und regelmäßig gewartete logistische Infrastruktur ermöglicht eine optimale und prozesssichere Logistik.		Die verkehrliche Erreichbarkeit und Anbindung sind nicht sichergestellt. Bei engen Straßen ist der Transport von großen Maschinen sowie An- und Ablieferungen erschwert.	
	Versorgungsstruktur der Supply Chain	Fördernd	Eher fördernd	Eher einschränkend	Einschränkend
		Abfall bzw. Nebenprodukte werden wiederverwertet und durch eine enge Abstimmung werden Synergien erzeugt.		Durch hohe Distanzen und fehlenden Kooperationen werden Synergien nicht genutzt. Abfälle werden gesammelt und entsorgt. Material und Produkte werden vorgelagert.	
	Notwendige Medienspeicherung	Kein Bedarf	Schwacher Bedarf	Mittelstarker Bedarf	Hoher Bedarf
		Aufgrund einer guten Medienversorgung ist kein oder schwacher Bedarf an einer Medienspeicherung vorhanden.		Aufgrund einer schlechten Medienversorgung oder dem Bedarf an besonderen Medien ist eine Medienspeicherung notwendig.	
	Mögliche Logistikprozesse	Fördernd	Eher fördernd	Eher einschränkend	Einschränkend
		Möglichkeiten für Logistikprozesse ermöglichen das bestmögliche Produktionssystem anzuwenden und flächeneffizient zu wertschöpfen.		Einschränkungen der Logistikprozesse schränken das Produktionssystem ein und senken möglicherweise die Flächeneffizienz.	

A.6 Leitfaden für die Experteninterviews zur Ermittlung der Flächenanforderungen

Abschnitt	Inhalt
Einleitung und Organisatorisches	**A. Vorgehen und Ablauf** des Interviews **B. Vorstellung der eigenen Person** Name, Studienhintergrund, Institut, Lehrstuhl, Abteilung, etc. **C. Einholung Erlaubnis zur Aufzeichnung** des Gesprächs Stichwort: Anonymisierung **D. Vorstellung des Experten** (Hintergrund, Berufsbezeichnung, aktueller Arbeitgeber, Position, kurze Darstellung der eigenen Tätigkeit) **E. Beschreibung von Hintergrundinformationen**, die zu dem Thema geführt haben: Motivation Urbane Produktion, Nachhaltigkeit, Flächennutzung und -verfügbarkeit, Herausforderungen für Unternehmen, etc. **F. Vorstellung Kontext der Befragung** Identifikation relevanter Anforderungen an die Flächenentstehung von direkten Wertschöpfungsstufen im urbanen Kontext **G. Ziele der Befragung** - Identifikation von Anforderungen, die auf die Flächen einer urbanen Fabrik einwirken - Aufzeigen der Wirkungszusammenhänge der Anforderungen im Wechselwirkungsnetz
Begriffs-definitionen	i. Urbane Produktion ii. (Direkte) Wertschöpfungsstufe iii. Einflussfaktor iv. Anforderung v. Wirkzusammenhang vi. Ordnungsrahmen

Einflussfaktoren	1. Welche Einflussfaktoren wirken im Allgemeinen und von außen auf die Flächen einer Fabrik? Die Eingrenzung auf das urbane Umfeld sei vorerst vernachlässigbar (bspw. Abstandsflächen zwischen Bebauungsgrenzen) 2. Welche zusätzlichen Einflussfaktoren kommen durch die Tatsache, dass eine Fabrik sich in einem urbanen Umfeld befindet hinzu, die zusätzlich zu den zuvor genannten Einflussfaktoren existieren und auf die Fläche einwirken? Welche Einflussfaktoren aus der vorherigen Aufzählung können Sie nennen, die durch das urbane Umfeld besonders hervorzuheben sind? 3. Welche der zuvor genannten Einflussfaktoren besitzen keinen oder nur einen geringen Einfluss auf die Flächen urbaner Fabriken, welche jedoch bei einer nicht urbanen Fabrik einem höheren Einfluss hätten? 4. Welche Flächen werden durch die verschiedenen Einflussfaktoren beeinflusst?
Domänen	5. Auf welche der drei im Ordnungsrahmen vorgestellten Domänen (Infrastruktur, Prozesse, Technologie) wirken die Einflussfaktoren besonders ein? 6. Welche Wechselwirkung besteht zwischen den drei Domänen? (Prozess ←→ Technologie, Prozess ←→ Infrastruktur, Infrastruktur ←→Technologie)
Wechselwirkungsnetz	7. Beeinflusst ein Einflussfaktor einen anderen Einflussfaktor bzw. wird er von einem anderen Einflussfaktor beeinflusst und wenn ja, welche anderen Einflussfaktoren beeinflusst der Einflussfaktor bzw. von welchen Einflussfaktoren wird dieser beeinflusst? 8. Können Sie die Wirkungsketten beschreiben? 9. Handelt es sich bei den Wechselwirkungen zwischen den Einflussfaktoren um gleichgerichtete (+) oder entgegengerichtete (-) Beziehungen? 10. Lassen sich verstärkende Effekte identifizieren? 11. In welchem Maße sind diese verschiedenen Wechselwirkungen ausgeprägt? Gibt es Einflussfaktoren, die andere Einflussfaktoren besonders stark, stark, schwach, besonders schwach oder gar nicht beeinflussen?

Lösungsvorschläge	12. Welche Einflussfaktoren sind lenkbar und welche nicht? 13. Was sind aus ihrer Sicht die größten bzw. dringendsten Probleme oder Einflussfaktoren in Bezug auf das Thema Fläche, die angegangen werden müssen, um urbane Fabriken zu ermöglichen? 14. Welche Lösungen existieren bereits, um negative Auswirkungen durch Einflussfaktoren entgegenzuwirken? 15. Der Einfluss welcher Einflussfaktoren lässt sich durch die Lösungen minimieren oder sogar ganz eliminieren? Welche weiteren Lösungen sind Ihrer Meinung nach in den kommenden Jahren zu erwarten?
Abschluss	16. Gibt es Feedback Ihrerseits oder Anmerkungen für zukünftige Gespräche? 17. Vielen Dank für Ihre Zeit und Ihr Interesse!

A.7 Ergebnisse der Auswertung der Experteninterviews

Domäne	Interview	Paraphrase	Anforderung	Beeinflusste Flächenart
Infrastruktur	12	*„Einflussfaktoren auf die Fläche und das Layout sind Grundstückseigenschaften wie Ebenheit, Zuwegung oder Form des Grundstücks (z.B. quadratisch).“*	Grad grundstücksbezogener Aspekte	Produktions-, Verkehrs- und Lagerflächen
Infrastruktur	12	*„Übergreifender Einflussfaktor ist die Infrastruktur mit der Anbindung an Autobahnen, Wasserstraßen, Schienen etc.“*	Grad der Verkehrsanbindungsqualität	Produktions-, Verkehrs- und Lagerflächen
Infrastruktur	12	*„Von Seiten der Behörden werden Vorgaben zur Bebauungsdichte erteilt.“*	Maß der baulichen Nutzung	Produktions-, Verkehrs- und Lagerflächen
Infrastruktur	3	*„Mitarbeiter haben erhöhte Ansprüche an Sozialflächen und möchten beispielsweise ihre Pausen nicht in wenig attraktiven Pausenräumen verbringen.“*	Grad der Sozialflächen	Produktions-, Verkehrs- und Lagerflächen
Infrastruktur	11	*„Dienstleistungen wie ein Fabrikverkauf oder Repairangebote sind im urbanen Raum von höherer Bedeutung.“*	Grad an zusätzlichen Dienstleistungen	Produktions-, Verkehrs- und Lagerflächen
Infrastruktur	8	*„Zur Erzeugung von Akzeptanz sind manchmal größere Abstandsflächen als die juristisch geforderten Abstände notwendig.“*	Grad der Akzeptanz am Standort	Produktions-, Verkehrs- und Lagerflächen
Infrastruktur	2	*„Faktoren wie Kita, Essens-und Einkaufsmöglichkeiten sind wichtig für die Fabrik.“*	Grad an Nutzungsmischung	Produktions-, Verkehrs- und Lagerflächen
Infrastruktur	6	*„Die Fläche spielt als Puffer für Störungen wie Emissionen eine Rolle.“*	Grad des Immissionsschutzes	Produktions-, Verkehrs- und Lagerflächen
Infrastruktur	7	*„Das Genehmigungsverfahren wurde in einem kleinen Ort abgeschlossen, in dem der Spediteur ansäßig ist, sodass das Logistikkonzept realisiert werden konnte.“*	Grad der wirtschaftlichen Unabhängigkeit des Standortes vom Unternehmen	Lagerflächen
Infrastruktur	1	*„Brandschutz, wie beispielsweise ein Wassertank, beanspruchen eine große Fläche.“*	Grad der sicherheitsrechlichen Bestimmungen	Produktions-, Verkehrs- und Lagerflächen
Prozesse	10	*„Der lokale Sourcing-Ansatz wirkt sich gegenüber dem globalen Sourcing-Ansatz positiv auf die Flächen aus.“*	Grad der lokalen Beschaffung und des lokalen Absatzes	Lagerflächen
Prozesse	1	*„Mittels einer geschickten Prozessorganisation lassen sich die Anzahl an Verladedockstationen reduzieren.“*	Grad der Prozessorganisation bei der An- und Ablieferung	Verkehrs- und Lagerflächen
Prozesse	12	*„Je nach Belastung des Wassers bedarf es einer mehrstufigen Wasserbehandlung.“*	Grad der Entsorgungsprozesse	Produktions- und Lagerflächen
Prozesse	12	*„In Abhängigkeit des transportierten Gutes werden Anlieferungen per Rohr oder mit kleineren bis größeren LKWs vollzogen.“*	Grad des Materialtransports auf dem Gelände	Verkehrsflächen

Domäne	Inter-view	Paraphrase	Anforderung	Beeinflusste Flächenart
Prozesse	10	*„Die Trennung von Öl und Spänen ermöglicht die Rückgewinnung von Spänen."*	Grad der Kreislaufwirtschaft	Produktionsflächen
	1	*„Die Anordnung der Werkzeugmaschinen hat einen Einfluss auf die Flächen."*	Grad der Maschinenanordnung	Produktions- und Verkehrsflächen
	1	*„Eine flächensparende Bereitstellung kann von oben mit Hilfe von Fördersystemen unter der Decke erfolgen."*	Grad der räumlichen Optimierung bei Transport- und Bearbeitungsprozessen	Produktions-, Verkehrs- und Lagerflächen
	1	*„Bei einer Auslegung unter dem Gesichtspunkt Fläche eignen sich beispielsweise Einbahnverkehrssysteme."*	Grad flächensparender Verkehrsführung innerhalb der Fabrik	Verkehrsflächen
Technologie	3	*„Automatisierte Systeme wie Roboter, Förderer oder Fahrsysteme benötigen Fläche."*	Grad der Automatisierung	Produktions-, Verkehrs- und Lagerflächen
	4	*„Die Flexibisierung von Maschinen hat einen Einfluss auf die Flächen."*	Grad der Flexibilisierung der Anlage	Produktionsflächen
	10	*„Manche Technologien sind nicht in dem Maße stabil (z.B gegenüber klimatischen Bedinungen), sodass sie einen höheren Sicherheitsbestand benötigen."*	Grad der Technologierobustheit	Produktions- und Lagerflächen
	10	*„Manche Anlagen stellen besondere Anforderungen an die Infrastruktur, sodass diese örtlich gebunden sind."*	Grad der Technologiebesonderheit	Verkehrsflächen
	9	*„Enges und hohes Stapeln ist in der Logistik wichtig zur Reduzierung der notwendigen Flächen."*	Grad des Flächenbedarfs der Lagerart	Verkehrs- und Lagerflächen

A.8 Wirkbeziehungen zwischen den Anforderungen

+2: Zwingend positiver Einfluss auf Anforderung
+1: Tendenziell positiver Einfluss auf Anforderung
-- : Kein Einfluss auf Anforderung
-1: Tendenziell negativer Einfluss auf Anforderung
-2: Zwingend negativer Einfluss auf Anforderung

		Grad grundstücksbezogener Aspekte	Grad der Verkehrsanbindungsqualität	Maß der baulichen Nutzung	Grad der Sozialflächen	Grad an zusätzlichen Dienstleistungen	Grad der Akzeptanz am Standort	Grad an Nutzungsmischung	Grad des Immissionsschutzes	Grad der wirtschaftlichen Unabhängigkeit des Standortes vom Unternehmen	Grad der sicherheitsrechtlichen Bestimmungen	Grad der lokalen Beschaffung und des lokalen Absatzes	Grad der Prozessorganisation bei der An- und Ablieferung	Grad der Entsorgungsprozesse	Grad des Materialtransports auf dem Gelände	Grad der Kreislaufwirtschaft	Grad der Maschinenanordnung	Grad der räumlichen Optimierung bei Transport- und Bearbeitungsprozessen	Grad flächensparender Verkehrsführung innerhalb der Fabrik	Grad der Automatisierung	Grad der Flexibilisierung der Anlage	Grad der Technologierobustheit	Grad der Technologiebesonderheit	Grad des Flächenbedarfs der Lagerart	Aktivsumme (Betrag)	Interaktions-Index
		Infrastruktur										Prozesse								Technologie						
Infrastruktur	Grad grundstücksbezogener Aspekte		1	--	--	--	--	--	--	--	--	--	--	--	--	--	--	--	--	--	--	--	--	--	1	0
	Grad der Verkehrsanbindungsqualität	--		--	--	--	--	--	--	--	--	--	2	--	--	--	--	--	--	--	--	--	--	--	2	2
	Maß der baulichen Nutzung	--	--		--	--	--	--	--	--	--	--	--	--	--	--	--	--	--	--	--	--	--	--	0	0
	Grad der Sozialflächen	--	--	--		--	1	--	--	--	--	--	--	--	--	--	--	--	--	--	--	--	--	--	1	2
	Grad an zusätzlichen Dienstleistungen	--	--	--	--		1	1	--	--	--	--	--	--	--	--	--	--	--	--	--	--	--	--	2	0
	Grad der Akzeptanz am Standort	--	--	--	--	--		--	--	--	--	--	--	--	--	--	--	--	--	--	--	--	--	--	0	0
	Grad an Nutzungsmischung	--	--	--	-2	--	1		--	--	--	--	--	--	--	--	--	--	--	--	--	--	--	--	3	3
	Grad des Immissionsschutzes	--	--	-1	--	--	2	--		--	--	--	-1	1	--	--	--	--	--	--	--	--	--	--	5	5
	Grad der wirtschaftlichen Unabhängigkeit des Standortes vom Unternehmen	--	--	--	--	--	-2	--	1		--	--	--	--	--	--	--	--	--	--	--	--	--	--	3	0
	Grad der sicherheitsrechtlichen Bestimmungen	--	--	-1	--	--	--	--	--	--		--	--	--	--	--	--	--	--	--	--	--	--	1	2	0
Prozesse	Grad der lokalen Beschaffung und des lokalen Absatzes	--	--	--	--	--	--	--	--	--	--		2	--	--	1	--	--	--	--	--	--	--	-2	5	0
	Grad der Prozessorganisation bei der An- und Ablieferung	--	--	--	--	--	--	--	--	--	--	--		--	1	--	--	--	--	--	--	--	--	-2	3	21
	Grad der Entsorgungsprozesse	--	--	--	--	--	--	--	--	--	--	--	--		--	-2	--	--	--	--	--	--	--	--	2	8
	Grad des Materialtransports auf dem Gelände	--	--	--	--	--	--	--	--	--	--	--	-2	--		--	--	--	--	--	--	--	--	--	2	4
	Grad der Kreislaufwirtschaft	--	--	--	--	--	--	--	--	--	--	--	--	-2	--		--	--	--	--	--	--	--	--	2	6
	Grad der Maschinenanordnung	--	--	--	--	--	--	--	--	--	--	--	--	--	--	--		--	1	--	--	--	--	--	1	5
	Grad der räumlichen Optimierung bei Transport- und Bearbeitungsprozessen	--	--	--	--	--	--	--	--	--	--	--	--	--	-1	--	1		--	--	--	--	--	-1	3	3
	Grad flächensparender Verkehrsführung innerhalb der Fabrik	--	--	--	--	--	--	--	--	--	--	--	--	--	--	--	--	--		--	--	--	--	--	0	0
Technologie	Grad der Automatisierung	--	--	--	--	--	--	--	--	--	--	--	--	--	--	--	--	--	--		-1	1	1	2	5	0
	Grad der Flexibilisierung der Anlage	--	--	--	--	--	--	--	--	--	--	--	--	--	--	--	-2	--	--	--		--	--	--	2	2
	Grad der Technologierobustheit	--	--	--	--	--	--	--	--	--	--	--	--	-1	--	--	--	--	--	--	--		--	-1	2	4
	Grad der Technologiebesonderheit	--	--	--	--	--	--	--	--	--	--	--	--	--	--	--	-2	--	--	--	--	-1		--	3	3
	Grad des Flächenbedarfs der Lagerart	--	--	--	--	--	--	--	--	--	--	--	--	--	--	--	--	1	--	--	--	--	--		1	9
Passivsumme (Betrag)		0	1	2	2	0	7	1	1	0	0	0	7	4	2	3	5	1	1	0	1	2	1	9		
Aktivitäts-Index		0	2	0	0,5	0	0	3	5	0	0	0	0,43	0,5	1	0,67	0,2	3	0	0	2	1	3	0,11		

Abbildung A-3: Wechselseitige Wirkbeziehungen der flächenrelevanten Anforderungen an Fabriken im urbanen Umfeld

A.9 Wechselseitige Zielbeziehungen im Zielsystem zur Steigerung der Flächeneffizienz

+2: Komplementäres Verhalten
+1: Tendenziell komplementäres Verhalten
-- : Indifferentes Verhalten
-1: Tendenziell konkurrierendes Verhalten
-2: Konkurrierendes Verhalten

		Flächenbedarfsreduktion											Wertschöpfungssteigerung											Flächennutzungs-intensivierung				
		Fertigungsfläche reduzieren	Zwischenlagerfläche reduzieren	Prüffeldfläche reduzieren	Laborfläche reduzieren	Fertigungsnahe Bürofläche reduzieren	Wareneingangsfläche reduzieren	Lagerflächen reduziere	Warenausgangsfläche reduzieren	Verkehrsweglänge reduzieren	Verkehrswegbreite reduzieren	Sonderfläche reduzieren	Verfügbarkeit steigern	Leistung steigern	Qualität steigern	Geplante Produktionszeit steigern	Bestände vermeiden	Überproduktion vermeiden	Transport vermeiden	Wartezeiten vermeiden	Ausschuss vermeiden	Unnötige Bewegung vermeiden	Herstellungsprozess verbessern	Vertikale Mehrfachnutzung steigern	Zeitliche Mehrfachnutzung steigern	Erschließung nicht-zugänglicher ungenutzter Flächen	Erschließung frei-zugänglicher ungenutzter Flächen	Aktivsumme (Betrag)
Flächenbedarfsreduktion	Fertigungsfläche reduzieren		--	--	--	--	--	--	--	--	--	--	--	--	--	--	--	--	--	--	--	--	--	--	--	-1	-1	2
	Zwischenlagerfläche reduzieren	--		--	--	--	--	--	--	--	--	--	-1	--	--	--	2	--	--	-1	--	--	--	--	--	-1	-1	6
	Prüffeldfläche reduzieren	--	--		--	--	--	--	--	--	--	--	--	--	-1	--	--	--	--	--	-1	--	--	--	--	-1	-1	4
	Laborfläche reduzieren	--	--	--		--	--	--	--	--	--	--	--	--	--	--	--	--	--	--	--	--	--	--	--	-1	-1	2
	Fertigungsnahe Bürofläche reduzieren	--	--	--	--		--	--	--	--	--	--	--	--	--	--	--	--	--	--	--	--	--	--	--	-1	-1	2
	Wareneingangsfläche reduzieren	--	--	--	--	--		--	--	--	--	--	--	--	--	--	--	--	--	--	--	--	--	--	--	-1	-1	2
	Lagerfläche reduzieren	--	--	--	--	--	--		--	--	--	--	-1	--	--	--	2	--	--	-1	--	--	--	--	--	-1	-1	6
	Warenausgangsfläche reduzieren	--	--	--	--	--	--	--		--	--	--	--	--	--	--	--	--	--	--	--	--	--	--	--	-1	-1	2
	Verkehrsweglänge reduzieren	--	--	--	--	--	--	--	--		--	--	1	--	--	--	--	--	--	--	--	2	--	--	--	-1	-1	5
	Verkehrswegbreite reduzieren	--	--	--	--	--	--	--	--	--		--	-1	--	--	--	--	--	--	-1	--	--	--	--	--	-1	-1	4
	Sonderfläche reduzieren	--	--	--	--	--	--	--	--	--	--		-1	--	--	--	--	--	--	-1	-1	--	--	--	--	-1	-1	5
Wertschöpfungssteigerung	Verfügbarkeit steigern	--	2	--	--	--	--	2	--	--	--	--		--	--	--	2	--	--	2	--	--	--	--	--	--	--	8
	Leistung steigern	--	--	--	--	--	--	--	--	--	--	--	--		--	--	--	--	-1	--	--	--	--	--	--	--	--	1
	Qualität steigern	--	--	1	--	--	--	--	--	--	--	--	--	--		--	1	--	--	--	2	--	--	--	--	--	--	4
	Geplante Produktionszeit steigern	--	1	--	--	--	--	--	--	--	--	--	--	--	--		--	--	--	--	--	--	--	--	--	--	--	1
	Bestände vermeiden	--	2	--	--	--	--	2	--	--	--	--	-1	--	--	--		--	2	--	--	--	--	--	--	--	--	7
	Überproduktion vermeiden	--	2	--	--	--	--	2	--	--	--	--	--	--	--	--	1		1	--	--	--	--	--	--	--	--	6
	Transport vermeiden	--	--	--	--	--	--	--	--	--	--	--	--	--	--	--	--	--		--	--	--	--	--	--	--	--	0
	Wartezeiten vermeiden	--	--	--	--	--	--	--	--	--	--	--	2	--	--	--	--	--	--		--	--	--	--	--	--	--	2
	Ausschuss vermeiden	--	--	1	--	--	--	--	--	--	--	--	--	--	2	--	1	--	1	--		--	--	--	--	--	--	5
	Unnötige Bewegung vermeiden	--	--	--	--	--	--	--	--	--	--	--	--	2	1	--	--	--	--	--	--		--	--	--	--	--	3
	Herstellungsprozess verbessern	--	--	--	--	--	--	--	--	--	--	--	--	1	--	--	--	--	--	--	--	--		--	--	--	--	1
Flächennutzungs-intensivierung	Vertikale Mehrfachnutzung steigern	--	1	--	--	--	--	1	--	-1	--	--	2	2	--	--	--	--	-1	--	--	-1	--		--	--	--	9
	Zeitliche Mehrfachnutzung steigern	--	1	1	--	1	--	--	--	--	1	1	2	2	--	--	--	--	--	--	--	--	--	--		--	--	9
	Erschließung nicht-zugänglicher ungenutzter Flächen	--	--	--	--	--	--	--	--	--	--	--	--	--	--	--	--	--	--	--	--	--	--	--	--		--	0
	Erschließung frei-zugänglicher ungenutzter Flächen	--	--	--	--	--	--	--	--	--	--	--	--	--	--	--	--	--	--	--	--	--	--	--	--	--		0
Passivsumme (Betrag)		0	9	3	0	1	0	7	0	1	1	1	12	7	4	0	9	0	6	6	4	3	0	0	0	11	11	

Abbildung A-4: Wechselseitige Zielbeziehungen der Unterziele im Zielsystem

A.10 Übersicht über das Kennzahlensystem zur Steigerung der Flächeneffizienz

Alle Kennzahlen beziehen sich auf die folgenden Zeitpunkte:

i Zeitpunkt vor Durchführung der Gestaltungsoption/ Steigerung der Flächeneffizienz

j Zeitpunkt nach Durchführung der Gestaltungsoption/ Steigerung der Flächeneffizienz

Kennzahlen im Subsystem „Flächenbedarfsreduzierung“

Die Kennzahl $\boldsymbol{FR_{i,j}^{FF}}$ beschreibt die Reduktion des Flächenbedarfes für Fertigungsflächen, z.B. Flächen für direkte Produktionsprozesse, Maschinen und Anlagen oder Montageflächen:

$$\boldsymbol{FR_{i,j}^{FF}} = \frac{\boldsymbol{F_{FF,i}} - \boldsymbol{F_{FF,j}}}{\boldsymbol{F_{FF,i}}} * \mathbf{100\%} \tag{A.10.1}$$

$\boldsymbol{FR_{i,j}^{FF}}$ Fertigungsflächenreduktion zwischen den Zeitpunkten $\boldsymbol{i}$ und $\boldsymbol{j}$

$\boldsymbol{F_{FF,i}}$ Fertigungsflächenbedarf zum Zeitpunkt $\boldsymbol{i}$ in Quadratmetern

$\boldsymbol{F_{FF,j}}$ Fertigungsflächenbedarf zum Zeitpunkt $\boldsymbol{j}$ in Quadratmetern

Die Kennzahl $\boldsymbol{FR_{i,j}^{ZL}}$ beschreibt die Reduktion des Flächenbedarfes für Zwischenlagerflächen, z.B. für Flächen zur Zwischenlagerung von Rohmaterialien, Halbzeugen oder Betriebsstoffe:

$$\boldsymbol{FR_{i,j}^{ZL}} = \frac{\boldsymbol{F_{ZL,i}} - \boldsymbol{F_{ZL,j}}}{\boldsymbol{F_{ZL,i}}} * \mathbf{100\%} \tag{A.10.2}$$

$\boldsymbol{FR_{i,j}^{ZL}}$ Zwischenlagerflächenreduktion zwischen den Zeitpunkten $\boldsymbol{i}$ und $\boldsymbol{j}$

$\boldsymbol{F_{ZL,i}}$ Zwischenlagerflächenbedarf zum Zeitpunkt $\boldsymbol{i}$ in Quadratmetern

$\boldsymbol{F_{ZL,j}}$ Zwischenlagerflächenbedarf zum Zeitpunkt $\boldsymbol{j}$ in Quadratmetern

Die Kennzahl $\boldsymbol{FR_{i,j}^{PF}}$ beschreibt die Reduktion des Flächenbedarfes für Prüffeldflächen, z.B. Flächen für Qualitätsprüfungen, Mess- oder Nacharbeitsstationen:

$$\boldsymbol{FR_{i,j}^{PF}} = \frac{\boldsymbol{F_{PF,i}} - \boldsymbol{F_{PF,j}}}{\boldsymbol{F_{PF,i}}} * \mathbf{100\%} \tag{A.10.3}$$

$\boldsymbol{FR_{i,j}^{PF}}$ Prüffeldflächenreduktion zwischen den Zeitpunkten $\boldsymbol{i}$ und $\boldsymbol{j}$

$\boldsymbol{F_{PF,i}}$ Prüffeldflächenbedarf zum Zeitpunkt $\boldsymbol{i}$ in Quadratmetern

$\boldsymbol{F_{PF,j}}$ Prüffeldflächenbedarf zum Zeitpunkt $\boldsymbol{j}$ in Quadratmetern

Die Kennzahl $\boldsymbol{FR_{i,j}^{LF}}$ beschreibt die Reduktion des Flächenbedarfes für Laborflächen, welche sich in unmittelbarer Nähe der Produktion befinden (keine Flächen für Forschung und Entwicklung):

$$\boldsymbol{FR_{i,j}^{LF}} = \frac{F_{LF,i} - F_{LF,j}}{F_{LF,i}} * \mathbf{100\%} \qquad \text{(A.10.4)}$$

$\boldsymbol{FR_{i,j}^{LF}}$	Laborflächenreduktion zwischen den Zeitpunkten $\boldsymbol{i}$ und $\boldsymbol{j}$
$\boldsymbol{F_{LF,i}}$	Laborflächenbedarf zum Zeitpunkt $\boldsymbol{i}$ in Quadratmetern
$\boldsymbol{F_{LF,j}}$	Laborflächenbedarf zum Zeitpunkt $\boldsymbol{j}$ in Quadratmetern

Die Kennzahl $\boldsymbol{FR_{i,j}^{FB}}$ beschreibt die Reduktion des Flächenbedarfes für Fertigungsnahe Büroflächen, z.B. Flächen für Teamleiterbüros, Produktionssteuerung oder die NC-Programmierung:

$$\boldsymbol{FR_{i,j}^{FB}} = \frac{F_{FB,i} - F_{FB,j}}{F_{FB,i}} * \mathbf{100\%} \qquad \text{(A.10.5)}$$

$\boldsymbol{FR_{i,j}^{FB}}$	Fertigungsnahe Büroflächenreduktion zwischen den Zeitpunkten $\boldsymbol{i}$ und $\boldsymbol{j}$
$\boldsymbol{F_{FB,i}}$	Fertigungsnaher Büroflächenbedarf zum Zeitpunkt $\boldsymbol{i}$ in Quadratmetern
$\boldsymbol{F_{FB,j}}$	Fertigungsnaher Büroflächenbedarf zum Zeitpunkt $\boldsymbol{j}$ in Quadratmetern

Die Kennzahl $\boldsymbol{FR_{i,j}^{WE}}$ beschreibt die Reduktion des Flächenbedarfes für Wareneingangsflächen, z.B. Flächen für Rampen, Tore, Bereitstellungen, Warenkontrollen oder Ladungssicherungen:

$$\boldsymbol{FR_{i,j}^{WE}} = \frac{F_{WE,i} - F_{WE,j}}{F_{WE,i}} * \mathbf{100\%} \qquad \text{(A.10.6)}$$

$\boldsymbol{FR_{i,j}^{WE}}$	Wareneingangsflächenreduktion zwischen den Zeitpunkten $\boldsymbol{i}$ und $\boldsymbol{j}$
$\boldsymbol{F_{WE,i}}$	Wareneingangsflächenbedarf zum Zeitpunkt $\boldsymbol{i}$ in Quadratmetern
$\boldsymbol{F_{WE,j}}$	Wareneingangsflächenbedarf zum Zeitpunkt $\boldsymbol{j}$ in Quadratmetern

Die Kennzahl $\boldsymbol{FR_{i,j}^{LA}}$ beschreibt die Reduktion des Flächenbedarfes für Lagerflächen, z.B. Anzahl an Palettenstellplätzen im Lager, Tanklagerflächen, aber auch Rangier- und Ladezonen im Lagerbereich:

$$\boldsymbol{FR_{i,j}^{LA}} = \frac{\boldsymbol{F_{LA,i}} - \boldsymbol{F_{LA,j}}}{\boldsymbol{F_{LA,i}}} * \mathbf{100\%} \qquad \text{(A.10.7)}$$

$\boldsymbol{FR_{i,j}^{LA}}$	Lagerflächenreduktion zwischen den Zeitpunkten $\boldsymbol{i}$ und $\boldsymbol{j}$
$\boldsymbol{F_{LA,i}}$	Lagerflächenbedarf zum Zeitpunkt $\boldsymbol{i}$ in Quadratmetern
$\boldsymbol{F_{LA,j}}$	Lagerflächenbedarf zum Zeitpunkt $\boldsymbol{j}$ in Quadratmetern

Die Kennzahl $\boldsymbol{FR_{i,j}^{WA}}$ beschreibt die Reduktion des Flächenbedarfes für Warenausgangsflächen, z.B. Flächen für die Bereitstellung, Kommissionierung und Konsolidierung von Fertigwaren:

$$\boldsymbol{FR_{i,j}^{WA}} = \frac{\boldsymbol{F_{WA,i}} - \boldsymbol{F_{WA,j}}}{\boldsymbol{F_{WA,i}}} * \mathbf{100\%} \qquad \text{(A.10.8)}$$

$\boldsymbol{FR_{i,j}^{WA}}$	Warenausgangsflächenreduktion zwischen den Zeitpunkten $\boldsymbol{i}$ und $\boldsymbol{j}$
$\boldsymbol{F_{WA,i}}$	Warenausgangsflächenbedarf zum Zeitpunkt $\boldsymbol{i}$ in Quadratmetern
$\boldsymbol{F_{WA,j}}$	Warenausgangsflächenbedarf zum Zeitpunkt $\boldsymbol{j}$ in Quadratmetern

Die Kennzahl $\boldsymbol{FR_{i,j}^{VL}}$ beschreibt die Reduktion der Verkehrsweglänge, bezogen auf die Länge der Transportwege für den Materialfluss sowie alle Verkehrsweglängen der Personenwege:

$$\boldsymbol{FR_{i,j}^{VL}} = \frac{\boldsymbol{F_{VL,i}} - \boldsymbol{F_{VL,j}}}{\boldsymbol{F_{VL,i}}} * \mathbf{100\%} \qquad \text{(A.10.9)}$$

$\boldsymbol{FR_{i,j}^{VL}}$	Verkehrsweglängenreduktion zwischen den Zeitpunkten $\boldsymbol{i}$ und $\boldsymbol{j}$
$\boldsymbol{F_{VL,i}}$	Verkehrsweglänge zum Zeitpunkt $\boldsymbol{i}$ in Metern
$\boldsymbol{F_{VL,j}}$	Verkehrsweglänge zum Zeitpunkt $\boldsymbol{j}$ in Metern

Die Kennzahl $\boldsymbol{FR_{i,j}^{VB}}$ beschreibt die Reduktion der Verkehrswegbreite für die sicherheitskonforme Beförderung von Personen, Gütern und Flurförderzeugen:

$$\boldsymbol{FR_{i,j}^{VB}} = \frac{F_{VL,j}^{neu}}{F_{VL}^{ges}} * \frac{F_{VB,i} - F_{VB,j}}{F_{VB,i}} * \mathbf{100\%} \qquad \text{(A.10.10)}$$

$\boldsymbol{FR_{i,j}^{VB}}$	Verkehrswegbreitenreduktion zwischen den Zeitpunkten $\boldsymbol{i}$ und $\boldsymbol{j}$
$\boldsymbol{F_{VL,j}^{neu}}$	Geänderte Verkehrsweglänge zum Zeitpunkt $\boldsymbol{j}$ in Metern
$\boldsymbol{F_{VL}^{ges}}$	Gesamte Verkehrsweglänge in Metern
$\boldsymbol{F_{VB,i}}$	Verkehrswegbreite zum Zeitpunkt $\boldsymbol{i}$ in Metern
$\boldsymbol{F_{VB,j}}$	Verkehrswegbreite zum Zeitpunkt $\boldsymbol{j}$ in Metern

Die Kennzahl $\boldsymbol{FR_{i,j}^{SF}}$ beschreibt die Reduktion des Flächenbedarfes für Sonderflächen z.B. Flächen für die Lehrwerkstatt, den Werkzeugbau oder die Instandhaltung (produktionsnah):

$$\boldsymbol{FR_{i,j}^{SF}} = \frac{F_{SF,i} - F_{SF,j}}{F_{SF,i}} * \mathbf{100\%} \qquad \text{(A.10.11)}$$

$\boldsymbol{FR_{i,j}^{SF}}$	Sonderflächenreduktion zwischen den Zeitpunkten $\boldsymbol{i}$ und $\boldsymbol{j}$
$\boldsymbol{F_{SF,i}}$	Sonderflächenbedarf zum Zeitpunkt $\boldsymbol{i}$ in Quadratmetern
$\boldsymbol{F_{SF,j}}$	Sonderflächenbedarf zum Zeitpunkt $\boldsymbol{j}$ in Quadratmetern

Kennzahlen im Subsystem „Wertschöpfungssteigerung“

Die Kennzahl $\boldsymbol{WS_{i,j}^{VF}}$ beschreibt die Steigerung der Verfügbarkeit bzw. der tatsächlichen Produktionszeit, in der die Anlage wirklich produziert und keine Warte- oder Stillstandzeiten auftreten:

$$\boldsymbol{WS_{i,j}^{VF}} = \frac{t_{IST,j}^{P} - t_{IST,i}^{P}}{t_{SOLL}^{P}} * \mathbf{100\%} \qquad \text{(A.10.12)}$$

$\boldsymbol{WS_{i,j}^{VF}}$	Verfügbarkeitssteigerung zwischen den Zeitpunkten $\boldsymbol{i}$ und $\boldsymbol{j}$
$\boldsymbol{t_{IST,i}^{P}}$	Tatsächliche Produktionszeit zum Zeitpunkt $\boldsymbol{i}$ in Stunden
$\boldsymbol{t_{IST,j}^{P}}$	Tatsächliche Produktionszeit zum Zeitpunkt $\boldsymbol{j}$ in Stunden
$\boldsymbol{t_{SOLL}^{P}}$	Theoretisch mögliche Produktionszeit in Stunden

Die Kennzahl $\boldsymbol{WS_{i,j}^{LE}}$ beschreibt die Steigerung der Leistung bzw. der tatsächlichen Ausbringungsmenge in Stück unter Berücksichtigung von ungeplanten Verlusten oder Abweichungen:

$$\boldsymbol{WS_{i,j}^{LE}} = \frac{A_{IST,j}^{ges} - A_{IST,i}^{ges}}{A_{SOLL}^{ges}} * \mathbf{100\%} \tag{A.10.13}$$

$\boldsymbol{WS_{i,j}^{LE}}$	Leistungssteigerung zwischen den Zeitpunkten $\boldsymbol{i}$ und $\boldsymbol{j}$
$\boldsymbol{A_{IST,i}^{ges}}$	Tatsächliche Ausbringungsmenge zum Zeitpunkt $\boldsymbol{i}$ in Stück
$\boldsymbol{A_{IST,j}^{ges}}$	Tatsächliche Ausbringungsmenge zum Zeitpunkt $\boldsymbol{j}$ in Stück
$\boldsymbol{A_{SOLL}^{ges}}$	Theoretisch mögliche Ausbringungsmenge in Stück

Die Kennzahl $\boldsymbol{WS_{i,j}^{QU}}$ beschreibt die Steigerung der Qualität bzw. der Ausbringungsmenge einwandfreier Teile in Stück, d.h. derjenigen Menge, die sich innerhalb der Toleranzwerte bewegt:

$$\boldsymbol{WS_{i,j}^{QU}} = \frac{A_{IST,j}^{iO} - A_{IST,i}^{iO}}{A_{IST}^{ges}} * \mathbf{100\%} \tag{A.10.14}$$

$\boldsymbol{WS_{i,j}^{QU}}$	Qualitätssteigerung zwischen den Zeitpunkten $\boldsymbol{i}$ und $\boldsymbol{j}$
$\boldsymbol{A_{IST,i}^{iO}}$	Ausbringungsmenge einwandfreier Teile zum Zeitpunkt $\boldsymbol{i}$ in Stück
$\boldsymbol{A_{IST,j}^{iO}}$	Ausbringungsmenge einwandfreier Teile zum Zeitpunkt $\boldsymbol{j}$ in Stück
$\boldsymbol{A_{IST}^{ges}}$	Tatsächliche Ausbringungsmenge in Stück

Die Kennzahl $\boldsymbol{WS_{i,j}^{NG}}$ beschreibt die Steigerung des Nutzungsgrades als Verhältnis der geplanten Produktionszeit und der theoretisch möglichen Produktionszeit:

$$\boldsymbol{WS_{i,j}^{NG}} = \frac{t_{SOLL,j}^{P} - t_{SOLL,i}^{P}}{t_{theo}^{P}} * \mathbf{100\%} \tag{A.10.15}$$

$\boldsymbol{WS_{i,j}^{NG}}$	Nutzungsgradsteigerung zwischen den Zeitpunkten $\boldsymbol{i}$ und $\boldsymbol{j}$
$\boldsymbol{t_{SOLL,i}^{P}}$	Geplante Produktionszeit zum Zeitpunkt $\boldsymbol{i}$ in Stunden
$\boldsymbol{t_{SOLL,j}^{P}}$	Geplante Produktionszeit zum Zeitpunkt $\boldsymbol{j}$ in Stunden
$\boldsymbol{t_{theo}^{P}}$	Theoretisch verfügbare Produktionszeit in Stunden

Die Kennzahl $WS_{i,j}^{BS}$ beschreibt die Reduktion der Bestände als relativer Vergleich der Bestandssteigerung und -reduktion innerhalb einer Schicht:

$$WS_{i,j}^{BS} = \frac{BS_i - BS_j}{BS_i} * 100\% \quad \text{(A.10.16)}$$

$WS_{i,j}^{BS}$ Bestandsreduktion zwischen den Zeitpunkten i und j

BS_i Bestandsänderungsrate zum Zeitpunkt i in Stück pro Stunde

BS_j Bestandsänderungsrate zum Zeitpunkt j in Stück pro Stunde

Die Kennzahl $WS_{i,j}^{UP}$ beschreibt die Reduktion der Überproduktion als relativer Vergleich der produzierten Teile und nachgefragter Teile innerhalb einer Schicht:

$$WS_{i,j}^{UP} = \frac{UP_i - UP_j}{UP_i} * 100\% \quad \text{(A.10.17)}$$

$WS_{i,j}^{UP}$ Überproduktionsreduktion zwischen den Zeitpunkten i und j

UP_i Überproduktionsrate zum Zeitpunkt i in Stück pro Stunde

UP_j Überproduktionsrate zum Zeitpunkt j in Stück pro Stunde

Die Kennzahl $WS_{i,j}^{TP}$ beschreibt die Reduktion der Transportleistung zwischen zwei organisatorischen Einheiten unter Berücksichtigung der entsprechenden Transportmenge und -distanz:

$$WS_{i,j}^{TP} = \frac{TL_i - TL_j}{TL_i} * 100\% \quad \text{(A.10.18-1)}$$

$WS_{i,j}^{TP}$ Transportreduktion zwischen den Zeitpunkten i und j

TL_i Transportleistung zum Zeitpunkt i in Tonnenkilometern pro Stunde

TL_j Transportleistung zum Zeitpunkt j in Tonnenkilometern pro Stunde

Eine Reduktion der Transportarbeit lässt sich daher entweder durch eine Verkürzung der Transportdistanz oder eine Verringerung der Transportmenge erreichen:

$$TL_t = \frac{\sum_{k=1}^{n-1} \sum_{l=k+1}^{n} T_{k,l} D_{k,l}}{Stunde} \quad \text{(A.10.18-2)}$$

TL_t Transportleistung zum Zeitpunkt t in Tonnenkilometern pro Stunde

n Anzahl der (organisatorischen) Einheiten

$T_{k,l}$ Transportmenge zwischen den Einheiten k und l in Tonnen

$D_{k,l}$ Transportdistanz zwischen den Einheiten k und l in Kilometern

Die Kennzahl $\boldsymbol{WS_{i,j}^{WZ}}$ beschreibt die Reduktion der Wartezeiten von sowohl Personal- als auch Maschinenressourcen pro Schicht zwischen den Zeitpunkten vor und nach der Maßnahme:

$$\boldsymbol{WS_{i,j}^{WZ}} = \frac{\boldsymbol{WZ_i - WZ_j}}{\boldsymbol{BS_i}} * \mathbf{100\%} \tag{A.10.19}$$

$\boldsymbol{WS_{i,j}^{WZ}}$ Wartezeitenreduktion zwischen den Zeitpunkten $\boldsymbol{i}$ und $\boldsymbol{j}$

$\boldsymbol{WZ_i}$ Wartezeitrate zum Zeitpunkt $\boldsymbol{i}$ in Minuten pro Stunde

$\boldsymbol{WZ_j}$ Wartezeitrate zum Zeitpunkt $\boldsymbol{j}$ in Minuten pro Stunde

Die Kennzahl $\boldsymbol{WS_{i,j}^{AS}}$ beschreibt die Reduktion von Ausschuss als Maß fehlerhafter Teile pro Schicht zwischen den Zeitpunkten vor und nach der Maßnahme:

$$\boldsymbol{WS_{i,j}^{AS}} = \frac{\boldsymbol{AS_i - AS_j}}{\boldsymbol{AS_i}} * \mathbf{100\%} \tag{A.10.20}$$

$\boldsymbol{WS_{i,j}^{AS}}$ Ausschussreduktion zwischen den Zeitpunkten $\boldsymbol{i}$ und $\boldsymbol{j}$

$\boldsymbol{AS_i}$ Ausschussrate zum Zeitpunkt $\boldsymbol{i}$ in fehlerhaften Teilen pro Stunde

$\boldsymbol{AS_j}$ Ausschussrate zum Zeitpunkt $\boldsymbol{j}$ in fehlerhaften Teilen pro Stunde

Die Kennzahl $\boldsymbol{WS_{i,j}^{BE}}$ beschreibt die Reduktion der Bewegung von Mitarbeitern gemessen in Minuten pro Schicht zwischen den Zeitpunkten vor und nach der Maßnahme:

$$\boldsymbol{WS_{i,j}^{BE}} = \frac{\boldsymbol{BE_i - BE_j}}{\boldsymbol{BE_i}} * \mathbf{100\%} \tag{A.10.21}$$

$\boldsymbol{WS_{i,j}^{BE}}$ Bewegungsreduktion zwischen den Zeitpunkten $\boldsymbol{i}$ und $\boldsymbol{j}$

$\boldsymbol{BE_i}$ Unnötige Bewegung pro Schicht zum Zeitpunkt $\boldsymbol{i}$ in Metern

$\boldsymbol{BE_j}$ Unnötige Bewegung pro Schicht zum Zeitpunkt $\boldsymbol{j}$ in Metern

Die Kennzahl $\boldsymbol{WS_{i,j}^{PZ}}$ beschreibt die Reduktion der unnötigen Prozesszeit durch ineffiziente Prozesse, Überbearbeitung oder ungeeignete Technologien in Minuten pro Schicht:

$$\boldsymbol{WS_{i,j}^{PZ}} = \frac{\boldsymbol{PZ_i - PZ_j}}{\boldsymbol{PZ_i}} * \mathbf{100\%} \tag{A.10.22}$$

$\boldsymbol{WS_{i,j}^{PZ}}$ Prozesszeitenreduktion zwischen den Zeitpunkten $\boldsymbol{i}$ und $\boldsymbol{j}$

$\boldsymbol{PZ}$ Unnötige Prozesszeit pro Schicht zum Zeitpunkt $\boldsymbol{i}$ in Minuten

$\boldsymbol{PZ_j}$ Unnötige Prozesszeit pro Schicht zum Zeitpunkt $\boldsymbol{j}$ in Minuten

Kennzahlen im Subsystem „Flächennutzungsintensivierung“

Die Kennzahl $FI_{i,j}^{MN\_v}$ beschreibt die Steigerung der vertikalen Mehrfachnutzung durch die räumliche Ausnutzung der oberen Rauminhalte von den genutzten Hauptnutz- und Verkehrsflächen:

$$FI_{i,j}^{MN\_v} = \frac{R_i^{nutz} - R_j^{nutz}}{R^{ges}} * 100\% \qquad (A.10.23)$$

$FI_{i,j}^{MN\_v}$	Vertikale Mehrfachnutzungssteigerung zwischen den Zeitpunkten i und j
R_i^{nutz}	Mehrfach genutzter Rauminhalt zum Zeitpunkt i in Kubikmetern
R_j^{nutz}	Mehrfach genutzter Rauminhalt zum Zeitpunkt j in Kubikmetern
R^{ges}	Gesamter Rauminhalt der Hauptnutz- und Verkehrsflächen in Kubikmetern

Die Kennzahl $FI_{i,j}^{MN\_z}$ beschreibt die Steigerung der zeitlichen Mehrfachnutzung, indem der gleiche Rauminhalt durch den Einsatz der Maßnahme mehrfach oder zeitlich länger genutzt wird:

$$FI_{i,j}^{MN\_z} = \frac{R_i^{zeit} - R_j^{zeit}}{R^{ges}} * 100\% \qquad (A.10.24)$$

$FI_{i,j}^{MN\_v}$	Zeitliche Mehrfachnutzungssteigerung zwischen den Zeitpunkten i und j
R_i^{zeit}	Zeitlich mehrfach genutzter Rauminhalt zum Zeitpunkt i in Kubikmetern
R_j^{zeit}	Zeitlich mehrfach genutzter Rauminhalt zum Zeitpunkt j in Kubikmetern
R^{ges}	Gesamter Rauminhalt der Hauptnutz- und Verkehrsflächen in Kubikmetern

Die Kennzahl $FI_{i,j}^{UF\_n}$ beschreibt die Reduktion bislang ungenutzter, aber nicht zugänglicher Flächen, z.B. vorhandene Freiflächen, Reserveflächen oder Wandlungsflächen:

$$FI_{i,j}^{UF\_n} = \frac{F_{UF\_n,i} - F_{UF\_n,j}}{F_{UF\_n,i}} * 100\% \qquad (A.10.25)$$

$FI_{i,j}^{UF\_n}$	Reduktion ungenutzter, nicht zugänglicher Flächen zwischen den Zeitpunkten i und j
$F_{UF\_n,i}$	Ungenutzte, nicht zugängliche Fläche zum Zeitpunkt i in Quadratmetern
$F_{UF\_n,j}$	Ungenutzte, nicht zugängliche Fläche zum Zeitpunkt j in Quadratmetern

Die Kennzahl $\boldsymbol{FI_{i,j}^{UF\_f}}$ beschreibt die Reduktion bislang ungenutzter, aber frei zugänglicher Flächen, z.B. vorhandene Freiflächen, Reserveflächen oder Wandlungsflächen:

$$\boldsymbol{FI_{i,j}^{UF\_f} = \frac{F_{UF\_f,i} - F_{UF\_f,j}}{F_{UF\_f,i}} * 100\%} \qquad \text{(A.10.26)}$$

$\boldsymbol{FI_{i,j}^{UF\_f}}$	Reduktion ungenutzter, frei zugänglicher Flächen zwischen den Zeitpunkten $\boldsymbol{i}$ und $\boldsymbol{j}$
$\boldsymbol{F_{UF\_f,i}}$	Ungenutzte, frei zugängliche Fläche zum Zeitpunkt $\boldsymbol{i}$ in Quadratmetern
$\boldsymbol{F_{UF\_f,j}}$	Ungenutzte, frei zugängliche Fläche zum Zeitpunkt $\boldsymbol{j}$ in Quadratmetern

A.11 Technologiesteckbriefe für die Gestaltungsoptionen zur Steigerung der Flächeneffizienz

1	Nachverdichtung im Bestand	
Domäne:	Infrastruktur	Prozesse / Technologie
Kurzbeschreibung:	**Charakterisierung:**	
In vertikalen Fabriken erfolgt eine Reduktion der Gebäudegrundfläche durch die Nutzung mehrerer, übereinander liegender Etagen.	Eigenschaften	• Durchführbarkeit hängt stark von äußeren Einflüssen ab (z.B. Grundstücksbeschaffenheit, Gebäudebeschaffenheit, baurechtliche Beschränkungen, etc.) • Fertigung von schweren oder sperrigen Gütern ist in oberen Stockwerken ungeeignet
	Kernaufgabe	• Reduktion der Grundfläche
	Funktionsweise	• „Stapelung" der Produktion in mehreren Stockwerken eines Gebäudes • Alternativ bietet es sich an, administrative Bereiche in die oberen Stockwerke zu verlegen
	Beispiele	• Aufstocken von vorhandenen Bauten, An- und Erweiterungsbauten, Dachgeschossausbau

Abbildung A-5: Steckbrief zur Gestaltungsoption "Nachverdichtung im Bestand"

2	Raummodule und Systemelemente	
Domäne:	Infrastruktur	Prozesse / Technologie
Kurzbeschreibung:	**Charakterisierung:**	
Schaffung neuer Flächenkapazitäten durch Raummodule und Systemelemente innerhalb eines Fabrikgebäudes. Zudem kann so die Flexibilität des Layouts gesteigert werden.	Eigenschaften	• Variable Größe der Systemelemente • Flexible Anordnung (freistehend, Anbindung an Gebäudewand oder an andere Container) • Ein- bis dreigeschossig oder ebenerdig aufstellbar
	Kernaufgabe	• Schaffung neuer Flächenkapazitäten und Steigerung der Flexibilität
	Funktionsweise	• Umlagerung von Funktionen in Container und Systemelemente (z.B. Meisterbüros, Schaltanlagen für Maschinen) • Aufstellen der Container auf Pfeilern, um die Grundfläche in der Produktion freizuhalten
	Beispiele	• Container, Module, Büros (z.B. fertigungsnahe Büros oder kompakte Lagerhaltungsformen)

Abbildung A-6: Steckbrief zur Gestaltungsoption "Raummodule und Systemelemente"

3	Nutzung ungenutzter (Reserve-)Flächen	
Domäne:	Infrastruktur	Prozesse / Technologie
Kurzbeschreibung:	**Charakterisierung:**	
Nutzung von ungenutzten (Reserve-)Flächen mit wertschöpfenden oder wertschöpfungs-unterstützenden Aktivitäten.	Eigenschaften	• Unterteilung in frei zugängliche, ungenutzte und unzugängliche, ungenutzte Flächen • Frei zugängliche, ungenutzte Flächen haben ein hohes Flächeneffizienzpotenzial, da sie ohne großen Aufwand wertschöpfend eingesetzt werden können
	Kernaufgabe	• Steigerung der Wertschöpfung
	Funktionsweise	• Ungenutzte Flächen werden mit wertschöpfenden Tätigkeiten belegt
	Beispiele	• Belegung von Reserveflächen zur Erweiterung/ Kapazitätserhöhung des Maschinenparks

Abbildung A-7: Steckbrief zur Gestaltungsoption "Nutzung ungenutzter (Reserve-)Flächen"

4	Geteilte Infrastruktur und Sharing-Modelle	
Domäne:	**Infrastruktur** · Prozesse · Technologie	
Kurzbeschreibung:	Charakterisierung:	
Gemeinschaftliche Nutzung von Betriebsmitteln und Produktions-infrastruktur. Dies kann sowohl zeitgleich als auch zeitlich getrennt erfolgen.	Eigenschaften	• Förderung der Gründerszene durch geringeren Kapitaleinsatz • Anregung des fachlichen Austauschs zwischen den Nutzungspartnern • Gemeinschaftlich genutzte Infrastruktur in der eigenen Produktion
	Kernaufgabe	• Reduktion der benötigen Flächenkapazitäten durch gemeinschaftliche Nutzung
	Funktionsweise	• Betriebsmittel, Produktionsflächen und Infrastruktur wird nicht mehr von einem Akteur genutzt, sondern von mehreren Akteuren geteilt
	Beispiele	• FabLabs, Co-Working Spaces, Open Creative Labs oder B2B-Kooperationen

Abbildung A-8: Steckbrief zur Gestaltungsoption "Geteilte Infrastruktur und Sharing-Modelle"

5	Anpassung des Mobilitätskonzeptes	
Domäne:	**Infrastruktur** · Prozesse · Technologie	
Kurzbeschreibung:	Charakterisierung:	
Durch die Optimierung des Transportkonzepts für die Mitarbeiter können flächenintensive Parkflächen verkleinert werden.	Eigenschaften	• Durch kurze Arbeitswege der Mitarbeiter im urbanen Raum ergibt sich hier ein besonders hohes Potenzial • Durchführung auch in Zusammenarbeit mit der Kommune möglich
	Kernaufgabe	• Reduktion von notwendigen Parkflächen
	Funktionsweise	• Reduktion des Verkehrsaufkommens an der urbanen Produktionsstätte durch ein verbessertes Angebot von anderen Transportkonzepten für die Mitarbeiter
	Beispiele	• Verbesserung des ÖPNV, alternative Transportkonzepte (Car-Sharing, Bike-Sharing)

Abbildung A-9: Steckbrief zur Gestaltungsoption "Anpassung des Mobilitätskonzeptes"

6	Variable, funktionale Nutzung der Prozesse	
Domäne:	Infrastruktur · **Prozesse** · Technologie	
Kurzbeschreibung:	Charakterisierung:	
Produktionslinien werden nicht mehr projektbezogen ausgelegt (z.B. Automobilindustrie). Stattdessen wird durch eine variable Auslegung ein höherer Nutzungsgrad erreicht.	Eigenschaften	• Steigerung der Verfügbarkeit (z.B. durch kürzere Anlaufzeiten oder geringere Umrüstzeiten) • Flächenreduktion (durch gesteigerte Wertschöpfung werden weniger Kapazitäten benötigt)
	Kernaufgabe	• Steigerung der Wertschöpfung
	Funktionsweise	• Variable Auslegung von Produktionslinien (inklusive der Maschinen und Anlagen) • Digitalisierung und automatisierte Prozesse können dabei die höhere Flexibilität ermöglichen
	Beispiele	• Multiproduktlinien, „Alleskönner"-Maschinen, Bearbeitungszentren (z.B. Dreh-Fräs-Zentrum)

Abbildung A-10: Steckbrief der Gestaltungsoption "Variable, funktionale Nutzung der Prozesse"

7	Variable, zeitliche Nutzung der Prozesse		
Domäne:	Infrastruktur	**Prozesse**	Technologie

Kurzbeschreibung:	Charakterisierung:	
Die intensivere zeitlich Nutzung von Anlagen stellt eine einfache Vorgehensweise dar, um die Wertschöpfung zu steigern. Die Erhöhung der Nutzungsdauer ist dabei die einfachste Form der Nutzungssteigerung.	Eigenschaften	• Unkomplizierte Umsetzung • Hohes Potenzial bei Anlagen, die nur innerhalb eines geringen Zeitraums am Tag genutzt werden (z.B. Steigerung der Nutzungsdauer durch flexiblere Auslegung der Anlage)
	Kernaufgabe	• Steigerung der Ausbringungsmenge bzw. der Wertschöpfung
	Funktionsweise	• Steigerung des Wertschöpfungsgrads einer Anlage oder Maschine durch die Erhöhung des Nutzungsgrades
	Beispiele	• Einführung einer weiteren Schicht, Wochenendarbeit

Abbildung A-11: Steckbrief der Gestaltungsoption "Variable, zeitliche Nutzung der Prozesse"

8	Prozessoptimierung durch Lean Methoden		
Domäne:	Infrastruktur	**Prozesse**	Technologie

Kurzbeschreibung:	Charakterisierung:	
Einführung von Lean-Methoden, um die Produktion stärker auf den Kundennutzen zu fokussieren und somit Verschwendungen zu minimieren.	Eigenschaften	• Schrittweise Einführung ist möglich und vereinfacht die Umsetzung der Lean-Philosophie • Verschlankung von Produktionsabläufen, um Tätigkeiten ohne Wertschöpfungsbeitrag zu eliminieren
	Kernaufgabe	• Wertschöpfungssteigerung durch Fokussierung auf den Kundennutzen
	Funktionsweise	• Optimierung von Abläufen im Produktionsumfeld und in der Logistik • Fokussierung auf den Kundennutzen und Vermeidung von Tätigkeiten, die keinen Mehrwert für den Kunden darstellen
	Beispiele	• Kaizen, Kanban, 5S/ 6S, Six Sigma, etc.

Abbildung A-12: Steckbrief zur Gestaltungsoption "Prozessoptimierung durch Lean Methoden"

9	Erhöhung der Logistikleistung und Lieferfrequenz		
Domäne:	Infrastruktur	**Prozesse**	Technologie

Kurzbeschreibung:	Charakterisierung:	
Bei der erhöhten Taktung der Lieferungen (auch Just-in-Time Lieferung) werden die benötigten Vorprodukte durch den Zulieferer unmittelbar vor der benötigten Weiterverarbeitung geliefert.	Eigenschaften	• Verringerung der Durchlaufzeiten • Reduktion der Kapitalbindung durch geringere Bestände • Bietet sich besonders in der Endmontage an
	Kernaufgabe	• Reduktion der Kosten und Risiken durch weniger intensive Lagerhaltung
	Funktionsweise	• Material wird erst bei Bedarf direkt vom Zulieferer in die Produktion geliefert • Absicherung des kontinuierlichen Materialflusses ist weiterhin durch kleine Puffer möglich
	Beispiele	• Häufiger Einsatz in der Automobilindustrie durch JIT und JIS

Abbildung A-13: Steckbrief zur Gestaltungsoption "Erhöhung der Logistikleistung und Lieferfrequenz"

10	Prozessoutsourcing	
Domäne:	Infrastruktur / **Prozesse** / Technologie	
Kurzbeschreibung:	**Charakterisierung:**	
Das Outsourcen von Prozessen, die nur einen geringen Beitrag zur Wertschöpfung beitragen, schafft neue Flächen innerhalb der Fabrik. Diese können mit Tätigkeiten belegt werden, die einen höheren Beitrag zur Wertschöpfung haben.	Eigenschaften	• Aufwendige Durchführung • Nicht für alle Prozesse ohne Wertschöpfungsbeitrag geeignet, da viele dieser Prozesse unterstützend für wertschöpfende Tätigkeiten sind
	Kernaufgabe	• Schaffung neuer Flächen im urbanen Raum
	Funktionsweise	• Nicht-wertschöpfende Prozesse werden aus dem urbanen Raum in das periphere Umfeld verlagert • Die freigewordenen Flächen können mit wertschöpfenden Tätigkeiten belegt werden
	Beispiele	• Outsourcen von Lagerflächen in das periphere Umfeld

Abbildung A-14: Steckbrief zur Gestaltungsoption "Prozessoutsourcing"

11	Prozessintegration	
Domäne:	Infrastruktur / **Prozesse** / Technologie	
Kurzbeschreibung:	**Charakterisierung:**	
Die Prozessintegration beschreibt das Zusammenlegen von mehreren Prozessschritten.	Eigenschaften	• Die technischen Voraussetzungen für die Integration der Prozesse müssen erfüllt sein • Reduktion von Pufferbestände zwischen den Prozessschritten • Höhere Störanfälligkeit des Gesamtprozesses
	Kernaufgabe	• Reduktion des Flächenbedarfs
	Funktionsweise	• Prozessschritte mit ähnlichen Anforderungen können zu einem Prozessschritt zusammengelegt werden
	Beispiele	• Spaltprofilieren und Laserschweißen in einer kontinuierlichen Fließfertigung

Abbildung A-15: Steckbrief der Gestaltungsoption "Prozessintegration"

12	Prozesskompetenz der Lieferanten	
Domäne:	Infrastruktur / **Prozesse** / Technologie	
Kurzbeschreibung:	**Charakterisierung:**	
Die Berücksichtigung der Kompetenz der Zulieferer stellt sicher, dass ein gewünschtes Qualitätsniveau der Zuliefererteile erreicht wird.	Eigenschaften	• Eine vollständige Absicherung gegen mangelnde Qualität oder unpünktliche Lieferungen ist nicht möglich
	Kernaufgabe	• Verbesserung der Qualität und Reduktion von Pufferbeständen
	Funktionsweise	• Qualitätsprüfungen beim Zulieferer • Vertragliche Bindung an eine bestimmte Lieferzeit und eine bestimmte Qualität
	Beispiele	• Durchgängiges Lieferantenmanagement für bedarfskritische Produkte (ABC/XYZ-Analyse)

Abbildung A-16: Steckbrief der Gestaltungsoption "Prozesskompetenz der Lieferanten"

13 Prozess- und Bedarfsglättung

Domäne: Infrastruktur | **Prozesse** | Technologie

Kurzbeschreibung:	Charakterisierung:	
Bedarfsschwankungen in der Produktion können nur durch hohe Reservekapazitäten abgefangen werden. Sind diese Reservekapazitäten der Anlagen nicht verfügbar, müssen hohe Lagerbestände aufgebaut werden.	Eigenschaften	• Keine effiziente Auslegung der Produktion möglich • Kapazitive Ansätze für den Umgang mit schwankenden Bedarfen
	Kernaufgabe	• Steigerung der Wertschöpfung und Reduktion von Lagerbeständen
	Funktionsweise	• Anforderungsgerechte Erfüllung des tatsächlichen Kapazitätsbedarfs • Zuordnung und Segmentierung der Kapazitäten nach Prozessähnlichkeit • Produktionssteuerung zur synchronen Auslastung von Ressourcen
	Beispiele	• Kapazitätsflexibilisierung, Redundante Kapazitätsnutzung oder Kapazitätsharmonisierung

Abbildung A-17: Steckbrief zur Gestaltungsoption "Prozess- und Bedarfsglättung"

14 Vertikalisierung von Logistiktechnologien

Domäne: Infrastruktur | Prozesse | **Technologie**

Kurzbeschreibung:	Charakterisierung:	
Die Vertikalisierung von Logistiktechnologien beschreibt die Nutzung der verfügbaren Raumhöhe. Ein hohes Potenzial bieten hier insbesondere fließende Transport-technologien.	Eigenschaften	• Eignet sich tendenziell eher für kleine und leichte Güter • Keine Eignung für stark individualisierte Produkte (auf Stetigförderern)
	Kernaufgabe	• Reduktion des Bedarfs von Logistikflächen
	Funktionsweise	• Ehemals auf der Grundebene verlaufende Transportprozesse werden in die Höhe verlegt
	Beispiele	• Fördertechnik und Fließbänder verlaufen über den Maschinen und Anlagen

Abbildung A-18: Steckbrief zur Gestaltungsoption "Vertikalisierung von Logistiktechnologien"

15 Vertikalisierung von Produktionstechnologien

Domäne: Infrastruktur | Prozesse | **Technologie**

Kurzbeschreibung:	Charakterisierung:	
Die Vertikalisierung von Produktions-technologien beschreibt die Nutzung der Raumhöhe für Technologien, die direkt an der Wertschöpfung beteiligt sind.	Eigenschaften	• Im Gegensatz zur vertikalen Produktion wird keine weitere Etage genutzt, sondern die vertikale Nutzung erfolgt im gleichen Raum • Erforderliche Raumhöhe muss verfügbar sein
	Kernaufgabe	• Reduktion des Bedarfs von Fertigungsflächen
	Funktionsweise	• Verlagerung von Fertigungstechnologien in die Höhe • „Stapelung" von wertschöpfenden Technologien wird erreicht
	Beispiele	• Verlagerung von wertschöpfenden Technologien in Containern oberhalb der Produktion

Abbildung A-19: Steckbrief der Gestaltungsoption "Vertikalisierung von Produktionstechnologien"

16	Vertikalisierung von Lagertechnologien
Domäne:	Infrastruktur · Prozesse · **Technologie**
Kurzbeschreibung:	**Charakterisierung:**
Die Vertikalisierung von Lagertechnologien beschreibt die Nutzung der verfügbaren Raumhöhe durch Materiallagerung. Dies bezieht sich sowohl auf Pufferflächen auf dem Shopfloor als auch auf klassische Lagertechnologien.	

Charakterisierung	
Eigenschaften	• Bessere Eignung bei handlichen und leichten Produkten • Kostenintensiver als ein Bodenlager
Kernaufgabe	• Reduktion des Bedarfs von Lagerflächen bestimmter Technologien
Funktionsweise	• Nutzung von Regalsystemen oder ähnlichem, um die Raumhöhe besser zu nutzen • Lagerung von größeren Mengen auf der gleichen Grundfläche wird ermöglicht
Beispiele	• Hochregallager, Kommissionierungslager, Pater Noster

Abbildung A-20: Steckbrief der Gestaltungsoption "Vertikalisierung von Lagertechnologien"

17	Automatisierung und Digitalisierung in der Produktion
Domäne:	Infrastruktur · Prozesse · **Technologie**
Kurzbeschreibung:	**Charakterisierung:**
Die Einführung von Digitalisierungslösungen im Produktionsumfeld ermöglicht durch die Sammlung und Auswertung produktionsrelevanter Daten eine Optimierung der Produktionsprozesse.	

Charakterisierung	
Eigenschaften	• Eignen sich besonders für gleiche, routinemäßige Prozesse • Nach aktuellem Stand der Technik eher weniger für komplexe Systeme geeignet, die auf Entscheidungen von einem Bediener angewiesen sind
Kernaufgabe	• Steigerung der Wertschöpfung
Funktionsweise	• Simple Arbeitsschritte werden durch Roboter ausgeführt • Durch Digitalisierung wird die Aufzeichnung von Anlagendaten und deren Auswertung ermöglicht
Beispiele	• Robotereinsatz statt manueller Montage, Predictive Maintenance, Digitaler Schatten

Abbildung A-21: Steckbrief der Gestaltungsoption "Automatisierung und Digitalisierung in der Produktion"

18	Automatisierung und Digitalisierung in der Logistik
Domäne:	Infrastruktur · Prozesse · **Technologie**
Kurzbeschreibung:	**Charakterisierung:**
Die Digitalisierung und die Automatisierung in der Logistik ermöglichen Optimierungen in der Lagerhaltung und im innerbetrieblichen Materialtransport.	

Charakterisierung	
Eigenschaften	• Dynamische Routenführung reduziert Staus • Reduktion von Pufferbeständen durch zuverlässigere Materialbelieferung
Kernaufgabe	• Verbesserung des innerbetrieblichen Materialtransports
Funktionsweise	• Material wird durch fahrerlose Transportsysteme zum Verwendungsort befördert • Durch die Digitalisierung werden Daten (Lagerbestandsdaten, Routenführungsdaten, etc.) gesammelt und können zur Optimierung der Logistikprozesse genutzt werden
Beispiele	• Fahrerlose Transportsysteme (FTS), Radio Frequency Identification (RFID)

Abbildung A-22: Steckbrief der Gestaltungsoption "Automatisierung und Digitalisierung in der Logistik"

19	Technologieinnovationen
Domäne:	**Infrastruktur** · **Prozesse** · **Technologie**
Kurzbeschreibung:	**Charakterisierung:**
Neue Technologien und Fertigungsverfahren verändern die Produktionsabläufe und schaffen somit eine Veränderung in der Art der Wertschöpfung.	
Eigenschaften	• Auswirkungen von Prozessinnovationen können unterschiedliche Auswirkungen haben (Flächenreduktion, Emissionsreduktion, Qualitätssteigerung, etc.) • Teils disruptive Innovationen möglich
Kernaufgabe	• Beseitigung von Hindernissen und Steigerung der Wertschöpfung
Funktionsweise	• Einführung innovativer Verfahren und Prozesse in die betriebliche Produktion zur Verbesserung der Produktionsprozesse • Neuartige und technische Lösungskonzepte, die keine eigenständigen Produkte darstellen
Beispiele	• 3D-Druck, OLEDs, Touchscreens, stufenlose Automatikgetriebe

Abbildung A-23: Steckbrief der Gestaltungsoption "Technologieinnovationen"

20	Simulation von Produktions- und Logistiktechnologien
Domäne:	**Infrastruktur** · **Prozesse** · **Technologie**
Kurzbeschreibung:	**Charakterisierung:**
Die Simulation von Produktions- und Logistikprozessen ermöglicht die Identifikation von Problemen und Potenzialen vor der Einführung im praktischen Umfeld.	
Eigenschaften	• Reduktion von Problemen bei der Implementierung von neuen Prozessen in der Praxis • Know-How für die Erstellung von Simulationsmodellen und die Auswertung der Simulation notwendig
Kernaufgabe	• Überprüfung von neuen Prozessen vor der Implementierung
Funktionsweise	• Bevor neue Prozesse im Produktionsbereich oder in der Logistik eingesetzt werden, können sie durch eine umfangreiche Simulation getestet werden • Dadurch lassen sich Probleme vor der Einführung in der Praxis erkennen und beheben
Beispiele	• Materialflusssimulation, Kapazitätssimulation, Liniensimulation

Abbildung A-24: Steckbrief der Gestaltungsoption "Simulation von Produktions- und Logistiktechnologien"

A.12 Einflussmatrix der Gestaltungsoptionen zur Steigerung der Flächeneffizienz im Kontext des Zielsystems

+2: Zwingend positiver Einfluss auf Unterziel
+1: Tendenziell positiver Einfluss auf Unterziel
-- : Kein Einfluss auf Unterziel
-1: Tendenziell negativer Einfluss auf Unterziel
-2: Zwingend negativer Einfluss auf Unterziel

			Flächenbedarfsreduktion											Wertschöpfungssteigerung											Flächennutzungsintensivierung					
	Gestaltungsoption	Strukturebene	Fertigungsfläche reduzieren	Zwischenlagerfläche reduzieren	Prüffeldfläche reduzieren	Laborfläche reduzieren	Fertigungsnahe Bürofläche reduzieren	Wareneingangsfläche reduzieren	Lagerfläche reduzieren	Warenausgangsfläche reduzieren	Verkehrsweglänge reduzieren	Verkehrswegbreite reduzieren	Sonderfläche reduzieren	Verfügbarkeit steigern	Leistung steigern	Qualität steigern	Geplante Produktionszeit steigern	Bestände vermeiden	Überproduktion vermeiden	Transport vermeiden	Wartezeiten vermeiden	Ausschuss vermeiden	Unnötige Bewegung vermeiden	Herstellungsprozess verbessern	Vertikale Mehrfachnutzung steigern	Zeitliche Mehrfachnutzung steigern	Erschließung nicht-zugänglicher ungenutzter Flächen	Erschließung frei-zugänglicher ungenutzter Flächen	Aktivsumme (S_{a}^{z})	Gewichtung (G_{n})
Infrastruktur	Nachverdichtung im Bestand	Raum	--	--	--	--	--	--	--	--	1	1	--	--	--	--	--	--	--	--	--	--	-1	--	1	--	2	--	4	7
Infrastruktur	Raummodule und Systemelemente	Fläche	--	--	--	--	--	--	--	--	--	--	--	--	-1	--	--	--	--	-1	-1	--	-1	--	2	2	--	--	0	4
Infrastruktur	Nutzung ungenutzter (Reserve-)Flächen	Nutzung	-1	--	--	--	--	--	--	--	--	--	--	1	2	--	--	--	--	--	--	--	--	--	1	1	2	2	8	11
Infrastruktur	Geteilte Infrastruktur und Sharing-Modelle	Nutzer	1	1	1	1	1	1	1	1	1	1	1	-2	-1	--	--	--	1	--	--	--	--	--	--	2	--	--	11	13
Infrastruktur	Anpassung des Mobilitätskonzeptes	Mobilität	--	--	--	--	--	--	--	--	--	--	--	--	--	--	--	--	--	--	--	--	--	--	--	--	--	--	0	4
Prozesse	Variable, funktionale Nutzung der Prozesse	Funktionalität	2	-1	-1	--	--	--	--	--	--	--	--	-2	2	-1	--	1	--	--	-2	-1	--	--	--	2	--	--	-1	3
Prozesse	Variable, zeitliche Nutzung der Prozesse	Zeit	2	1	--	--	--	--	--	--	1	--	--	--	--	-1	2	-1	-1	-1	--	-1	--	--	--	--	--	--	1	5
Prozesse	Prozessoptimierung durch Lean Methoden	Optimierung	--	2	--	--	--	--	2	--	--	--	--	1	--	--	--	2	--	2	1	--	2	--	--	--	--	1	13	14
Prozesse	Erhöhung der Logistikleistung und Lieferfrequenz	Logistik	--	1	--	--	--	-1	2	--	--	--	--	-1	--	--	--	2	--	-1	-1	--	--	--	--	--	--	--	1	5
Prozesse	Prozessoutsourcing	Sourcing	--	--	--	1	1	--	1	--	--	--	1	-1	-1	-1	--	--	--	--	-1	-1	--	-1	--	--	-1	-1	-4	1
Prozesse	Prozessintegration	Migration	2	2	--	--	--	--	--	--	2	--	--	-1	1	--	--	2	--	1	-1	--	--	--	--	--	--	--	8	11
Prozesse	Prozesskompetenz der Lieferanten	Logistik	--	--	1	--	--	--	1	--	--	--	--	1	--	1	--	1	--	1	--	--	--	--	--	--	--	--	6	9
Prozesse	Prozess- und Bedarfsglättung	Steuerung	--	1	--	--	--	--	1	--	--	--	--	1	--	--	--	2	--	--	2	--	--	--	--	--	--	--	7	10
Technologie	Vertikalisierung von Logistiktechnologien	Logistik	--	1	--	--	--	--	--	--	2	2	--	1	--	--	--	1	--	--	1	--	--	--	2	--	--	--	10	12
Technologie	Vertikalisierung von Produktionstechnologien	Produktion	2	--	--	--	--	--	--	--	2	--	--	--	--	--	--	--	--	--	-1	--	-1	-1	2	1	--	--	4	7
Technologie	Vertikalisierung von Lagertechnologien	Lager	--	2	--	--	--	--	2	--	2	--	--	--	--	--	--	--	--	1	--	--	1	--	2	--	--	--	10	12
Technologie	Automatisierung und Digitalisierung in der Produktion	Produktion	1	1	1	--	--	1	1	1	1	1	--	2	2	1	1	1	--	--	2	1	1	1	--	--	--	--	20	20
Technologie	Automatisierung und Digitalisierung in der Logistik	Logistik	--	1	--	--	--	--	1	--	--	1	--	2	--	--	--	2	--	1	1	--	1	--	--	--	--	--	10	12
Technologie	Technologieinnovationen	Innovation	1	--	-1	-2	-1	--	--	--	--	--	--	1	1	1	--	--	--	--	--	--	--	1	--	--	--	--	1	5
Technologie	Simulation von Produktions- und Logistiktechnologien	Simulation	1	1	--	--	--	1	1	1	1	1	--	1	--	--	1	1	--	1	1	--	1	--	--	1	1	1	16	17
	Summe der positiven Einflüsse		12	14	3	2	2	3	13	3	13	7	2	11	8	3	4	15	--1	7	8	1	6	2	10	9	5	4		
	Summe der negativen Einflüsse		-1	-1	-2	-2	-1	-1	0	0	0	0	0	-7	-3	-3	0	-1	-1	-3	-7	-3	-3	-2	0	0	-1	-1		
	Passivsumme (Betrag)		13	15	5	4	3	4	13	3	13	7	2	18	11	6	4	16	2	10	15	4	9	4	10	9	6	5		

Abbildung A-25: Bewertung der domänenspezifischen Gestaltungsoptionen anhand des Zielsystems

A.13 Kontingenzanalyse zwischen den Gestaltungsoptionen zur Steigerung der Flächeneffizienz und den Anforderungen

+2: Zwingend positiver Einfluss auf Anforderung
+1: Tendenziell positiver Einfluss auf Anforderung
-- : Kein Einfluss auf Anforderung
-1: Tendenziell negativer Einfluss auf Anforderung
-2: Zwingend negativer Einfluss auf Anforderung

		Infrastruktur										Prozesse								Technologie							
		Grad grundstücksbezogener Aspekte	Grad der Verkehrsanbindungsqualität	Maß der baulichen Nutzung	Grad der Sozialflächen	Grad an zusätzlichen Dienstleistungen	Grad der Akzeptanz am Standort	Grad an Nutzungsmischung	Grad des Immissionsschutzes	Grad der wirtschaftlichen Unabhängigkeit	Grad der sicherheitsrecht. Bestimmungen	Grad der lokalen Beschaffung/ Absatzes	Grad der Prozessorganisation (Logistik)	Grad der Entsorgungsprozesse	Grad des Materialtransports auf Gelände	Grad der Kreislaufwirtschaft	Grad der Maschinenanordnung	Grad d. räuml. Optimierung (prozessual)	Grad flächensparender Verkehrsführung	Grad der Automatisierung	Grad der Flexibilisierung der Anlage	Grad der Technologierobustheit	Grad der Technologiebesonderheit	Grad des Flächenbedarfs der Lagerart	Aktivsumme (S_n^A)	Normierte Gewichtung/Bewertung (G_n)	Flächeneffizienzpotenzial (FEP_n^{abs})
Infrastruktur	Nachverdichtung im Bestand	2	--	-1	1	--	--	--	--	--	--	--	--	--	-1	--	-1	--	1	--	--	--	--	--	1	7	7
	Raummodule und Systemelemente	--	--	--	1	--	--	--	--	--	--	--	--	--	--	--	--	1	--	--	--	--	--	--	2	4	8
	Nutzung ungenutzter (Reserve-)Flächen	-1	--	-1	--	--	--	--	--	--	--	--	--	--	--	--	--	1	--	--	--	--	--	--	-1	11	-11
	Geteilte Infrastruktur und Sharing-Modelle	--	1	--	1	1	1	2	--	1	--	--	-1	--	--	--	-1	--	--	--	1	--	--	--	6	13	78
	Anpassung des Mobilitätskonzeptes	--	2	--	--	--	1	1	--	--	--	--	--	--	--	--	--	--	--	--	--	--	--	--	4	4	16
Prozesse	Variable, funktionale Nutzung der Prozesse	--	--	--	--	--	--	--	--	--	--	--	--	--	--	--	--	--	--	--	2	-1	--	--	1	3	3
	Variable, zeitliche Nutzung der Prozesse	--	--	--	1	--	-1	--	--	1	--	--	--	--	--	--	--	-	--	--	--	--	--	--	1	5	5
	Prozessoptimierung durch Lean Methoden	--	--	--	--	--	--	--	--	--	1	--	2	--	2	--	2	2	--	--	--	--	--	1	10	14	140
	Erhöhung der Logistikleistung/ Lieferfrequenz	--	-1	-1	--	--	-2	--	-2	--	--	2	-1	--	--	--	--	--	1	--	--	--	--	2	0	5	0
	Prozessoutsourcing	--	--	--	--	--	--	--	--	--	--	--	--	--	-1	--	--	1	--	--	--	--	--	1	1	1	1
	Prozessintegration	--	--	--	--	--	--	--	--	--	--	--	--	--	2	--	--	1	2	--	-1	--	--	--	4	11	44
	Prozesskompetenz der Lieferanten	--	--	--	--	--	--	--	--	--	--	--	1	--	--	--	--	--	--	--	--	-1	--	1	1	9	9
	Prozess- und Bedarfsglättung	--	--	--	--	--	--	--	--	--	--	--	1	--	--	--	--	--	--	--	--	--	--	1	2	10	20
Technologie	Vertikalisierung von Logistiktechnologien	1	--	--	--	--	--	--	--	--	--	--	--	--	1	--	--	2	2	--	-1	-1	--	--	4	12	48
	Vertikalisierung von Produktionstechnologien	1	--	--	--	--	--	--	--	--	--	--	--	--	--	--	1	2	--	--	-1	-1	--	--	2	7	14
	Vertikalisierung von Lagertechnologien	1	--	--	--	--	--	--	--	--	--	--	--	--	1	--	--	2	2	--	--	--	--	2	8	12	96
	Automatisierung und Digitalisierung (Prod.)	--	--	--	--	--	--	--	--	--	--	--	--	--	--	--	1	-1	--	2	1	-1	--	--	2	20	40
	Automatisierung und Digitalisierung (Logistik)	--	--	--	--	--	--	--	--	--	--	--	1	--	--	--	--	1	1	2	--	-1	--	1	5	12	60
	Technologieinnovationen	--	--	--	--	--	--	--	1	--	--	--	1	--	--	1	--	--	1	1	--	-1	1	--	5	5	25
	Simulation von Prod.- und Log.-Technologien	--	1	--	--	--	--	--	--	--	--	--	--	--	--	--	2	--	1	--	--	--	--	--	4	17	68
	Passivsumme	4	3	-3	4	1	-1	3	1	2	1	2	6	0	4	1	4	12	11	5	1	-7	1	9			671

Abbildung A-26: Darstellung der Kontingenzanalyse

A.14 Steckbriefe der Strategien zur Steigerung der Flächeneffizienz von Fabriken im urbanen Umfeld

STRATEGIE ZUR STEIGERUNG DER FLÄCHENEFFIZIENZ

ANFORDERUNGSBEREICH 1: „EMISSIONSARME UND SICHERHEITSUNBEDENKLICHE TECHNOLOGIEN“

URBANE RAHMENBEDINGUNGEN (TOP 3):

- Auflagen für Emissionen
- Auflagen für Schallschutz
- Auflagen für Arbeitssicherheit

✓ Hohe Ausprägung ökologisch-rechtlicher Aspekte.

FLÄCHENBEZOGENE ANFORDERUNGEN (TOP 3):

- Grad des Immissionsschutzes — INFRASTRUKTUR
- Grad der sicherheitsrechtlichen Bestimmungen — INFRASTRUKTUR
- Maß der baulichen Nutzung — INFRASTRUKTUR

AUSGEWÄHLTE GESTALTUNGSOPTIONEN:	FLÄCHENEFFIZIENZPOTENZIAL:
I. Prozessoptimierung durch Lean Methoden	20,9%
II. Technologieinnovationen	3,7%
III. Nachverdichtung im Bestand	1,0%
IV. Erhöhung der Logistikleistung und Lieferfrequenz	0,0%
V. Nutzung ungenutzter (Reserve-)Flächen	-1,6%

25,63% RELATIVES FLÄCHENEFFIZIENZ-POTENZIAL

Lagerflächen reduzieren | *Verfügbarkeit steigern* | *Bestände vermeiden* | *Erschließung nicht-zugänglicher ungenutzter Flächen*

Abbildung A-27: Steckbrief der Strategie zur Steigerung der Flächeneffizienz für Anforderungsbereich 1

STRATEGIE ZUR STEIGERUNG DER FLÄCHENEFFIZIENZ

ANFORDERUNGSBEREICH 2: „PROZESSORGANISATION BEI DER AN- UND ABLIEFERUNG“

URBANE RAHMENBEDINGUNGEN (TOP 3):

- Logistische Infrastruktur
- Versorgungsstruktur der Supply Chain
- Mögliche Logistikprozesse

✓ Hohe Ausprägung logistisch-infrastruktureller Aspekte.

FLÄCHENBEZOGENE ANFORDERUNGEN (TOP 3):

- Grad der Prozessorganisation bei der An- und Ablieferung — PROZESSE
- Grad der Verkehrsanbindungsqualität — INFRASTRUKTUR
- Grad der lokalen Beschaffung und des lokalen Absatzes — PROZESSE

AUSGEWÄHLTE GESTALTUNGSOPTIONEN:	FLÄCHENEFFIZIENZPOTENZIAL:
I. Prozessoptimierung durch Lean Methoden	20,9%
II. Geteilte Infrastruktur und Sharing-Modelle	11,6%
III. Automatisierung und Digitalisierung in der Logistik	8,9%
IV. Technologieinnovationen	3,7%
V. Simulation von Produktions- und Logistiktechnologien	10,1%
VI. Anpassung des Mobilitätskonzeptes	2,4%
VII. Prozess- und Bedarfsglättung	3,0%
VIII. Prozesskompetenz der Lieferanten	1,3%
IX. Erhöhung der Logistikleistung und Lieferfrequenz	0,0%

62,00% RELATIVES FLÄCHENEFFIZIENZ-POTENZIAL

Zwischenlagerflächen reduzieren | *Lagerflächen reduzieren* | *Verfügbarkeit steigern* | *Bestände vermeiden* | *Transport vermeiden*

Abbildung A-28: Steckbrief der Strategie zur Steigerung der Flächeneffizienz für Anforderungsbereich 2

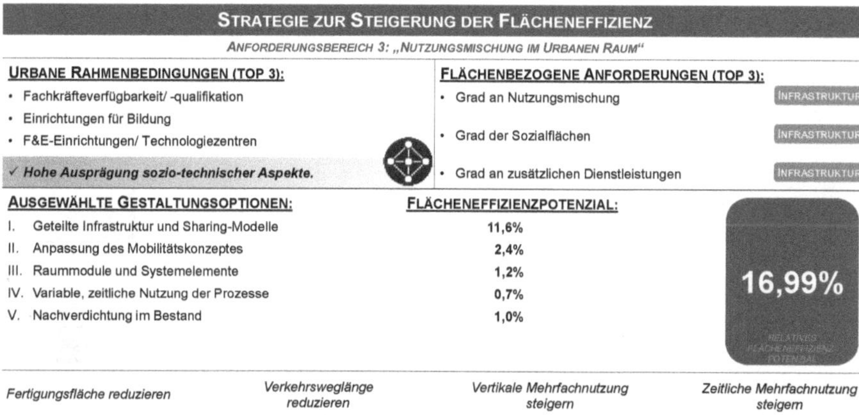

Abbildung A-29: Steckbrief der Strategie zur Steigerung der Flächeneffizienz für Anforderungsbereich 3

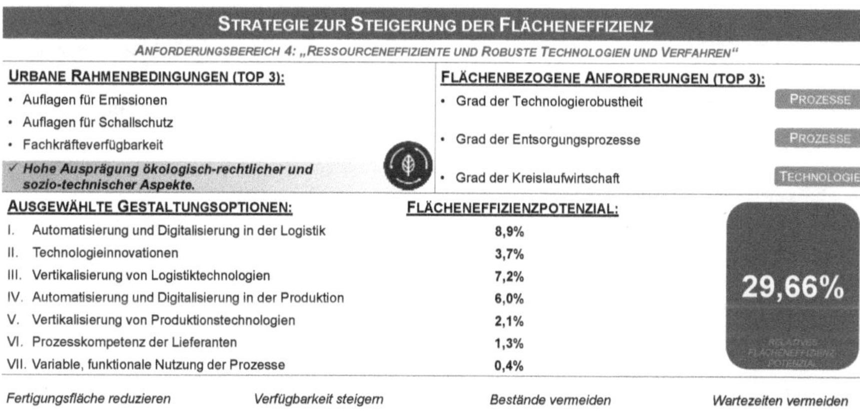

Abbildung A-30: Steckbrief der Strategie zur Steigerung der Flächeneffizienz für Anforderungsbereich 4

STRATEGIE ZUR STEIGERUNG DER FLÄCHENEFFIZIENZ

ANFORDERUNGSBEREICH 5: „RAUMOPTIMIERTE TECHNOLOGIEN, VERFAHREN UND KONZEPTE"

URBANE RAHMENBEDINGUNGEN (TOP 3):

- Baurechtliche Regularien
- Vorhandene Bausubstanz
- Ausgleichs- und Erweiterungsflächen

✓ ***Hohe Ausprägung baulich-wirtschaftlicher Aspekte.***

FLÄCHENBEZOGENE ANFORDERUNGEN (TOP 3):

- Grad der räumlichen Optimierung bei Transport- und Bearbeitungsprozessen — PROZESSE
- Grad des Flächenbedarfs der Lagerart — TECHNOLOGIE
- Grad der Maschinenanordnung — PROZESSE

AUSGEWÄHLTE GESTALTUNGSOPTIONEN:	FLÄCHENEFFIZIENZPOTENZIAL:
I. Prozessoptimierung durch Lean Methoden	20,9%
II. Vertikalisierung von Lagertechnologien	14,3%
III. Geteilte Infrastruktur und Sharing-Modelle	11,6%
IV. Automatisierung und Digitalisierung in der Logistik	8,9%
V. Simulation von Produktions- und Logistiktechnologien	10,1%
VI. Vertikalisierung von Logistiktechnologien	7,2%
VII. Prozessintegration	6,6%
VIII. Automatisierung und Digitalisierung in der Produktion	6,0%
IX. Prozess- und Bedarfsglättung	3,0%
X. Vertikalisierung von Produktionstechnologien	2,1%
XI. Raummodule und Systemelemente	1,2%
XII. Prozesskompetenz der Lieferanten	1,3%
XIII. Nachverdichtung im Bestand	1,0%
XIV. Prozessoutsourcing	0,1 %

94,34%
RELATIVES FLÄCHENEFFIZIENZ-POTENZIAL

Zwischenlagerflächen reduzieren · *Lagerflächen reduzieren* · *Verfügbarkeit steigern* · *Bestände vermeiden* · *Wartezeiten vermeiden*

Abbildung A-31: Steckbrief der Strategie zur Steigerung der Flächeneffizienz für Anforderungsbereich 5

Abbildung A-32: Steckbrief der Strategie zur Steigerung der Flächeneffizienz für Anforderungsbereich 6

Lebenslauf

Persönliche Angaben

Name	Jérôme Henkel, geb. Uelpenich
Geburtsdatum/ -ort	11. Dezember 1989 in Bergisch Gladbach
Familienstand	Verheiratet, mit zwei Kindern
Eltern	Regina Uelpenich, geb. Landsberg und Rainer Uelpenich

Ausbildung

2000 – 2009	Abitur, Gymnasium Herkenrath, Bergisch Gladbach
2009 – 2014	Bachelor of Science, Wirtschaftsingenieurwesen Fachrichtung Maschinenbau, RWTH Aachen University, Aachen
2011 – 2012	Auslandsstudium, Ingenieria Gestionale, Politecnico di Torino, Turin, Italien
2014 – 2016	Master of Science, Wirtschaftsingenieurwesen Fachrichtung Maschinenbau, RWTH Aachen University, Aachen
2015	Auslandsstudium, Ingeniería Industrial, Instituto Tecnológico de Buenos Aires, Argentinien

Berufliche Erfahrung

2009 – 2011	Freiberuflicher Tanzlehrer, Leyer - Die Tanzschule, Bergisch Gladbach
2010 – 2011	Studentische Hilfskraft, Abteilung Extrusion und Kautschuktechnologie am Institut für Kunststoffverarbeitung (IKV) an der RWTH Aachen University
2013	Praktikant, Philips Technologie GmbH, Aachen

2013 – 2015	Freiberuflicher Tanzlehrer, Dance Point Aachen, Aachen
2013 – 2016	Studentische Hilfskraft, Abteilung Produktionsmanagement, Lehrstuhl für Produktionssystematik, Werkzeugmaschinenlabor WZL der RWTH Aachen University
2016 – 2021	Wissenschaftlicher Mitarbeiter, Abteilung Fabrikplanung, Lehrstuhl für Produktionssystematik, Werkzeugmaschinenlabor WZL der RWTH Aachen University
2019	Lehrbeauftragter für das Modul Fabrikplanung an der RWTH Aachen University
2020 – 2021	Leiter der Gruppe Werksstrukturplanung, Abteilung Fabrikplanung, Lehrstuhl für Produktionssystematik, Werkzeugmaschinenlabor WZL der RWTH Aachen University

Köln, im Juni 2022

In der Reihe **Ergebnisse aus der Produktionstechnik** zuletzt erschienen:

Kukla, Christian:
Prozesstemperaturregelung in der laserunterstützten Verarbeitung von faserverstärkten thermoplastischen Verbundkunststoffen
ISBN: 978-3-98555-116-3
Erscheinungsdatum: 19.10.2022

Kiesel, Raphael:
Techno-Economic Evaluation of 5G Technology for Latency-Critical Applications in Production
ISBN: 978-3-98555-115-6
Erscheinungsdatum: 19.10.2022

Hahn, Viviane:
Bewertung der Wandlungsfähigkeit in der automatisierten Fabrikplanung
ISBN: 978-3-98555-102-6
Erscheinungsdatum: 10.10.2022

Solf, Mareike:
Modellierung der Schleifkraft beim Kegelradschleifen
ISBN: 978-3-98555-106-4
Erscheinungsdatum: 12.08.2022

Schäkel, Martin:
Adaptiver laserunterstützter Tapewickelprozess für die Herstellung von Druckbehältern aus endlosfaserverstärkten Thermoplasten
ISBN: 978-3-98555-107-1
Erscheinungsdatum: 12.08.2022

Elser, Hannes:
Fähigkeit von Bluetooth Low Energy zur signalstärkebasierten Rückverfolgung von Bauteilen in der Einzel- und Kleinserienfertigung
ISBN: 978-3-98555-099-9
Erscheinungsdatum: 12.08.2022

Henkel, Jérôme
Strategien zur Steigerung der Flächeneffizienz von Fabriken im urbanen Umfeld ISBN
ISBN: 978-3-98555-098-2
Erscheinungsdatum: 27.07.2022

Busch, Max:
Intelligente Produktionsplanungsprozesse im Werkzeugbau
ISBN: 978-3-98555-095-1
Erscheinungsdatum: 14.07.2022

Eßer, Bastian:
Analyse des Betriebsverhaltens von Kugelgewindetrieben unter statischen axialen Betriebslasten
ISBN: 978-3-98555-065-4
Erscheinungsdatum: 11.07.2022

Fölling, Carsten:
Komplexitätsbeherrschung durch hybride Montageplanung
ISBN: 978-3-98555-090-6
Erscheinungsdatum: 30.06.2022

Schulz, Martin:
Optimierung des Temperaturfeldes beim Laserstrahlhärten
ISBN: 978-3-98555-078-4
Erscheinungsdatum: 23.06.2022

Ays, Johanna:
Kontextbasierte Integration agiler und plangetriebener Entwicklungsprozesse
ISBN: 978-3-98555-087-6
Erscheinungsdatum: 23.06.2022

Edition Wissenschaft
Apprimus

Ebade Esfahani, Matthias:
Ontologie der Fabrikplanung mit Hilfe von Building Information Modeling (BIM)
ISBN: 978-3-98555-084-5
Erscheinungsdatum: 07.06.2022

Maslo, Semir:
Simulation of the Dynamic Vibration Behaviour and Spindle Speed Optimization During the Milling Process of Turbomachinery Components
ISBN: 978-3-98555-082-1
Erscheinungsdatum: 25.05.2022

Schmitz, Seth:
Datenbasierte Beschreibung der Prozessperformance in der Auftragsabwicklung
ISBN: 978-3-98555-079-1
Erscheinungsdatum: 19.05.2022

Goertz, David:
Gestaltungsmodell für eine vernetzte adaptive Montage im Werkzeugbau
ISBN 978-3-98555-072-2
Erscheinungsdatum: 05.05.2022

Scholz, Paul:
Applikation maschinell lernender Systeme in der vernetzten adaptiven Produktion
ISBN 978-3-98555-069-2
Erscheinungsdatum: 28.04.2022

Wollbrink, Moritz:
Methodik zur Integration pulverbettbasierter additiver Fertigungstechnologien in Fertigungsprozessketten
ISBN 978-3-98555-070-8
Erscheinungsdatum: 22.04.2022

Ochs, Jelena Katherina:
Model-Based Process Prediction for Predictive-Reactive Scheduling in Automated Stem Cell Production
ISBN 978-3-98555-059-3
Erscheinungsdatum: 22.04.2022

Menges, Alexander:
Bewertung von Produktvarianten mittels Process Data Mining
ISBN 978-3-98555-066-1
Erscheinungsdatum: 13.04.2022

Fränken, Bastian:
Standortrollen in Produktionsnetzwerken
ISBN 978-3-98555-052-4
Erscheinungsdatum: 13.04.2022

Krauß, Jonathan:
Optimizing Hyperparameters for Machine Learning Algorithms in Production
ISBN 978-3-98555-020-3
Erscheinungsdatum: 13.04.2022

Schäfer, Alexander:
Werkzeugseitiger Einsatz von NiTi-FGL zur Verbesserung der dynamischen Prozessstabilität bei der Fräsbearbeitung
ISBN 978-3-98555-060-9
Erscheinungsdatum: 11.04.2022

Schwenzer, Max:
Closing the Loop of Model Predictive Force Control in Milling with Ensemble Kalman Filtering
ISBN 978-3-98555-057-9
Erscheinungsdatum: 11.04.2022

Edition Wissenschaft
Apprimus

FSC
www.fsc.org
MIX
Papier | Fördert gute Waldnutzung
FSC® C083411

Zeitfracht Medien GmbH
Ferdinand-Jühlke-Straße 7
99095 Erfurt, Deutschland
produktsicherheit@kolibri360.de